水资源与水利工程建设

高爱军　王亚标　孙建立　主编

吉林科学技术出版社

图书在版编目（CIP）数据

水资源与水利工程建设 / 高爱军，王亚标，孙建立主编. -- 长春 : 吉林科学技术出版社，2019.12

ISBN 978-7-5578-6551-1

Ⅰ. ①水… Ⅱ. ①高… ②王… ③孙… Ⅲ. ①水资源②水利工程管理 Ⅳ. ①TV

中国版本图书馆 CIP 数据核字（2019）第 285985 号

水资源与水利工程建设 SHUIZIYUAN YU SHUILI GONGCHENG JIANSHE

主　　编　高爱军　王亚标　孙建立
出 版 人　李　梁
责任编辑　朱　萌
封面设计　刘　华
制　　版　王　朋
开　　本　185mm×260mm
字　　数　340 千字
印　　张　15.25
版　　次　2019 年 12 月第 1 版
印　　次　2019 年 12 月第 1 次印刷

出　　版　吉林科学技术出版社
发　　行　吉林科学技术出版社
地　　址　长春市福祉大路 5788 号出版集团 A 座
邮　　编　130118
发行部电话 / 传真　0431—81629529　81629530　81629531
81629532　81629533　81629534
储运部电话　0431—86059116
编辑部电话　0431—81629517
网　　址　www.jlstp.net
印　　刷　北京宝莲鸿图科技有限公司

书　　号　ISBN 978-7-5578-6551-1
定　　价　65.00 元

前 言

水资源是一种十分重要而又特殊的自然资源，是人类和一切生物赖以生存的不可缺少的一种宝贵资源，是支撑生命系统、非生命环境系统正常运转的重要条件，同时也是一个国家或地区经济建设和社会发展的重要自然资源和物质基础。中国水资源在时间和空间上的分布很不均匀，水环境日益恶化，水的供需矛盾十分突出。解决水资源供需矛盾的基本途径之一，必须对水资源进行合理开发与利用，实行水资源的优化配置。水资源的开发与利用研究仍然是当今的一个热点和难点问题。

中国是世界上人均水资源贫乏的国家之一，水资源时空分布极不均匀，与人口、耕地、矿产资源分布不相协调，水资源的开发利用难度很大。随着我国社会经济的快速发展、人口不断增加和人民生活水平的提高，水的需求量越来越大。切实做好水资源的治理、开发、利用、配置、节约、保护工作，使水资源和人口、社会、经济、环境协调发展，是中国社会经济可持续发展的关键问题之一。

水利工程项目具有投资大、周期长、环境复杂、影响因素多等特点，这对水利工程项目管理提出了新的更高的要求。水利工程因其功能、规模、类型、要求等的不同而在其项目管理上存在较大的差异，因此，项目管理需要采用科学、有针对性的管理理论与方法。水利工程项目管理作为水利工程新型的生产组织方式，既是社会主义市场经济体制改革的产物，又是水利工程建设体制改革的客观要求。其管理体制改革的核心是建立以项目法人责任制、招标投标制、建设监理制三项制度为主要内容的项目管理新体制。

我国水利工程所取得的建设成就标志着中国水利工程建设技术与项目管理已经达到世界先进水平，尝试与国际接轨，形成较为完善的水利工程项目建设与管理体系。鲁布革水电站、广州抽水蓄能电站长江三峡水利枢纽、黄河小浪底水利枢纽、南水北调等水利工程见证了我国水利工程建设与项目管理从起步、发展到成熟的过程，展现了我国水利工程建设领域改革的主要成就。鲁布革水电站工程拉开了中国水利项目管理的序幕，广州抽水蓄能电站工程使中国水利项目管理理论与实践得到深化和推广，黄河水浪底水利枢纽工程促使中国水利工程项目管理与国际接轨，长江三峡水利枢纽、南水北调工程实现着水利工程项目管理的法制化、规范化、专业化、信息化，标志着我国水利工程项目管理已经形成了较为成熟的理论与方法体系。

由于作者水平所限，书中难免有疏忽、不完善之处，敬请各位读者、专家、同行批评指正，笔者表示不胜感激，同时，对书中和书后所列参考文献的专家和作者一并表示衷心感谢。

目 录

第一章　概　论

水，是生命之源、生产之要、生态之基。水资源是人类赖以生存和发展不可缺少的一种宝贵资源，也是保障经济社会发展必不可少的一种资源、然而，自然界中的水资源是有限的，随着人口的增长、经济社会的发展，对水资源的需求量不断增加，水资源短缺和水环境污染问题日益突出，严重困扰着人类的生存和发展。

第一节　水资源的概念及特点

一、水资源的概念

水资源（Water Resources）是自然资源的一种，人们对水资源都有一定的感性认识。但是，水资源一词到底起源于何时，现在很难进行考证。在国外，较早采用这一概念的是美国地质调查局（USGS），该局设立了水资源处（WRD），标志着“水资源”一词在官方正式出现并被广泛接纳。美国地质调查局（USGS）设立的水资源处（WRD）一直延续到现在，其主要业务范围是对地表水和地下水进行观测评价。

在具有权威性的《不列颠百科全书》中对水资源的定义是：“自然界一切形态（液态、固态和气态）的水”，这个解释曾在很多地方被引用。在1963年英国国会通过的“水资源法”中将水资源定义为：“具有足够数量的可用水源”。1988年，联合国教科文组织（UNESCO）和世界气象组织（WMO）在其共同制定的《水资源评价活动——国家评价手册》中，对水资源的定义是：“可以利用或有可能被利用的水源，具有足够数量和可用的质量，并能在某一地点为满足某种用途而被利用”。

在中国，对水资源的理解也各不相同。颁布的《中华人民共和国水法》（简称《水法》）将水资源界定为“地表水和地下水”1994年《环境科学词典》将水资源定义为：“特定时空下可利用的水，是可再利用资源，不论其质与量，水的可利用性是有限制条件的”。在具有权威性的《中国大百科全书》不同卷中出现了对水资源一词的不同解释。在“大气科学·海洋科学·水文科学”卷中对水资源的定义是“地球表层可供人类利用的水，包括水量（水质）、水域和水能资源，一般指每年可更新的水量资源，在“水利”卷中对水资源的定义为“自然界各种形态（气态、液态或固态）的天然水。”在“地理”卷中将水资源定义为“地球上目前和近期人类可以直接或间接利用的水，是自然资源的一个组成部分。”

可以说，到目前为止，对水资源概念的界定也没有达成共识，最主要原因是水资源的含义十分丰富，导致了对其界定也是多种多样的。一般地，对水资源的定义有广义和狭义之分。广义的水资源，是指地球上水的总体，包括大气中的降水、河湖中的地表水、浅层和深层的地下水、冰川、海水等类似于前述的《不列颠百科全书》和《中国大百科全书》（水利卷）对水资源的定义。

狭义的水资源，是指与生态系统保护和人类生存与发展密切相关的、可以利用的而又逐年能够得到恢复和更新的淡水，其补给来源为大气降水：该定义反映了水资源具有下列性质：①水资源是生态系统存在的基本要素，是人类生存与发展不可替代的自然资源；②水资源是在现有技术、经济条件下通过工程措施可以利用的水，且水质应符合人类利用的要求；③水资源是大气降水补给的地表、地下产水量；④水资源是可以通过水循环得到恢复和更新的资源。

对于某一流域或局部地区而言，水资源的含义则更为具体，广义的水资源就是大气降水，狭义的水资源就是河川径流，包括地表径流、壤中流和地下径流。因为河川径流与人类的关系最为直接、最为密切，故常将它作为研究对象。

二、水资源的特点

水资源是一种特殊的自然资源，它不仅是人类及其他一切生物赖以生存的自然资源，也是人类经济、社会发展必需的生产资料，它是具有自然属性和社会属性的综合体。

（一）水资源的自然属性

1. 流动性

自然界中所有的水都是流动的，地表水、地下水、大气水之间可以互相转化，这种转化也是永无止境的，没有开始也没有结束。特别是地表水资源，在常温下是一种流体，可以在地心引力的作用下，从高处向低处流动，由此形成河川径流，最终流入海洋（或内陆湖泊）。即使是固态的积雪和冰川也存在缓慢地流动，只是流动速度很小而已。也正是由于水资源这一不断循环、不断流动的特性，才使水资源可以再生和恢复，为水资源的可持续利用奠定物质基础。

2. 可再生性

自然界中的水处于不断流动、不断循环的过程之中，使得水资源得以不断地更新，这就是水资源的可再生性，也称可更新性。具体来讲，水资源的可再生性是指水资源在水量上损失（如蒸发、流失、取用等）后和（或）水体被污染后，通过大气降水和水体自净（或其他途径）可以得到恢复和更新的一种自我调节能力。这是水资源可供永续开发利用的本质特性。不同水体更新一次所需要的时间不同，如大气水平均每 8 d 可更新一次，河水平均每 16 < 1 更新一次，海洋更新周期较长，大约是 2 500 年，而极地冰川的更新速度则更为缓慢，更替周期可长达万年。

3. 有限性

从全球情况来看，地球水圈内全部水体总储存量达到 13.86 亿立方千米，绝大多数储存在海洋、冰川、两极、多年积雪和冻土中，现有的技术条件很难利用。便于人类利用的水只有 0.106 5 亿立方千米，仅占地球总储存水量的 0.77%。也就是说，地球上可被人类所利用的水量是极其有限的。从我国情况来看，中国国土面积 960 万平方千米，多年平均河川径流量为 27 115 立方米，在河川径流总量上仅次于巴西、俄罗斯、加拿大、美国和印度尼西亚再加上不重复计算的地下水资源量，我国水资源总量大约为 28 124 亿立方米。尽管水资源是可再生的，但在一定区域、一定时段内可利用的水资源总量总是有限的。总而言之，人类每年从自然界可获取的水资源量是有限的，这一特性对我们认识水资源极其重要。以前，人们认为“世界上的水是无限的”，从而导致人类无序、无节制地开发利用水资源，并引起水资源短缺、水环境破坏的后果。事实说明，人类必须保护有限的水资源。

4. 时空分布的不均匀性

受气候和地理条件的影响，在地球表面不同地区水资源的数量差别很大，即使在同一地区也存在年内和年际变化较大、时空分布不均匀的现象，这一特性给水资源的开发利用带来了困难。如北非和中东很多国家（埃及、沙特阿拉伯等）降雨量少、蒸发量大，因此径流量很小，人均及单位面积土地的淡水占有量都极少。相反，冰岛、厄瓜多尔、印度尼西亚等国，以每公顷土地计的径流量比贫水国高出 1 000 倍以上。在我国，水资源时空分布不均匀这一特性也特别明显。由于受地形及季风气候的影响，我国水资源分布南多北少，且降水大多集中在夏秋季节的三四个月里，水资源时空分布很不均匀。

5. 多态性

自然界的水资源呈现多个相态，包括液态水、气态水和固态水，不同形态的水可以相互转化，形成水循环的过程，也使得水出现了多种存在形式，在自然界中无处不在，最终在地表形成了一个大体连续的圈层——水圈。

6. 不可替代性

水本身具有很多非常优异的特性，如无色透明、热容量大、良好的介质等，无论是对人类及其他生物的生存，还是对于人类经济社会的发展来说，水都是其他任何物质所不能够替代的一种自然资源。不可替代性是水资源区别于其他很多自然资源的一种显著特性。

7. 环境资源属性

自然界中的水并不是化学上的纯水，而是含有很多溶解性物质和非溶解性物质的一个极其复杂的综合体，这一综合体实质上就是一个完整的生态系统，使得水不仅可以满足生物生存及人类经济社会发展的需要，同时也为很多生物提供了赖以生存的环境，是一种不可或缺的环境资源。

（二）水资源的社会属性

1. 公共性

水是自然界赋予人类的一种宝贵资源，它是属于整个社会、属于全人类的。社会的进步、经济的发展离不开水资源，同时人类的生存更离不开水“获得水的权利是人的一项基本权利，表现出水资源具有的公共性”。《中华人民共和国水法》第三条明确规定，“水资源属于国家所有，水资源的所有权由国务院代表国家行使”；第二十八条规定，“任何单位和个人引水、截（蓄）水、排水，不得损害公共利益和他人的合法权益”。

2. 利与害的两重性

水是极其珍贵的资源，给人类带来很多利益。但是，人类在开发利用水资源的过程中，由于各种原因，有时也会深受其害。比如水过多会带来洪灾、涝灾，过少会出现旱灾，人类对水的污染又会破坏生态环境、危害人体健康、影响人类社会发展等。人们常说，水是一把双刃剑，比金珍贵，又凶猛于虎。这就是水的利与害的两重性，人类在开发利用水资源的过程中，一定要“用其利，避其害”。

3. 多用途性

水是一切生物不可缺少的资源，同时也是人类社会、经济发展不可缺少的一种资源，它可以满足人类的各种需要。比如，工业生产、农业生产、水力发电、航运、水产养殖、旅游娱乐等都需要用水。人们对水的多用途性的认识随着其对水资源依赖性的增强而日益加深，特别是在缺水地区，为争水而引发的矛盾或冲突时有发生。这是人类开发利用水资源的动力，也是水被看作一种极其珍贵资源的缘由，同时也是人水矛盾产生的外在因素。因此，对水资源应进行综合开发、综合利用、水尽其用，满足人类对水资源的各种需求，同时尽可能减轻对水资源的破坏和影响。

4. 商品性

长久以来，人们一直认为水是自然界提供给人类的一种取之不尽、用之不竭的自然资源。但是，随着人口的急剧膨胀，经济社会的不断发展，人们对水资源的需求日益增加，水对人类生存、经济发展的制约作用逐渐显露出来。人们需要为各种形式的用水支付一定的费用，水成了商品。水资源在一定情况下表现出了消费的竞争性和排他性（如生产用水），具有私人商品的特性。但是当水资源作为水源地、生态用水时，仍具有公共商品的特点，所以它是一种混合商品。

第二节　水资源的主要用途及协调

水是生命存在的基础，同时也是经济社会发展的支撑条件，在人类社会发展过程中，水资源的用途多种多样，这里简单介绍水资源的主要利用途径及多用途之间的协调问题。

一、水资源的主要用途

水资源利用，是指通过水资源开发为各类用户提供符合质量要求的地表水和地下水可用水源以及各个用户使用水的过程。地表水源包括河流、湖泊、水库等中的水；地下水源包括泉水、潜水、承压水等。

水资源利用涉及国民经济各部门，按其利用方式可分为河道内用水和河道外用水两大类。河道内用水有水力发电、航运、渔业、水上娱乐和水生生态等用水；河道外用水有农业、工业、城乡生活和植被生态等用水。此外，根据用水消耗状况可分为消耗性用水和非消耗性用水两类；按用途又可分为生活、农业、工业、水力发电、航运、生态等用水。

（一）生活用水

生活用水是人类日常生活及其相关活动用水的总称生活用水分为城镇生活用水和农村生活用水。现行的城镇生活用水包括居民住宅用水、市政公共用水、环境卫生用水等，常称为城镇大生活用水。农村生活用水包括农村居民用水、牲畜用水。生活用水涉及千家万户，与人民的生活关系最为密切。《中华人民共和国水法》规定，“开发、利用水资源，应当首先满足城乡居民生活用水”。因此，要把保障人民生活用水放在优先位置。这是生活用水的一个显著特征，即生活用水保证率要求高，放在所有供水先后顺序中的第一位。也就是说，在供水紧张的情况下优先保证生活用水。

（二）农业用水

农业用水是农、林、牧、副、渔业等各部门和乡镇、农场企事业单位以及农村居民生产用水的总称。在农业用水中，农田灌溉用水占主要地位灌溉的主要任务，是在干旱缺水地区，或在旱季雨水稀少时，用人工措施向田间补充水分，以满足农作物生长需要、林业、牧业用水，也是由于土壤中水分不能满足树、草的用水之需，从而依靠人工灌溉的措施来补充树、草生长必需的水分。渔业用水，主要用于水域（如水库、湖泊、河道等）水面蒸发、水体循环、渗漏、维持水体水质和最小水深等。在农村，养猪、养鸡、养鸭、食品加工、蔬菜加工等副业以及乡镇、农场、企（事）业单位在从事生产经营活动时，也会引用一部分水量。

（三）工业用水

工业用水是工矿企业用于制造、加工、冷却、空调、净化、洗涤等方面的用水。在工业生产过程中，一般需要有一定量的水参与，如用于冷凝、稀释、溶剂等方面一方面，在水的利用过程中通过不同途径进行消耗（如蒸发、渗漏）；另一方面，以废水的形式排入自然界。

（四）水力发电

水力发电是利用河流中流动的水流所蕴藏的水能，生产电能，为人类用电服务。河流从高处向低处流动，水流蕴藏着一定的势能和动能，即会产生一定能量，称之为水能。利用具有一定水能的水流去冲击和转动水轮发动机组，在机组转动过程中，将水能转化为机械能，再转化为电能。在水力发电过程中，只是能量形式从水能转变成电能，而水流本身并没有消耗，仍能为下游用水部门利用。因此，仅从资源消耗的角度来说，水能是一种清洁能源，既不会消耗水资源也不会污染水资源，它是目前各国大力推广的能源开发方式。

（五）生态用水

生态用水是生态系统维持自身需求所利用水的总称。在现实生活中，由于主观上对生态用水不够重视，在水资源分配上几乎将百分之百的可利用水资源用于工业、农业和生活，于是就出现了河流缩短、断流、湖泊干涸、湿地萎缩、草场退化、森林破坏、土地荒漠化等生态退化问题，威胁着人类生存环境。因此，要想从根本上保护生态系统，确保生态用水是至关重要的因素。因为缺水是很多情况下生态系统遭受威胁的主要因素，合理配置水资源，确保生态用水对保护生态系统、促进经济社会可持续发展具有重要的意义。

二、水资源多种用途之间的协调

上文已经介绍了生活、农业、工业、水力发电、生态等用水类型。此外，水资源还有航运、景观娱乐等多种利用途径。由此可见，水资源的用途是多方面的，但是，可以利用的水资源量却是有限的，必然会出现用水部门之间为争水而引发的矛盾以及需求与供给之间的矛盾。一方面，各用水部门对于水资源条件的要求不同、在使用功能上相互排斥。

导致用水部门之间存在一定的矛盾。比如，发电、灌溉、养鱼等需要拦河筑坝，以抬高水位，但是筑坝后会影响船、筏、鱼通行，影响航运和某些生物生长。另一方面，水资源量是有限的，而需水量是不断增加的，导致需水与供水之间存在一定的矛盾，不同部门之间、不同地区之间、上下游之间、人类生产生活用水与生态用水之间为争夺有限水资源而产生的矛盾等。

由此可见，出现用水矛盾是不可避免的，但关键在于如何妥善解决这些矛盾：这是关系国计民生、社会稳定和人类长远发展的一件大事，水行政主管部门一定要给予高度的重视，在力所能及的范围内，尽可能充分考虑经济社会发展、水资源充分利用、生态系统保护之间的协调；尽可能充分考虑人与自然的和谐发展；尽可能满足各方面的需求，以最小的投入获取最满意的社会效益、经济效益和环境效益。

第三节 水资源利用面临的主要问题

水资源本身固有的属性再加上人类活动的影响，带来一些水问题，比较公认的有三点，即水资源短缺、洪涝灾害、水环境污染，概括起来主要是“水少”“水多”“水脏”。

一、水资源短缺

水资源短缺是当今和未来面临的主要水问题之一：一方面，由于自然因素的制约，如降水时空分布不均和自然条件差异等，某些地区降雨稀少、水资源紧缺，如南非、中东地区以及我国的西北干旱地区等；另一方面，随着人口的增长和经济的发展，对水资源的需求也在不断增加，从而出现“水资源需大于供”的现象，导致水量上不足，出现水资源短缺。此外，人类活动污染水源，使原本可以利用的水源不能再被利用，从而造成可利用水量减少，最终使得水资源短缺，这是“水质型缺水”。

在我国，主要表现为农业缺水、城市缺水和生态缺水首先是农业缺水。中国水资源空间分布不均匀，南多北少，而耕地资源的分布却是南少北多，导致北方大面积耕地缺乏灌溉水源。水资源短缺已经成为我国农业稳定发展和粮食安全供给的主要制约因素，其次是城市缺水全国 600 多个城市中，有 400 多个城市存在不同程度缺水，其中严重缺水的有 100 多个，预计到 21 世纪中叶我国人均水资源占有量将降到 1 750 m^3 左右，届时，全国大部分地区将面临水资源更加紧张、缺水甚至严重缺水的局面。此外，生态缺水现象也十分严重，缺水造成了一些自然生态系统的退化、演变甚至消亡，给生态带来一些不良影响。干旱也可能造成草原退化、沙漠面积增大，也会使河流湖泊面积缩小。

二、洪涝灾害

洪涝灾害是某些地区的又一大水问题，由于水资源的时空分布不均匀，在世界上许多地区或某一地区的某一时期干旱缺水的同时，在世界上的另一些地区或某一地区的其他时期，又会出现突发性的降水过多而形成的洪涝灾害。全球气候变化加上人类活动对环境的影响加剧，致使世界上洪涝灾害频繁发生，强度也在增加，洪水类型也多种多样。河流洪水是一种基本形式，每年都有暴雨引发洪涝灾害的报道：突发洪水也是一种常见洪涝灾害形式，另外，随着城市化的迅速发展，城市洪涝灾害问题将成为某些地区经济社会发展的潜在威胁。

在我国，洪涝灾害频繁，对经济发展和社会稳定的威胁较大。目前存在的突出问题是防洪标准偏低，主要江河标准只有 20 ~ 50 年一遇，中小河流的防洪标准更低，只有 5 ~ 10 年一遇，70% 左右的城市没有达到国家规定的防洪标准，甚至还有部分城市基本没有设防。随着人口的增加，经济的快速发展，以及河道、湖泊淤积等，防洪问题会越来越突出。这对我国经济、社会的可持续发展构成了严重威胁。

三、水环境污染

水环境污染也是一个非常严峻的水问题。随着经济社会的发展、城市化进程的加快，排放到环境中的污水、废水量日益增多。大量含有各种污染物质的废水进入天然水体，造成了水环境质量的急剧恶化，一方面会对人们的身体健康和工农业利用带来不利影响，另一方面，由于水资源被污染，原本可以利用的水资源失去了利用价值，可利用的水资源量越来越少，造成"水质型缺水"，加剧了水资源短缺的矛盾。

在我国，由于人口的增加、经济的发展，工农业生产和城市生活对水资源需求量不断增加，同时废水的排放量也相应增加：据对全国 14.05 万 km 评价河长的水质监测资料显示，符合《地面水环境质量标准》（GB 3838—2002）Ⅰ类水的河长占 5.1%，Ⅱ类水的河长占 28.7%，ID 类水的河长占 27.1%，Ⅲ类水的河长占 11.8%，Ⅳ类水的河长占 6.0%，劣Ⅴ类水的河长占 21.3%。黄河片、松花江片、辽河片、淮河片水质较差，其符合和优于Ⅲ类水的河长分别占 40.0%，38.6%，36.0%、31.0%。据 2017 年对全国 20.8 万 km 评价河长的水质监测资料显示，Ⅰ类水的河长占 4.8%，0 类水的河长占 42.5%，Ⅲ类水的河长占 21.3%，Ⅳ类水的河长占 10.8%，Ⅴ类水的河长占 5.7%，劣Ⅴ类水的河长占 14.9% 黄河片、松花江片、辽河片、淮河片水质较差，其符合和优于Ⅲ类水的河长分别占 58.1%，55.7%，45.5%、59.6%。此外，还存在水土流失、河流干枯断流、湖泊萎缩、草原退化、土地沙化、湿地干涸、灌区次生盐渍化、部分地区地下水超量开采等问题，造成局部地区水环境恶化，生态失衡。

随着人口的增加和经济社会的发展，水资源问题将更加突出，成为制约人类社会可持续发展的关键性因素：水资源问题不仅是中国的问题，也是世界经济社会发展亟待解决的问题之一，造成这一问题出现的原因有自然原因，但更多的是人类不合理地开发、利用和管理水资源的活动所导致的要解决这些问题，需要人类共同的努力，加强对水资源的开发、利用、治理、配置、节约和保护等工作，实现水资源的可持续利用。

第二章　水资源配置理论

第一节　水资源问题与挑战

一、水资源与可持续发展

自 1992 年世界环境与发展大会通过《21 世纪议程》以来，可持续发展思想已成为世界各国制定社会经济发展战略的主要依据，我国也在 1994 年发表了《中国 21 世纪议程——中国 21 世纪人口、环境与发展白皮书》，将可持续发展战略作为社会经济发展总体战略，纳入国家经济与社会发展规划。

按照联合国环境与可持续发展委员会的解释，可持续发展的定义是："既能满足当代人的需要，又不对后代人满足其需要的能力构成危害的发展模式。"其强调三个主题：国际间发展的公平性、区域间发展的公平性和社会经济发展与人口、资源、环境间的协调性。

水资源是一种十分重要而又特殊的自然资源，是人类和一切生物赖以生存的不可缺少的一种宝贵资源，是支撑生命系统、非生命环境系统正常运转的重要条件，同时也是一个国家或地区经济建设和社会发展的重要自然资源和物质基础。如果缺水或无水，将无法维持地球的生命力和生态、生物的多样性，将无法开展各项社会经济活动，因此，水资源的丰枯以及开发利用情况在很大程度上影响着一个地区的经济发展与生态平衡，水资源的可持续发展是整个社会可持续发展的组成部分之一。

水资源的可持续发展，指水资源不仅要实现当今时代的共享，还要与后代共享，不仅是人对水资源的共享，还有人与环境对水资源的共享，合理全面考虑水资源、社会经济和生态环境之间的关系，进行水资源的合理配置，是实现水资源可持续发展的重要保证。

二、水危机中国水资源态势

地球上的水量极其丰富，但水圈中的水量的分布很不均匀，大部分水储存在低洼的海洋中，占 96.54%，而且其中 97.47% 为咸水，淡水仅占总水量的 2.53%，且主要分布在冰川与永久积雪（占 68.70%）和地下（30.36%）。如果考虑现有的经济、技术能力，扣除无法取用的冰川和高山顶上的冰雪储量，理论上可利用的淡水不足地球总贮水量的 1%。我国水资源总量约为 28 124 亿立方米，人均占有量很低，是水资源十分紧缺的国家之一。

中国水资源总量并不丰富，时空分布不均，水污染严重，北方部分地区水资源开发利用已经超过资源环境的承载能力，全国范围内水资源可持续利用问题已经成为国家可持续发展战略的主要制约因素。

针对我国目前水资源供需矛盾突出问题，解决的基本途径有以下四条：

①开源。对于水资源量丰富且水资源开发利用率低的地区，可以通过加大投资、兴修水利工程和设施、开发新的水源、提高水资源利用效率，增加该地区的水资源供应能力。

②节流。在水资源相对贫乏、水资源利用率已很高的地区，增大水源供水能力的潜力较小，主要方法为节流，即建立节水型社会，依靠研究节水技术和方法，实施节水措施，提高人们的节水意识，从而减少水资源的需求量。节水是缓解供需水矛盾、实现水资源可持续利用的长久之策。

③治污。加大水污染治理力度，加强环保意识，兴建污水处理厂和中水利用系统，变废水、污水为再生之水、有用之水。

④水资源优化配置。前面三类方法有一定条件限制，需要大量资金投入，且效果的发挥还需一定时间。如果运用科学技术和方法，改变传统的管理模式和方法，对有限水资源进行优化配置，可使水资源得到充分高效利用，使社会经济协调发展。

第二节　水资源优化配置的概念

一、水资源优化配置的含义和内容

20 世纪 90 年代初，在我国水资源严重短缺和水污染不断加重的大背景下，水资源优化配置的概念应运而生，其最初是针对水资源短缺地区及用水的竞争性问题。随着可持续发展概念的深入，其含义不再仅仅针对水资源短缺地区。对于水资源丰富的地区，从可持续角度，也应该考虑水资源合理利用问题，只是目前在水资源短缺地区此问题更为迫切而已。

从广义概念上讲，水资源优化配置就是研究如何充分利用好和分配好水资源。水资源合理配置比较权威的定义是我国颁布的《全国水资源综合规划技术大纲》中给出的："在流域或特定的区域范围内，遵循公平、高效和可持续性利用的原则，通过各种工程与非工程措施，考虑市场经济的规律和资源配置准则，通过合理抑制需求、有效增加供水、积极保护生态环境等手段和措施，对多种可利用水源在区域间和各用水部门间进行的调配"。

水资源优化配置是一个极其复杂的系统工程，随着人们认识水平的提高和科学技术的不断发展及水资源优化配置实践的不断深化，水资源优化配置的概念逐步明确，其内涵日益丰富。在探索如何合理配置水资源的过程中，人们逐步认识到，水资源配置的客观基础，是“社会经济—资源—生态—环境”复杂系统中宏观经济系统、水资源系统、生态系统及环境在其发展运动过程中的相互依存与相互制约的定量关系，这一关系集中体现在用水竞争性和投资竞争性上。

由以上定义可以看出，水资源优化配置的实质是要提高水资源的配置效率。一方面是提高水的分配效率，合理解决各部门和各行业（包括环境和生态用水）之间的竞争用水问题；另一方面则是提高水的利用效率，促使各部门或各行业内部高效用水。其主要解决的问题包括以下几个方面。

（1）社会经济发展问题

探索适合流域或区域现实可行的社会经济发展模式和发展方向，推求合理的工农业生产布局。

（2）水资源需求问题

分析现状条件下各分区各部门的用水结构、用水效率及提高用水效率的技术和措施，预测未来各种经济发展模式下的水资源需求。

（3）水资源开发利用方式、水利工程布局等问题

进行现状水资源开发利用评价、供水结构分析、水资源可利用量分析，进行各种水源的联合调配，给出各类规划水利工程的配置规模及建设次序。

（4）水环境污染问题

评价现状水环境质量，分析各部门在生产过程中各类污染物的排放情况，预测河流水体中各主要污染物的浓度，制定合理的水环境保护目标和保护策略。

（5）生态问题

评价现状生态系统状况，分析生态系统保护与水资源开发利用的关系，制定合理的水生态保护目标和保护策略。

（6）供水效益问题

分析各种水源开发利用所需的投资及运行费用，分析各种水源的供水效益。

（7）水价问题

研究水资源短缺地区由于缺水造成的国民经济损失，分析水价对社会经济发展的影响和水价对水需求的抑制作用，明晰水价的制定依据。

（8）水资源管理问题

研究与水资源优化配置相适应的水资源管理体系，制定有效的政策法规，确定可行的实施办法等。

（9）技术方法研究问题

研究水资源优化配置模型，如评价模型、模拟模型、优化模型的建模机理及建模方法；

研发水资源管理决策支持系统等。

水资源优化配置还有广义和狭义之分。从广义上讲，水资源优化配置是在水资源开发利用过程中，对洪涝灾害、干旱缺水、水生态环境恶化等问题解决的统筹安排，实现除害兴利结合、防洪抗旱并举、开源节流并重，协调上下游、左右岸、干支流、城市与乡村、流域与区域、开发与保护、建设与管理、近期与远期等各方面的关系。从狭义上讲，水资源优化配置主要是指水资源供给与需求之间关系的处理。

对于水资源优化配置的内容，主要包含以下几个方面。

（1）流域配置

流域配置包括流域间配置和流域内配置。流域间配置是在流域以上的层次上，将水资源在流域间分配，制定各流域的水资源配置量；流域内配置是将配置给本流域的水资源在流域内进行分配。流域内水资源配置一般包括流域内各区域间的水资源配置以及流域内各行业（生活、生态和生产）之间的水资源配置。流域内配置的水资源量应该包括流域本身的水资源量和调入（如调出，则应减去）流域的水资源量。目前，在我国的大江大河中，《黄河可供水量分配方案》就是流域水资源配置的一个例子；而正在实施的南水北调工程则是流域间水资源配置的典型例子。

（2）区域配置

由于区域间配置的内容等同于流域内配置，因此，区域配置是指区域内配置。区域配置是将配置给本区域的水资源在区域内进行分配。同样，区域层次的水资源配置一般包括区域内各次（子）区域的水资源配置以及区域内各行业之间的水资源配置。区域配置的水资源量应该包括区域当地的水资源量和调入区域的水资源量。在区域配置中，根据水资源管理状况，如果区域是实施水资源管理的最低层次（如我国的县级），则区域配置只包括各行业间的配置。

（3）行业配置

行业配置包括行业间配置和行业内配置。行业间配置就是将水资源在行业之间进行配置，如农业与工业和生活之间的配置；行业内配置就是将水资源在行业内进行配置，实际也就是在用户之间进行配置。根据我国的水资源管理特点，行业内配置应该在水资源管理的最低层次，也即在取用水户的层级。行业水资源配置的例子也众多，如北京郊区实施节水工程而向城区供水、内蒙古实施农业节水向工业转换水权等是行业间配置水资源的例子。

（4）代际配置

由于水资源属于可再生资源，因此代际配置的问题并不突出。但当人类开发利用的速度大于水资源的更新速度而导致水资源枯竭时，为了维持水资源的可持续利用，就存在代际问题，特别是更新周期比较长的地下水资源。这样，水资源存在的代际配置问题即是在现在和将来之间的水资源配置问题。如我国目前正在实施的地下水保护计划，其实就是水资源代际配置的例子。

二、水资源优化配置的意义

对水资源进行合理开发与利用，实行水资源的优化配置，是实现社会可持续发展的重要前提，对实现和谐社会及社会经济的持续、健康发展具有极其重要的意义。

（1）水资源优化配置研究能促进水资源合理有效利用

汪恕诚部长在“水权和水市场”的讲话中指出：“通过水资源的优化配置，提高水资源的利用效率，实现水资源可持续利用，这是21世纪我国水利工作的首要任务。”

优化配置使水资源在各用水部门之间得到合理配置，一方面提高水资源的分配效率，合理解决各用水部门（包括生态环境用水）之间的竞争用水问题；另一方面提高水资源的利用效率，促使各用水部门内部高效用水；同时使水环境容量得到合理调配，从而解决水资源短缺、生态环境恶化问题。

（2）促进工程水利向资源水利的转变

在人与自然不断斗争的过程中，水利工程成为人类利用水资源的重要工具，人类通过各种水利工程对天然的水资源系统与环境进行改造，使其更加有利于人们的生活和生产，这一阶段可以称之为水资源利用的初级阶段——工程水利阶段。

（3）对其他资源配置问题有一定的参考价值

水资源是自然资源之一，其他任何自然资源和水资源一样，都具有价值与使用价值，并且受到量的限制，同样也存在着合理分配的问题。资源配置问题具有一定的相似性，水资源优化配置，为解决其他资源的配置问题提供了一定的参考。

三、水资源优化配置的目标

一个区域的水资源是有限的，当这些有限性使区域水资源成为稀缺性的资源时，各种用户的水需求之间就具有了竞争性，就会面临把有限的水资源如何分配给各用户的问题。水资源供需分析是进行不同水平年水资源在各用户间分配的方法之一，它主要根据用户重要性的不同，从尽量满足供给与需求之间的平衡角度出发，进行水资源在各用户之间的分配。很显然，它没有直接考虑水资源分配的效益问题。水资源优化配置就是从效益最大化角度出发进行水资源分配的方法。

水资源优化配置要实现效益的最大化，是从社会、经济、生态三个方面来衡量的，是综合效益的最大化。从社会方面来说，要实现社会和谐，保障人民安居乐业，促使社会不断进步；从经济方面来说，要实现区域经济持续发展，不断提高人民群众的生活水平；从生态方面来说，要实现生态系统的良性循环，保障良好的人居生存环境；总体上达到既能促进社会经济不断发展，又能维护良好生态环境的目标。

水资源优化配置要合理解决各用户之间的竞争性用水问题。按照用水类型的划分及用水后果的影响程度，可把水资源配置分成不同层次。

在可持续发展层次，要保持人与自然的和谐关系。人类为了发展社会经济，必须利用一部分水资源；而为了人类自身的存在，又必须维护适宜的生存环境。因此，必须研究如何与自然环境合理地分享水资源，兼顾当前与长远，在社会经济发展与生态环境保护两大类目标间进行权衡，进行社会经济用水与生态环境用水的合理分配，力争使长期发展的社会净福利达到最大。

在社会经济发展层次，要兼顾社会公平与经济效益。人类为了发展经济，必须利用水资源；而经济发展，又必须有和谐的社会环境。因此，进行水资源配置时必须统筹考虑公平与效益问题，兼顾局部与全局，在社会公平与经济效益两类目标间进行权衡，进行区域水资源在各类用户之间的合理分配，保障社会和谐与经济快速发展。

在水资源开发利用层次，要对水资源需求方面与供给方面同时调控，调动各种手段，力求使需要与可能之间实现动态平衡，寻求技术可行、经济合理、环境无害的水资源开发、利用、保护与管理模式。在需水方面通过调整产业结构与调整生产力布局，积极发展高效节水产业，抑制需水增长势头，以适应较为不利的水资源条件。在供水方面则是加强管理，并通过工程措施改变水资源天然时空分布与生产力布局不相适应的被动局面，统筹安排降水、当地地表水、当地地下水、中水、外调水的联合利用，增加水资源可供水量，协调各用水部门竞争性用水。在不同水平年条件下，给出用水需求和用水次序安排，给出可供水量和供水次序安排以及给出水资源开发利用方案的整体安排。

为了达到上述目标，对水资源优化配置研究的主要任务包括以下几个方面。

（1）在经济社会发展与水资源需求方面

探索适合流域或区域现实可行的经济社会发展规模和发展方向，推求合理的生产布局。研究现状条件下的用水结构、用水效率及相应的技术措施，分析预测未来生活水平提高、国民经济各部门发展及生态环境保护条件下的水资源需求。

（2）在水环境与生态环境质量方面

评价现状水环境质量，分析水环境污染程度，制定合理的水环境保护和治理标准；分析生产过程中各类污染物的排放率及排放总量，预测河湖水体中主要污染物的浓度和环境容量。开展生态环境质量和生态保护准则研究、生态耗水机理与生态耗水量研究，分析生态环境保护与水资源开发利用的关系。

（3）在水资源开发利用方式与工程布局方面

开展水资源开发利用评价、供水结构分析、水资源可利用量分析；研究多水源联合调配，规划水利工程的合理规模及建设顺序；分析各种水源开发利用所需的投资、运行费用以及防洪、发电、供水等综合效益。

（4）在供需平衡分析方面

开展不同水利工程开发模式和区域经济发展模式下的水资源供需平衡，确定水利工程的供水范围和可供水量，各用水单位的供水水源构成、供水量、供水保证率、缺水量、缺水过程及缺水破坏深度分布等情况。

（5）在水资源管理方面

研究与水资源合理配置相适应的水资源科学管理体系，包括：建立科学的管理机制和管理手段，制定有效的政策法规，确定合理的水资源费、水价、水费征收标准和实施办法，分析水价对社会经济发展影响及对水需求的抑制作用，培养水资源科学管理人才等。

（6）在水资源配置技术与方法方面

研究和开发与水资源配置相关的模型技术与方法，如建模机制与方法、决策机制与决策方法、模拟模型、优化模型与评价模型、管理信息系统、决策支持系统、GIS 高新技术应用等。

四、水资源优化配置的对象

根据水资源的特性及其开发利用的内容，水资源配置的对象包括数量、水质、保证率、时间以及空间（地点和区域）等。

（1）数量

数量是最常用的也是最可以理解的对象，通常所说的水量就是水资源数量的体现。在通常情况下，水资源的数量也是水资源配置最常用的内容。尽管数量是最常用的配置对象，但当数量与其他的配置对象相结合时，配置的内容就会丰富很多。如常用的某一保证率下的水量就是时间和数量的结合，结果是对应于不同的保证率就会有不同的数量，从而也会有不同的配置内容。因此，数量需要与其他不同的配置对象相结合。

（2）水质

在水资源配置中，水质的概念还没有广泛应用，但出现的例子日益增加。一般来讲，对于一个物品，总是有数量和质量两个概念，对于水资源也是如此。对应于不同的水量，就会有不同的水质；同样，对应于水质的一般是用途，当水质不能满足用途的要求时，就需要出于水质要求的水资源配置。

在过去的一段时间内，由于水污染不严重或水质总是能满足人们的要求，或是人们对水质关注程度不足，水质这个对象并没有纳入水资源配置的范畴。但当水污染越来越严重时，在缓解污染问题的时候，人们越来越多地把水资源的水质配置纳入配置对象，同样，在水资源配置中，也开始关注需要一定水质的水资源量的配置内容。如我国正在实施的“引江济太”工程，实质就是通过引入一定数量的优质水，缓解太湖的水污染的配置措施；同样，我国第一例水权交易——“东阳—义乌”的水权交易，也是由于当地丰富的水资源的水质污染而购买区域外优质水资源的过程。

（3）保证率

保证率也是对应于水量的常用概念。常用的 F=50%、P=75%、P=95% 以及枯水年（月）等都是属于水资源配置的保证率的概念。同样，多年平均也可以认为是一个与保证率有关的概念，因为多年平均是一个水文序列的各种概率的平均。在水资源规划中经常会出现不同保证率情况下的可利用水量的概念。因此，保证率是对应于水量的一个十分重要的定语。由于水文的随机性，不同保证率情况下的水量是不同的。

（4）时间

在水资源配置中，时间界定的是配置何时的水量。在水资源规划中经常出现的水平年就是时间的一个体现。但客观上，由于各地水资源问题的不同，经常会出现对现在甚至过去某一时间水量的配置，特别是在以供定需的配置原则下。在灌区的灌溉水量配置中，经常发生的是对一个灌溉季节的水量分配。

同样在某种情况下，水资源配置有可能是针对特定时间或时段的水量分配，如年或月。如旱情紧急情况下的水量调度预案就是对枯水年甚至是枯水月的水资源配置。因此，时间可以是一个灵活的概念，有可能是某一天、几天、一个用水时段、枯水月、正常年、枯水年、未来某一水平年等。

（5）地点或区域

地点或区域实际对应的是一个点和面的问题。在绝大多数的情况下，水资源配置是针对一个区域的水资源配置问题，如流域、区域水资源配置是对一个流域或区域的水资源进行配置；但在某些情况下，也会出现对某一地点的水资源进行配置的问题，如我国古代灌区的水量配置经常是对渠口或引水口的水量进行分配。

五、水资源优化配置的原则

合理配置是人们对稀缺资源进行分配时的目标和愿望，力求使资源分配的总体效益或利益最大。随着水资源短缺和水环境恶化，人们已清醒地认识到对水资源的研究不仅要研究对水资源数量的合理分配，还应研究对水资源质量的保护；不仅要研究水资源对国民经济发展和人类生存需要的满足，还应研究水资源对人类生存环境或生态环境的支撑与保障；不仅要研究满足当今用水的权利，还应研究如何满足未来用水的权利。为实现水资源的社会、经济和生态综合效益最大，水资源配置应遵循以下几个基本原则。

（1）可持续性原则

可持续性是保证水资源利用不仅应使当代人受益，而且能使后代人享受同等的权利。它要求近期与远期之间、当代与后代之间对水资源的利用上有一个协调发展、公平利用的原则，而不是掠夺性地开采和利用甚至破坏，即当代人对水资源的利用，不应使后一代人正常利用水资源的权利受到破坏。为实现水资源的可持续利用，区域发展模式要适应当地水资源条件，保持水资源循环转化过程的可再生能力。在制定水资源配置组合方案时，要综合考虑水土平衡、水盐平衡、水沙平衡、水生态平衡对水资源的基本要求。

（2）有效性原则

有效性原则是基于水资源作为社会经济行为中的商品属性确定的。以纯经济学观点，由于水利工程投资，对水资源在经济各部门的分配应解释为：水是有限的资源，经济部门对其使用并产生回报。经济上有效的资源分配，是资源利用的边际效益在用水各部门中都相等，以获取最大的社会效益。换句话说，在某一部门增加一个单位的资源利用所产生的效益，在任何其他部门也应是相同的。如果不同，社会将分配这部分水给能产生更大效益或回报的部门。由此可见，对水资源的利用应以其利用效益作为经济部门核算成本的重要指标，而其对社会生态环境的保护作用（或效益）作为整个社会健康发展的重要指标，使水资源利用达到物尽其用的目的。但是，这种有效性不是单纯追求经济意义上的有效性，而是同时追求对环境的负面影响小的环境效益，以及能够提高社会人均收益的社会效益，是能够保证经济、环境和社会协调发展的综合利用效益。这需要在水资源合理配置问题中设置相应的经济目标、环境目标和社会发展目标，并考察目标之间的竞争性和协调发展程度，满足真正意义上的有效性原则。

（3）公平性原则

公平性是人们对经济以外不可度量的分配形式所采取的理智行为，以驱动水量和水环境容量在地区之间、近期和远期之间、用水目标之间、水量与水质目标之间、用水阶层之间的公平分配。在地区之间应统筹全局，合理分配过境水，科学规划跨流域调水，将深层地下水作为应急备用水源；在用水目标上，优先保证生活用水和最小生态用水量，兼顾经济用水和一般生态用水，在保障供水的前提下兼顾综合利用；在用水阶层中注重提高农村饮水保障程度，保护城市低收入人群的基本用水。

水资源合理配置公平性原则体现在三个方面：首先，水资源为国家所有，属于公共资源，区域间有共享的权利；其次，在社会、经济和生态环境协调发展的基础上，各行业用水有共享的权利，因此各种形式的水资源要统筹考虑，相得益彰；最后，当代人与后代人之间对水资源的公平利用原则，即当代人对水资源的利用，不应使后代人正常利用水资源的权利受到破坏。

（4）协调性原则

水的生态属性决定了水资源利用在创造价值的同时，还必须为自然界提供持续发展的基本保障，即满足人类所依赖的生态环境对水资源的需求。当水资源可利用量无法同时满足经济社会发展、生态环境保护用水需求时，首先应合理界定国民经济用水和生态环境用水的比例。

水资源优化配置协调性原则包括以下五个方面：一是社会、经济发展以及生态环境保护与区域水资源状况之间的协调；二是近期和远期发展目标对水的需求之间的协调；三是区间和区内不同地区之间、不同用水部门之间水资源利用的协调；四是不同类型水源之间开发利用程度的协调；五是社会、经济和生态环境用水的协调。

（5）系统性原则

区域水资源复合系统是由水资源、社会、经济和生态环境组成的具有整体性功能的复合系统。区域水资源是生态环境中最为活跃的控制性因素，并构成区域社会、经济和生态环境发展的支撑体系。以区域为基本单元的水资源合理配置，从自然角度是对区域水资源演变不利效应的综合调控；从经济角度是对水资源开发利用中各种经济外部性的内部化；从系统角度要注重除害与兴利、水量与水质、开源与节流、工程措施与非工程措施的结合，统筹解决水资源短缺与水环境污染对区域可持续发展的制约问题。

（6）科学性原则

水资源配置不仅要遵循以上原则，而且还要遵循水资源配置的规律。例如要按照泥沙运动规律、分布特征等合理配置泥沙资源，以获得最大效益。

六、水资源优化配置的手段

从上节的原则出发，水资源配置要从以下几个方面着手。

（1）空间配置

根据国民经济布局、供水水源和缺水状况，合理确定供水范围，使水资源保障条件与生产力布局相互间更加适应。

（2）时间配置

根据水资源年内、年际的变化规律，通过水库、湖泊和地下水库的调节，以实现水资源量在时间尺度上的合理配置。

（3）用水目标配置

根据用水户的用水特点和各水源的供水能力，确定各供水目标的供水次序，进行部门间的水量分配，重点在于解决经济建设用水挤占生态环境用水、城市与工业用水占用农业用水以及水资源多目标利用中的竞争性用水问题。

（4）水量配置

地表水、浅层地下水、中深层地下水、污水回用水以及调水等多种水源合理调配，提高供水总量和供水保证率，同时减少无效蒸发等损失，高水高用、补偿调节，以节约资源和能源。

水资源利用配置的好坏，不仅关系到它所依托的生态经济系统的兴衰，更关系到对可持续发展战略支撑能力的强弱，必须加强研究和实践，以利于社会、经济的持续发展。

为实现上述配置方式，通常采用的配置手段主要有工程手段、科技手段、行政手段和经济手段。

（1）工程手段

通过采取工程措施对水资源进行调蓄、输送和分配，达到合理配置的目的。时间调配工程包括水库、湖泊、塘坝、地下水等蓄水工程，用于调整水资源的时程分布；空间调配工程包括河道、渠道、运河、管道、泵站等输水、引水、提水、扬水和调水工程，用于改变水资源的地域分布；质量调配工程包括自来水厂、污水处理厂、海水淡化等水处理工程，用于调整水资源的质量。调配的方式主要有地表、地下水联合运用；跨流域调水与当地水联合调度；蓄、引、提水多水源统筹安排；污水资源化、雨水利用、海水利用等多种水源相结合等。

（2）科技手段

建立水资源实时监控系统，准确及时地掌握各水源单元和用水单元的水信息。科学分析用水需求，加强需水管理。采用优化技术进行分析计算，提高水资源规划与调度的现代化水平。

（3）行政手段

利用法律约束机制和行政管理职能，直接通过行政措施进行水资源配置，调配生活、生产和生态用水，调节地区、部门等各用水单位的用水关系，实现水资源的统一管理。水资源统一管理主要体现在两个方面：一是流域的统一管理；二是地域的，主要是城市水务的统一管理。

（4）经济手段

按照市场经济要求，建立合理的水使用权分配和转让的管理模式，建立合理的水价形成机制，以及以保障市场运作为目的、以法律为基础的水管理机制。利用经济手段进行调节，利用市场加以配置，使水的利用方向从低效益的经济领域向高效益的经济领域转变，水的利用模式从粗放型向集约型转变，提高水的利用效率。

七、水资源优化配置的机制

水资源配置机制决定了在水资源配置原则下确定的水资源以何种方式在流域、区域、行业和用户之间进行配置。总体来看，目前世界各国所采取的水资源配置机制主要有以下三种：行政配置、市场配置和自主配置。

（1）行政配置

水资源的行政配置也称为计划配置、政府配置、指令配置，是由政府或有关的水管理部门通过行政命令或指令配置水资源的机制。这是一种自上而下的配置方法。由于政府或管理部门掌握或处理信息的能力有限以及对于用水户信息的不了解等，在处理大量的配置信息时，行政配置机制的能力显得不足，容易造成“政府失灵”和出现“寻租”现象。但行政配置的优点是可以保障公共利益和社会利益与生态和环境保护目标的实现。因此，行政配置一般在宏观的层次上比较有效，适应于信息处理较少、信息比较透明的配置，如流域或区域的水资源初始配置、区域内产业水资源的配置等。在满足公共利益、生态和环境保护以及重要的居民生活用水的情况下，行政配置是一种十分有效的水资源配置方式。行政配置在国际上的应用十分广泛，在我国的水资源配置中，《黄河可供水量分配方案》就是行政配置的典型例子。

（2）市场配置

市场配置是应用市场的一些机制和手段来配置水资源。市场机制包括众多的内容，其中应用最多的是经济激励机制，如应用最广泛的价格机制。水权制度也属于市场范畴。根据市场经济的理论，要保证市场在资源的配置中发挥基础性作用，其最根本的是需要建立清晰和有保障的产权制度。应用市场机制配置资源可以保证资源配置的效率。但市场配置不能保证社会目标与生态和环境保护目标的实现，即出现所谓的“市场失灵”。目前，市场在资源配置中发挥了广泛的作用，当前收费的各种水资源配置，如生活用水、工业用水和农业用水的配置都是市场配置资源的例子。在这些水资源的配置中，价格对水资源的配置以及用户的用水行为或多或少会产生作用，从而影响水资源配置的结果。

（3）自主配置

自主配置是近年来出现的水资源配置新方式，即由用水户或相关用水团体自行组织和协商来分配水资源。在灌区层次上，农民参与用水管理就是典型的例子。自主分配的优点是具有较大的灵活性，能充分反映用水户的需求，同时分配的结果也对用水户的用水行为产生直接的影响，能避免同时出现“市场失灵”和“政府失灵”。由于配置范围相对较小，用户参与充分，因此，自主配置具有高透明度，解决了配置中的信息问题。在宏观层次上，自主配置也有一些案例，如通过协商确定的流域或区域水量分配。

尽管以上分析了不同的水资源配置机制，但现实的水资源配置是以上各种机制的综合，这也是由水资源本身的特性所决定的。即使是在我国实行计划经济的时代，城镇居民生活用水其实是应用市场机制进行配置，通过价格影响居民的用水行为；而在实行市场经济时，行政配置也应用得十分广泛。在一个流域内，区域间水量的配置采用行政配置，而区域内用户之间的用水可能采用市场配置，在灌区可能采用自主配置。因此，不同机制的应用决定于具体的水资源问题，决定于配置层次和内容。

第三节 水资源优化配置研究进展

一、国外水资源优化配置研究进展

国外研究水资源优化配置始于 20 世纪 40 年代 Masse 提出的单一枢纽工程（水库）优化调度问题，之后随着系统分析理论和优化技术的引入以及计算机技术的发展，水资源系统模拟模型技术得以迅速发展，并广泛应用于流域水资源的优化分配。目前国际上水资源配置研究的发展态势可归纳为以下两个方面。

（1）以水量配置为主的水资源优化配置

1960 年科罗拉多的几所大学对计划需水量的估算及满足未来需水量的途径进行了研讨，体现了水资源优化配置的思想。20 世纪 70 年代以来，伴随数学规划和模拟技术的发展及其在水资源领域的应用，水资源优化配置的研究成果不断增多。1974 年，Y.Y.Haimes 提出了水资源系统协调管理模型；Fathali Firoozi 提出了水资源再分配和水库建设的适时优化模型。1979 年，美国麻省理工学院利用模拟模型技术对阿根廷河 Rio Colorado 流域的水量进行了研究，并提出了多目标规划理论和水资源规划的数学模型方法，成功地完成了对 Rio Colorado 流域水资源的开发规划。1982 年，Pearson 等人利用多个水库的控制曲线，以产值最大为目标，以输水能力和预测的需求值为约束条件，用二次规划方法对英国 nawa 区域的用水量优化分配问题进行了研究。同年，荷兰学者 E.Romijn 和 M.taming 考虑水的多功能性和多种利益的关系，强调决策者和决策分析者间的合作，建立了 gelderland Doenthe 的水资源量分配问题的多层次模型，这一模型体现了水资源配置问题的多目标和层次结构的特点。

（2）水量水质联合优化配置

1971 年，美国的 Bishop 提出了流域水资源管理的概念，引起社会的广泛重视，其优点是可以从水量、水质及其对环境和社会的影响，评价各地区水资源供需状况，协调流域内各地区、各部门之间的水资源分配；国际水资源协会（IWRA）主席 B.Braga 认为流域水资源优化配置是将有限的水资源在多种相互竞争的用户中进行复杂分配，各项目标的基本冲突表现在经济效益与生态环境效益上的冲突；澳大利亚 Murray 流域水管理局实施了 Murray River 规定河道的配水规划，以最小的环境负效益、最大的社会经济效益为优化配水的目标。1995 年，R.A.Fleming 和 R.M，Adams 建立了地下水水质水量管理模型，建模中考虑了水质迁移的滞后作用，并采取用水力梯度作为约束来控制污染扩散，目标仍是经济效益最大。1997 年，catio Percia 和 Gideon iron 以经济效益最大为目标，建立了以色列南部 Eilat 地区的污水、地表水和地下水等多种水源的管理模型；Dai Tewei 建立了流域整体的水量水质网络模型；Wong Hillel S 等提出支持地表水、地下水、外调水等多种水源的联合运用，并考虑了地下水恶化的防治措施，体现了水资源利用和水资源保护之间的关系。

二、国内水资源优化配置研究进展

我国水资源配置方面的研究虽然起步较迟，但发展很快。20 世纪 60 年代，开始了以水库优化调度为先导的水资源配置研究。改革开放以后，国家重点科技攻关计划通过组织大批科研力量联合攻关，取得了一大批在国内外有影响的、具有国际先进水平的成果，大大推动了我国水资源应用基础研究领域的发展。我国水资源合理配置理论发展历经了以下五个阶段。

（1）第一阶段就水论水

水资源优化配置包括需水管理和供水管理两方面的内容。在需水方面，通过调整产业结构与生产力布局，积极发展高效节水产业，以适应较为不利的水资源条件。在供水方面，协调各单位竞争性用水，加强管理，并通过工程措施改变水资源天然时空分布与生产力布局不相适应的被动局面。20 世纪 80 年代初，以华士乾教授为首的研究小组对北京地区的水资源配置利用系统工程方法进行了研究，并在国家“七五”攻关项目中加以提高。该项目研究考虑了水量的区域分配、水资源利用效率、水利工程建设次序以及水资源开发利用对国民经济发展的作用，成为水资源系统中水量合理分配的雏形。此阶段存在“以需定供”

和“以供定需”两种思想的水资源合理配置模式。

①“以需定供”的水资源配置

“以需定供”的水资源配置，认为水资源“取之不尽，用之不竭”，以经济效益最优为唯一目标，以过去或目前国民经济结构和发展速度资料预测未来的经济规模，通过该经济规模预测相应的需水量，并以此进行供水工程规划。这种思想将各年的需水量及过程均作定值处理，忽视了影响需水量的诸多因素间的动态制约关系，而且修建水利工程的方法是从大自然无节制或者说掠夺式地索取水资源，其结果必然带来不利影响，诸如河道断流、土地荒漠化甚至沙漠化、地面沉降、海水倒灌、土地盐碱化，等等。另一方面，由于“以需定供”没有体现出水资源的价值，毫无节水意识，也不利于节水高效技术的应用和推广，必然造成社会性的水资源浪费。因此，这种牺牲资源、破坏环境的配置理论，只能使水资源的供需矛盾更加突出。海河、淮河、黄河三流域的地表水现状开发利用消耗率已分别达到 78%、37% 和 72%，都已超过或是接近 40% 以下的开发利用率安全警戒线，是我国水资源与经济社会最不适应、供需矛盾最突出的地区。

②“以供定需”的水资源配置

“以供定需”的水资源配置，是以水资源的供给可能性进行生产力布局，强调资源的合理开发利用，以资源背景布置产业结构，它是“以需定供”的进步，有利于保护水资源。但是，水资源的开发利用水平与区域经济发展阶段和发展模式密切相关，比如，经济的发展有利于水资源开发投资的增加和先进技术的应用推广，必然影响水资源开发利用水平，因此，水资源可供水量是与经济发展相依托的一个动态变化量。而“以供定需”的水资源配置理论，在对可供水量分析时，往往与地区经济发展相分离，没有实现资源开发与经济发展的动态协调，并可能由于过低估计区域发展的规模，使区域经济不能得到充分发展，因此这种配置理论不适应经济发展的需要。

（2）第二阶段基于宏观经济的区域水资源优化配置理论

无论是“以需定供”还是“以供定需”，都将水资源的需求和供给分开考虑，要么强调需求，要么强调供给，都忽视了与区域经济发展的动态协调。于是国家科委和水利部启动了“八五”国家重点科技攻关专题《华北地区宏观经济水资源规划理论与方法》，许新宜、王浩和甘泓等系统地建立了基于宏观经济的水资源优化配置理论技术体系，包括水资源优化配置的定义、内涵、决策机制和水资源配置多目标分析模型、宏观经济分析模型、模拟模型，以及多层次多目标群决策计算方法、决策支持系统等。

基于宏观经济的水资源优化配置，通过投入产出分析，从区域经济结构和发展规模分析入手，将水资源优化配置纳入宏观经济系统，以实现区域经济和资源利用的协调发展。水资源系统和宏观经济系统之间具有内在的、相互依存和相互制约的关系，当区域经济发展对需水量要求增大时，必然要求供水量快速增长，这势必要求增大相应的水利投资而减少其他方面的投入，从而使经济发展的速度、结构、节水水平以及污水处理回用水平等发生变化以适应水资源开发利用的程度和难度，从而实现基于宏观经济的水资源优化配置。

但是，作为宏观经济核算重要工具的投入产出表，只是反映了传统经济运行状况，投入产出表中所选择的各种变量经过市场而最终达到一种平衡，这种平衡只是传统经济学范畴的市场交易平衡，忽视了资源自身价值和生态环境的保护，因此，传统的基于宏观经济的水资源优化配置与环境产业的内涵及可持续发展观念不相吻合，环保并未作为一种产业考虑到投入产出的流通平衡中，水环境的改善和治理投资也未进入投入产出表中进行分析，必然会造成环境污染或生态遭受潜在的破坏。

（3）第三阶段基于二元水循环模式的水资源合理配置

水资源合理配置的目标，是统筹协调社会经济系统、水资源系统、生态系统以及环境之间的关系，追求各系统的可持续发展。“八五”攻关成果虽然考虑了宏观经济系统和水资源系统之间相互依存、相互制约的关系，但是忽视了水循环演变过程与生态系统之间的相互作用关系。水资源系统和生态系统之间相互依存、相互制约的关系主要体现在两个方面：一方面，生态系统影响着截留、蒸发、产流、汇流等水循环过程，生态系统的种类和规模对水资源的数量和质量起着至关重要的作用；另一方面，水是支撑生态系统的基础资源，它的演变影响着生态系统的演化。

国家“九五”攻关专题《西北地区水资源合理配置和承载能力研究》在“八五”攻关的基础上，针对水资源合理开发利用和生态环境保护两大目标，进一步将水资源系统与社会经济系统、生态系统三者联系起来，置于流域水资源和生态环境演化的统一构架下，提出了流域“二元”水循环模式和干旱区生态结构理论。所谓流域“二元”水循环，是指在人类发展进程中，不仅全面改变了天然状态下降水、蒸发、产流、汇流、入渗、排泄等流域水循环特性，还在天然水循环的大框架内，形成了由“取水—输水—用水—排水—回归”5个基本环节构成的侧支循环圈。西北地区流域二元循环之间存在着此消彼长的依存关系，并驱动着干旱区天然生态和人工生态此退彼进过程。根据合理配置问题的决策特点，该项研究建立了相应的多层次、多目标、群决策求解方法，对流域水资源、社会经济和生态环境三个系统分别用数学模型加以描述和模拟，再用总体模型进行综合集成与优化。该项研究取得了三大应用突破，即提出了干旱区生态需水量计算方法及计算成果、西北水资源合理配置格局与配置方案和西北水资源承载能力。

《西北地区水资源合理配置和承载能力研究》虽然提出了二元水循环的认知模式，但真正实现二元水循环模拟以及提出基于分布式水文模型的层次化全口径水资源评价方法是在“973”《黄河流域水资源演变规律与二元演化模型》研究中，该研究将流域分布式水文模型和集总式水资源调配模型耦合起来，是实现二元水循环过程的整体模拟的关键。

（4）第四阶段以宏观配置方案为总控的水资源实时调度

受流域水资源管理体制的约束，我国流域水资源统一调配实践未能实质性地全面铺开，一些问题严重的流域更多地依靠行政手段进行管理。随着流域水资源问题的普遍化和严重化，流域水资源统一调配与管理具有重大的现实意义和紧迫性，一些流域开始尝试对流域水资源实行统一调配，如黄河流域实行非汛期水量统一调度，防止河道断流。但由于流域水资源真正的统一调配刚刚起步，在调配的技术和系统建设方面还处于探索阶段，能够真正应用于区域水资源管理的调配系统很少，且区域水资源宏观优化配置与微观实时调度系统耦合尚有待加强，现状技术条件远远跟不上流域水资源统一管理和调配的要求。

在此形势下，国家“十五”攻关计划启动《黑河流域水资源调配管理信息系统》专题研究，开展以黑河流域为代表的我国北方半干旱流域水资源统一管理与调度实践研究。该专题提出一套完整的流域水资源调配理论与方法，其中最突出的成果体现在两个方面：一是首次提出并实践了以“模拟—配置—评价—调度”为基本环节的流域水资源调配四层总控结构，为流域水资源调配研究提供较为完整的框架体系；二是首次在流域层面实现了水资源宏观配置方案和实时调度方案的耦合与嵌套，进而通过流域水资源调配管理信息系统的构建，为流域水资源的统一调配提供了较为全面的技术支持，同时有效提升我国流域水资源管理决策和信息化水平。

（5）第五阶段经济生态系统广义水资源合理配置

水资源合理配置是解决区域水资源供需平衡的基础，以往国内外的水资源配置都未能将社会、经济、人工生态和天然生态统一纳入配置体系中，并且在配置水源上，仅考虑地表水和地下水的配置，而对土壤水的配置涉及较少，甚至没有；配置目标也仅考虑传统的人工取用水的供需平衡缺口，对于区域经济社会和生态环境的耗水机理并未详细分析；由于以往的水资源合理配置模型未能与区域水循环模型进行耦合计算，仅根据经验或实验结果对区域水循环之间的转化关系进行简单处理，因此不能正确反映区域各部门、各行业之间的需水要求，导致水资源配置也不尽合理。

《宁夏经济生态系统水资源合理配置》攻关项目提出了全新的广义水资源合理配置理论及其研究方法，从广义水资源合理配置的内涵出发，在配置目标上，满足经济社会用水和生态环境用水的需要，维系了区域社会—经济—生态系统的可持续发展；在配置基础上，以区域经济社会可持续发展以及区域人工—天然复合水循环的转化过程为基础，揭示了水资源配置过程中的水资源转化规律，以及配置后经济社会和生态系统的响应状况，为区域水资源的可持续利用提供依据。在配置内容上，不仅对可控的地表水和地下水进行配置，还对半可控的土壤水以及不可控的天然降水进行配置，配置的内容更加丰富。在配置对象上，在考虑传统的对生产、生活和人工生态的基础上，增加了天然生态配水项，同时在对水资源量，进行调控的同时，还对水环境即水质情况进行调控，实现水量水质统一配置。在配置指标上，将配置指标分为三层：第一层为传统的供需平衡指标，反映人工供水量与需水量之间的缺口，用缺水量或缺水率表示；第二层为理想的需要消耗的地表地下水量与实际消耗的地表地下水量之间的差值，用于分析区域消耗黄河水资源量与黄河水量指标限制的关系；第三层是广义水资源（包括降水转化的土壤水在内）的供需平衡指标，即经济和生态系统实际蒸腾蒸发消耗的水量与理想状态下所需水量的差值，反映所有供水水源与实际耗水量之间的缺口。

第三章 水资源的开发利用途径及工程

第一节 地表水资源的开发利用途径及工程

地表水资源是人类开发利用最早、最多的一类水资源，由于地表水具有分布广、径流量大、开发方便等特点，自古以来开发利用最为广泛。本章将详细介绍有关地表水资源的开发利用途径、地表水取水构筑物特点、地表水输水工程的选择等相关知识。

一、地表水资源的利用途径

（一）地表水资源的特点

地表水源包括江、河、湖泊、水库和海水，大部分地区的地表水源流量较大，由于受地面各种因素的影响，地表水资源表现出以下特点。

第一，地表水多为河川径流，一般径流量大，矿化度和硬度低。

第二，地表水资源受季节性影响较大，水量时空分布不均。

第三，地表水水量一般较为充沛，能满足大流量的需水要求。因此，城市、工业企业常利用地表水作为供水水源。

第四，地表水水质容易受到污染，浊度相对较高，有机物和细菌含量高，一般均需常规处理后才能使用。

第五，采用地表水源时，在地形、地质、水文、卫生防护等方面的要求均较复杂。

（二）地表水资源开发利用途径及主要工程

为满足经济社会用水要求，人们需要从地表水体取水，并通过各种输水措施传送给用户。除在地表水附近，大多数地表水体无法直接供给人类使用，需修建相应的水资源开发利用工程对水进行利用，常见的地表水资源开发利用工程主要有河岸引水工程、蓄水工程、扬水工程和输水工程。

1. 河岸引水工程

由于河流的种类、性质和取水条件各不相同，从河道中引水通常有两种方式：一是自流引水；二是提水引水。自流引水可采用有坝与无坝两种方式。

（1）无坝引水

当河流水位、流量在一定的设计保证率条件下，能够满足用水要求时，即可选择适宜的位置作为引水口，直接从河道引水，这种引水方式就是无坝引水。

在丘陵山区，若水源水位不能满足引水要求，亦可从河流上游水位较高地点，筑渠引水：这种引水方式的主要优点是可以取得自流水头；主要缺点是引水口一般距用水地较远，渗漏损失较大，用水成本较高。

无坝引水渠首一般由进水闸、冲沙闸和导流堤三部分组成：进水闸的主要作用是控制入渠流量；冲沙闸的主要作用为冲走淤积在进水闸前的泥沙；而导流堤一般修建在中小河流上，平时发挥导流引水和防沙作用，枯水期可以截断河流，保证引水。

（2）有坝引水

当天然河道的水位、流量不能满足自流引水要求时，须在河道上修建壅水建筑物（坝或闸），抬高水位，以便自流引水，保证所需的水量，这种引水形式就是有坝引水。有坝引水枢纽主要由拦河坝（闸）、进水闸、冲沙闸及防洪堤等建筑物组成。

第一，拦河坝的作用为横拦河道、抬高水位，以满足自流引水对水位的要求，汛期则在溢流坝顶溢流，泄流河道洪水。

第二，进水闸的作用是控制引水流量，其平面布置主要有两种形式：一是正面排沙，侧面引水；二是正面引水，侧面排沙。

第三，冲沙闸的过水能力一般应大于进水闸的过水能力，能将取水口前的淤沙冲往下游河道。冲沙闸底板高程应低于进水闸底板高程，以保证较好的冲沙效果。

第四，为减少拦河坝上游的淹没损失，在洪水期保护上游城镇、交通的安全，可以在拦河坝上游沿河修筑防洪堤。

2. 蓄水工程

这里主要介绍水库蓄水工程。当河道的年径流量能满足人们用水要求，但其流量过程与人们所需的水量不相适应时，则需修筑拦河大坝，形成水库具有径流调节作用，可根据年内或多年河道径流量，对河道内水量进行科学调节，以满足用水的要求。水库枢纽由三类基本建筑物组成。

（1）挡水建筑物

水库的挡水建筑物，是指拦河坝。一般按建筑材料分为土石坝、混凝土坝和浆砌石坝。土石坝可分为土坝和堆石坝；常见的混凝土坝的种类有重力坝、拱坝、支墩坝等。浆砌块石坝可分为重力坝和拱坝等，因这种材料的坝体不利于机械化施工，故多在中小型水库上采用。本节中仅简要介绍最为常见的重力坝、拱坝和土坝。

第一，重力坝主要依靠坝体自重产生的抗滑力维持稳定，它是用混凝土或浆砌石修筑而成的大体积挡水建筑物，具有结构简单、施工方便、安全可靠性强、抗御洪水能力强等特点，但同时由于它体积庞大，对水泥用量多，且对温度要求严格，坝体应力较低，受扬压力作用大。

重力坝通常由非溢流坝段、溢流坝段和二者之间的连接边墩、导墙及坝顶建筑物等组成。一般说来，坝轴线采用直线，需要时也可以布置成折线或曲线，溢流坝段一般布置在中部原河道主流位置，两端用作溢流坝段与岸坡相接，溢流坝段与非溢流坝段之间用边墩、导墙隔开。

第二，拱坝是坝体向上游凸出，在平面上呈现拱形，拱端支承于两岸山体上的混凝土或浆砌石坝的两端支承于两岸山坡岩体上，作用于迎水面的荷载，大部分依靠拱的作用传递到两岸岩体上，只有少部分通过梁的作用传至坝基。拱坝具有体积小、超载能力和抗震性好等特点，但由于拱坝坝体单薄、孔口应力复杂，因此坝身泄流布置复杂，同时施工技术要求高，尤其对地基的处理要求十分严格。修筑拱坝的理想地形条件是左右对称的V形和U形狭窄河段。理想的地质条件是岩石均匀单一，透水性弱，基岩坚固完整，无大的断裂构造和软弱夹层。

第三，土坝是历史最悠久也是最普遍的坝型。它具有可就地取材、构造简单、施工方便，适应地基的变形能力强等特点，但缺点是坝顶身不能溢流，坝体填筑工程量大。土坝的剖面一般是梯形，主要考虑渗流、冲刷、沉陷等对土坝的影响。土坝主要由坝体、防渗设备、排水部分和护坡四部分组成，坝体是土坝的主要组成部分，其作用是维持土坝的稳定。防渗设备的主要作用是减小坝体和坝基的渗透水量，要求用透水性小的土料或其他不透水材料筑成，排水设备的主要作用是尽量排出已渗入坝身的渗水，增强背水坡的稳定，可采用透水性强的材料，如砂、砾石、卵石和块石等。护坡的主要作用是防止波浪、冰凌、温度变化、雨水径流等的破坏，一般采用块石护坡。

（2）泄水建筑物

泄水建筑物主要用以宣泄多余水量，防止洪水漫溢坝顶，保证大坝安全。泄水建筑物有溢洪道和深式泄水建筑物两类。

1）溢洪道

溢洪道可分为河床式和河岸式两种。河岸溢洪道根据泄水槽与溢流堰的相对位置不同可分为正槽式溢洪道和侧槽式溢洪道两种形式。正槽式溢洪道的溢流堰上的水流方向与泄水槽的轴线方向保持一致；而侧槽式溢洪道的溢流堰上的水流方向与泄水槽轴线方向斜交或正交。在实际中，主要根据库区地形条件选择溢洪道的型式。

溢洪道通常由引水段、控制段、泄水槽、消能设备和尾水渠五部分组成。控制段、泄水槽和消能设备是溢洪道的主体部分；引水段和尾水渠分别是主体部分同上游水及下游河道的连接部分。引水段的作用是将水流平顺、对称地引向控制段。控制段主要控制溢洪道泄流能力，是溢洪道的关键部位。泄水槽的作用是宣泄通过控制段的水流，消能设备用于消除下泄水流所具有的破坏作用的动能，防止下游河床和岸坡及相邻建筑物受水流的冲刷，尾水渠是将消能后的水流平顺地送到下游河道。

2）深式泄水建筑物

深式泄水建筑物有坝身泄水孔、水工隧洞和坝下涵管等。一般仅作为辅助的泄洪建筑物。

（3）引水建筑物

在水库引水建筑物中，常见的型式有水工隧洞、坝下隧管和坝体泄水孔等。水工隧洞和坝下涵管均由进口段、洞（管）身段和出口段组成，两者不同之处在于水工隧洞开凿在河岸岩体内，坝下涵管在坝基上修建，其涵管管身埋设在土石坝坝体下面。

3. 扬水工程

扬水是指将水由高程较低的地点输送到高程较高的地点，或给输水管道增加工作压力的过程。扬水工程主要是指泵站工程，是利用机电提水设备（水泵）及其配套建筑物，给水增加能量，使其满足兴利除害要求的综合性系统工程水泵与其配套的动力设备、附属设备、管路系统和相应的建筑物组成的总体工程设施称为水泵站，亦称扬水站或抽水站。

用以提升、压送水的泵称为水泵按其工作原理可分为两类：动力式泵和容积式泵动力式泵是靠泵的动力作用使液体的动能和压能增加和转换完成的，属于这一类的有离心泵、轴流泵和旋涡泵等；容积式水泵对水流的压送是靠泵体工作室容积的变动来完成的，属于这一类的有活塞式往复泵、柱塞式往复泵等。

目前，在城市给水排水和农田灌溉中，最常用的是离心泵：离心泵的工作原理是利用泵体中的叶轮在动力机（电动机或内燃机）的带动下高速旋转，由于水的内聚力和叶片与水之间的摩擦力不足以形成维持水流旋转运动的向心力，使泵内的水不断地被叶轮甩向水泵出口处，而在水泵进口处造成负压，进水池中的水在大气压的作用下经过底阀，进水管流向水泵进口。

泵站主要由设有机组的泵房、吸水井和配电设备三部分组成。其中，吸水井的作用是保证水泵有良好的吸水条件，同时也可以当作水量调节建筑物；设有机组的泵房包括吸水管路、管路、控制闸门及计量设备等；配电设备包括高压配电、变压器、低压配电及控制启动设备。低压配电与控制启动设备，一般也设在泵房内，各水管之间的联络管可根据具体情况，设置在室内或室外；变压器可以设在室外，但应有防护设施。除此之外，泵房内还应有起重等附属设备。

4. 输水工程

在开发利用地表水的实践活动中，水源与用水户之间往往存在着一定的距离，这就需要修建输水工程。输水工程主要采用渠道输水和管道输水两种方式。

二、地表水取水构筑物介绍

由于地表水水源的种类、性质和取水条件各不相同，因而地表水取水构筑物有多种形式。按水源的种类分，地表水取水构筑物可分为河流、湖泊、水库、海水取水构筑物；按取水构筑物的构造形式可分为固定式（岸边式、河床式、斗槽式）和移动式（浮船式、缆车式）两种。在山区河流上，则有带低坝的取水构筑物和底栏栅式取水构筑物。

（一）固定式取水构筑物

固定式取水构筑物是地表水取水构筑物中较常用的类型，它包含种类较多，与移动式取水构筑物相比，它具有取水可靠、维护方便、管理简单以及适用范围广等优点，但其有投资较大、水下工程量较大、施工期长等缺点。

固定式取水构筑物有多种分类方式，按位置分为岸边式、河床式和斗槽式。其中，岸边式和河床式应用较为普遍，而斗槽式目前使用较少，下面重点介绍岸边式和河床式两类。

1. 岸边式取水构筑物

直接从岸边进水口取水的构筑物称为岸边式取水构筑物，它由进水间和泵房两部分组成。岸边式取水构筑物无须在江河上建坝，适用于当河岸较陡，主流近岸，岸边水深足够，水质和地质条件都较好，且水位变幅较稳定的情况，但水下施工工程量较大，且须在枯水期或冰冻期施工完毕。根据进水间与泵房是否合建，岸边式取水构筑物可分为合建式和分建式两种。

（1）合建式岸边取水构筑物

合建式岸边取水构筑物的进水间和泵房合建在一起，设在岸边。水经进水孔进入进水室，再经格网进入吸水室，然后由水泵抽送至水厂或用户。进水孔上的格栅用以拦截水中粗大的漂浮物。进水间中的格网用以拦截水中细小的漂浮物。

合建式岸边取水构筑物的特点是设备布置紧凑、总建筑面积较小、水泵吸水管路短、运行安全、管理和维护方便、应用范围较广。但合建式土建结构复杂，施工较为困难，只有在岸边水深较大、河岸较陡、河岸地质条件良好、水位变幅和流速较大的河流才采用。

合建式岸边取水构筑物的结构类型通常有以下几种形式：

第一，进水间与泵房基础处于不同的标高上，呈阶梯式布置。这种布置形式的合建式取水构筑物适用于河岸地质条件较好的地方。

第二，进水间与泵房基础处于相同的标高上，呈水平式布置。当岸边地质条件较差，为避免不均匀沉降，或供水安全性要求较高，水泵需自灌启动时，宜采用此布置形式。这种形式的取水构筑物多用卧式泵。

第三，将第二，中的卧式泵改为立式泵或轴流泵，且吸水间在泵房下面。

（2）分建式岸边取水构筑物

当岸边地质条件较差，进水间不宜与泵房合建时，或者分建对结构和施工有利时，宜采用分建式。分建式进水间设于岸边，泵房建于岸内地质条件较好的地点，但不宜距进水间太远，以免吸水管过长，分建式取水构筑物土建结构简单，易于施工，但水泵吸水管路长，水头损失大，运行安全性较差，且对吸水管及吸水底阀的检修较困难。

2. *河床式取水构筑物*

从河心进水口取水的构筑物称为河床式取水构筑物。河床式取水构筑物与岸边式基本相同，但用伸入江河中的进水管（其末端设有取水头部）来代替岸边式进水间的进水孔，它主要由泵房、集水间、进水管和取水头部组成。其中，泵房和集水间的构造与岸边式取水构筑物的泵房和进水间基本相同，当主流离岸边较远，河床稳定、河岸较缓、岸边水深不足或水质较差，但河心有足够水深或较好水质时，适宜采用河床式取水构筑物。

河床式取水构筑物根据集水井与泵房间的联系，可分为合建式与分建式。河床式取水构筑物按照进水管形式的不同，可以分为四种基本形式：自流管取水式、虹吸管取水式、水泵直接取水式和江心桥墩取水式。

（1）自流管取水式

河水在重力作用下，从取水头部流入集水井，经格网后进入水泵吸水间。

（2）虹吸管取水式

河水进入取水头部后经虹吸管流入集水井的取水构筑物称虹吸管式取水构筑物，当枯水期主流远离取水岸、水位又很低、河流水位变幅大，河滩宽阔、河岸高、自流管埋深很大或河岸为坚硬岩石以及管道需穿越防洪堤时，宜采用虹吸管式取水构筑物。由于虹吸高度最大可达 7 m，故可大大减少水下施工工作量和土石方量，缩短工期，节约投资，但是，虹吸管必须保证严密、不漏气，因此对管材及施工质量要求较高

（3）水泵直接吸水式

这种形式的取水构筑物不设集水间，河水由伸入河中的水泵吸水管直接取水，在取水量小、河水水质较好、河中漂浮物较少、水位变幅不大，不需设格网时，可采用此种引水方式。由于利用水泵的吸水高度使泵房埋深减小，且不设集水井，因此施工简单，造价低，可在中小型取水工程中采用。但要求施工质量高，不允许吸水管漏气；在河流泥沙颗粒粒径较大时，水泵叶轮磨损较快；且由于没有集水井和格网，漂浮物易堵塞取水头部和水泵。

（4）江心桥墩取水式

桥墩式取水构筑物也称江心式或岛式取水构筑物，整个取水构筑物建在江心，在集水井进水间的井壁上开设进水孔，从江心取水，构筑物与岸之间架设引桥桥墩式取水构筑物适用于含沙量高、主流远离岸边、岸坡较缓、无法设取水头部、取水安全性要求很高的情况。

（二）移动式取水构筑物

在水源水位变幅大，供水要求急和取水量不大时，可考虑采用移动式取水构筑物（分

为浮船式和缆车式）。

1. 浮船式取水构筑物

浮船式取水构筑物是将取水设备直接安置在浮船上，由浮船、锚固设备、联络管及输水斜管等部分组成。它的特点是构造简单，便于移动，适应性强，灵活性大，能经常取得含沙量较小的表层水，且无水下工程，投资省，上马快。浮船式取水需随水位的涨落拆换接头，移动船位，紧固缆绳，收放电线电缆，尤其水位变化幅度大的洪水期，操作管理更为频繁。浮船必须定期维护，且工作量大。浮船式取水构筑物的适用条件为河床稳定，岸坡适宜，有适当倾角，河流水位变幅在 10 ~ 35 m 或更大，水位变化速度不大于 2 m/h，枯水期水深不小于 1.5 m，水流平稳、流速和风浪较小、停泊条件好的河段。在我国西南、中南等地区应用较广泛。

2. 缆车式取水构筑物

缆车式取水构筑物由泵车、坡道或斜桥、输水管和牵引设备等部分组成。缆车式取水构筑物是用卷扬机绞动钢丝绳牵引泵车，使其沿坡道上升或下降，以适应河水的涨落，因此受风浪的影响小，能取得较好水质的水。

缆车式取水构筑物具有施工简单、水下工程量小、基建费用低、供水安全可靠等优点，适用于河流水位变幅为 10 ~ 15 m，枯水位时能保证一定的水深，涨落速度小于 2 m/h，无冰凌和漂浮物较少的情况。其位置宜选择在河岸岸坡稳定、地质条件好、岸坡倾角适宜的地段。如果河岸太陡，所需牵引设备过大，移车较困难；如果河岸太缓，则吸水管架太长，容易发生事故。

（三）山区浅水河流取水构筑物

1. 山区浅水河流的特点

第一，河床多为粗颗粒的卵石、砾石或基岩，稳定性较好。

第二，河床坡降大、河狭流急，洪水期流速大、推移质多，有时可挟带直径 1 m 以上的大滚石。

第三，水位和流量变化幅度大，雨后水位猛涨、流量猛增，但历时很短。枯水期的径流量和水位均较小，甚至出现多股细流和局部地表断流现象、枯水期径流量之比常达数十倍、数百倍甚至更大。

第四，水质变化剧烈。枯水期水质较好，清澈见底，洪水期水质变浑，含沙量大，漂浮物多。

第五，北方某些山区河流潜冰（水内冰）期较长。

2. 山区河流取水的特点

山区河流枯水期河流流量很小，因此取水量常常占河水枯水径流量的比重很大，有时高达 70% ~ 90%。平、枯水期水层浅薄，不能满足取水深度要求，需要修筑低坝抬高水位或采用底部进水的方式解决；洪水期推移质多、粒径大，因此在山区浅水河流的开发利用中，既要考虑到使河水中的推移质能顺利排除，不致大量堆积，又要考虑到使取水构筑物不被大颗粒推移质损坏。

3. 取水构筑物类型

适合于山区浅水河流的取水构筑物形式有低坝取水、底栏栅取水、渗渠取水以及开渠引水等。这里只对低坝式取水构筑物和底栏栅取水构筑物做简要介绍。

（1）低坝式取水构筑物

当山区河流水量特别小、取水深度不足时，或者取水量占枯水流量的比重较大（30% ~ 50% 及以上）时，在不通航、不放筏、推移质不多的情况下，可在河流上修筑低坝以抬高水位和拦截足够的水量低坝位置应选择在稳定河段上，坝的设置不应影响原河床的稳定性。取水口宜布置在坝前河床凹岸处：当无天然稳定的凹岸时，可通过修建弧形引水渠造成类似的水流条件。

低坝有固定式和活动式两种。固定式低坝取水构筑物通常由拦河低坝、冲沙闸、进水闸或取水泵站等部分组成；活动式低坝在洪水期可以开启，减少上游淹没的面积，并能冲走坝前沉积的泥沙，枯水期能挡水和抬高上游水位，因此采用较多，但维护管理较复杂。近些年来广泛采用的新型活动坝有橡胶坝、浮体闸等固定式低坝。

（2）底栏栅取水构筑物

通过坝顶戴栏栅的引水廊道取水的构筑物，称为底栏栅取水构筑物。它由拦河低坝、底栏栅、引水廊道、沉沙池、取水泵站等部分组成在河床较窄、水深较浅、河床纵坡降较大、大颗粒推移质特别多的山溪河流，且取水量占河水总量比例较大时采用。

（四）湖泊和水库取水构筑物

1. 湖泊和水库特征

第一，湖泊和水库的水位与其蓄水量和来水量有关，其年变化规律基本上属于周期性变化。以地表径流为主要补给来源的湖泊或水库，夏秋季节出现最高水位，冬末春初则为最低水位。水位变化除与蓄水量有关外，还会受风向与风速的影响。在风的作用下，向风岸水位上升，而背风岸水位下降。

第二，湖泊和水库具有良好的沉淀作用，水中泥沙含量较低，浊度变化不大。但在河流入口处，由于水流突然变缓，易形成大量淤积。

第三，不同的湖泊或水库，水的化学成分不同；同一湖泊或水库，位置不同，水的化学成分和含盐量也不一样，湖泊、水库的水质与补给水水源的水质、水量流入和流出的平衡关系、蒸发量的大小、蓄水构造的岩性等有关。

第四，湖泊、水库中的水流动缓慢，浮游生物较多，多分布于水体上层 10 m 深度以内的水域。浮游生物的种类和数量，近岸处比湖中心多，浅水处比深水处多，无水草处比有水草处多。

2. 取水构筑物位置选择

第一，不宜选择在湖岸芦苇丛生处附近。一般在这些湖区有机物丰富，水生物较多，水质较差，尤其是水底动物较多，螺丝等软体动物吸着力强，若被水泵吸入后将会产生堵塞现象。

第二，夏季主风向的向风面的凹岸处有大量的浮游生物集聚并死亡，腐烂后产生异味，水质恶化，且一旦藻类被吸入水泵提升至水厂后，会在沉淀池和滤池的滤料内滋生，增大滤料阻力，因此应避免选择在该处修建取水构筑物。

第三，应选择靠近大坝附近或远离支流的汇入口，这样可以防止泥沙淤积取水头部。

第四，应建在稳定的湖岸或库岸处，可以避免大风浪和水流对湖岸、库岸的冲击和冲刷，减少对取水构筑物的危害。

3. 取水构筑物类型

（1）隧洞式取水和引水明渠取水

在水深大于 10 m 以上的湖泊或水库中取水可采用引水隧洞或引水明渠。隧洞式取水构筑物可采用水下岩塞爆破法施工。

（2）分层取水的取水构筑物

为避免水生生物及泥沙的影响，应在取水构筑物不同高度设置取水窗，这种取水方式适宜于深水湖泊或水库。例如，在夏秋季节，表层水藻类较多，到秋末这些漂浮生物死亡，沉积于库底或湖底，因腐烂而使水质恶化发臭，在汛期，暴雨后的地表径流带有大量泥沙流入湖泊水库，使水的浊度骤增采用分层取水的方式，可以根据不同水层的水质情况，取得低浊度、低色度、无嗅的水。

（3）自流管式取水构筑物

在浅水湖泊和水库取水，一般采用自流管或虹吸管把水引入岸边深挖的吸水井内，然后水泵的吸水管直接从吸水井内抽水，泵房与吸水管可以合建，也可分建分层取水构筑物。

（五）海水取水构筑物

1. 海水取水的特点

（1）海水含盐量高，腐蚀性强

海水含有较高的盐分，一般为 3.5%，如不经处理，一般只宜作为工业冷却水。海水中主要含有氯化钠、氯化镁和少量的硫酸钠、硫酸钙，具有较强的腐蚀性和较高的硬度。

防止海水腐蚀的主要措施有：

第一，采用耐腐蚀的材料及设备，如采用青铜、镣铜、铸铁、钛合金以及非金属材料制作的管道、管件、阀件、泵体、叶轮等。

第二，表面涂敷防护。如管内壁涂防腐涂料，采用有内衬防腐材料的管件、阀件等。

第三，采用阴极保护。

第四，宜采用标号较高的抗硫酸盐水泥及制品，或采用混凝土表面涂敷防腐技术。

（2）海生生物的影响与防治

海生生物的大量繁殖常堵塞取水头部、格网和管道，且不易清除，对取水安全可靠性构成极大威胁。

防治和清除的方法有加氯法、加碱法、加热法、机械刮除、密封窒息、含毒涂料、电极保护，其中以加氯法采用较多，效果较好。

（3）潮汐和波浪

潮汐现象是指海水在天体（主要是月球和太阳）引潮力作用下所产生的周期性运动。习惯上把海面铅直向涨落称为潮汐，而海水在水平方向的流动称为潮流。潮汐平均每隔12小时25分钟出现一次高潮，在高潮之后6小时12分钟出现一次低潮波浪则是由于风力引起的。风力大、历时长时，往往会产生巨浪，且具有很大的冲击力和破坏力，取水构筑物应设在避风的位置，对潮汐和海浪的破坏力给予充分考虑。

（4）泥沙淤积

海滨地区，潮汐运动往往使泥沙移动和淤积，在泥质海滩地区，这种现象更为明显，因此，取水口应避开泥沙可能淤积的地方，最好设在岩石海岸、海湾或防波堤内。

2. 海水取水构筑物分类

（1）引水管渠取水构筑物

当海滩比较平缓时，可采用自流管或引水管渠取水。

（2）岸边式取水构筑物

在深水海岸，若地质条件及水质良好，可考虑设置岸边式取水，直接从岸边取水。

（3）潮汐式取水构筑物

在海边围堤修建蓄水池，在靠海岸的池壁上设置若干潮门。涨潮时，海水推开潮门，进入蓄水池；退潮时，潮门自动关闭，泵站从蓄水池取水。利用潮汐蓄水，可以节省投资和电耗。

三、地表水输水工程的选择

（一）给水管网系统

给水管网系统是保证城市、工矿企业等用水的各项构筑物和输配水管网组成的系统。其基本任务是安全合理地供应城乡人民生活、工业生产、保安防火、交通运输等各项用水，保证满足用水对水量、水质和水压的供水要求。

给水管网系统一般由输水管（渠）、配水管网、水压调节设施（泵站、减压阀）及水量调节设施（清水池、水塔、高地水池）等构成。

第一，输水管（渠），是指在较长距离内输送水量的管道或渠道，一般不沿线向外供水。

第二，配水管网，是指分布在供水区域内的配水管道网络，其功能是将来自于较集中点（如输水管渠的末端或储水设施等）的水量分配输送到整个供水区域，使用户能从近处接管用水。

第三，泵站，是输配水系统中的加压设施，可分为抽取原水的一级泵站、输送清水的二级泵站和建设于管网中的增压泵站等。

第四，减压阀，是一种自动降低管路工作压力的专门装置，它可将阀前管路较高的水压减少至阀后管路所需的水平。

第五，水量调压设施，包括清水池、水塔和高地水池等，其中清水池位于水厂内，水塔和高地水池位于给水管网中，水量调节设施的主要作用是调节供水和用水的流量差，也用于储备用水量。

（二）给水管网的布置

城市给水管网是由直径大小不等的管道组成的，担负着城镇的输水和配水任务。给水管网布置的合理与否关系到供水是否安全、工程投资和管网运行费用是否经济。

1. 管网布置的原则

第一，根据城市规划布置管网时，应考虑管网分期建设的需要，留出充分发展的余地。

第二，保证供水有足够的安全可靠性，当局部管线发生事故时，断水范围最小。

第三，管线应遍布整个供水区内，保证用户有足够的水量和水压。

第四，管线敷设应尽可能短，以降低管网造价和供水能量费用。

2. 管网布置形式

给水管网主要有树状网和环状网两种形式，树状网是指从水厂泵站到用户的管线布置呈树枝状，适用于小城市和小型工矿企业供水。这种管网的供水可靠性较差，但其造价低。环状网中，管线连接成环状，当其中一段管线损坏时，损坏部分可以通过附近的阀门切断，而水仍然可以通过其他管线输送至以后的管网，因而断水的范围小，供水可靠性高，还可大大减轻因水锤作用产生的危害，但其造价较高，一般在城市初期可采用树状网，以后逐步连成环状网。

3. 管网布置要点

城市管网布置取决于城镇平面布置，供水区地形、水源和调节构筑物位置，街区和用户特别是大用水户分布，以及河流、铁路、桥梁等位置以及供水可靠性要求，主要遵循以下几点：

第一，干管延伸方向应与主要供水方向一致。当供水区中无用水大户和调节构筑物时，主要供水方向取决于用水中心区所在的位置。

第二，干管布设应遵循水流方向，尽可能沿最短距离达到主要用水户。干管的间距，可根据街区情况，采用 500 ~ 800 m。

第三，对城镇边缘地区或郊区用户，通常采用树状管绞供水；对个别用水量大、供水可靠性要求高的边远地区用户，也可采用双管供水。

第四，若干管之间形成环状网，则连接管的间距可根据街区大小和供水可靠性要求，采用 800 ~ 1 000 m。

第五，干管一般按城市规划道路定线，并要考虑发展和分期建设的需要。

第六，管网的布置还应考虑一系列关于施工和经营管理上的问题。

第二节　地下水资源的开发利用途径及工程

地下水资源在我国水资源开发利用中占有举足轻重的地位。由于地下水具有分布广、水质好、不易被污染、调蓄能力强、供水保证程度高等特点，目前已被全国各地广泛开发利用。本章将详细介绍有关地下水资源的开发利用途径，水源地的选择，取水构筑物分类、选择及布局等相关知识。

一、地下水资源的开发利用途径

合理开发利用地下水，对满足人类生活与生产需求以及维持生态平衡具有重要意义，特别是对于某些干旱半干旱地区，地下水更是其主要的甚至是唯一的水源。据统计，目前在我国的大中型城市中，北方 70%、南方 20% 的地区以地下水作为主要供水水源。此外，许多大中型能源基地、重化工企业和轻工企业均以地下水作为供水水源。

（一）地下水的开发利用途径

地下水的开发利用需要借助一定的取水工程来实现。取水工程的任务是从地下水水源地中取水，送至水厂处理后供给用户使用，它包括水源、取水构筑物、输配水管道、水厂和水处理设施，但是，地下水取水构筑物与地表水取水构筑物差异较大，而输配水管道、水厂和水处理设施基本上与地表水供水设施一致。

地下水取水构筑物的形式多种多样，综合归纳可概括为垂直系统、水平系统、联合系统和引泉工程四大类型。当地下水取水构筑物的延伸方向基本与地表面垂直时，称为垂直系统，如管井、筒井、大口井、轻型井等各种类型的水井；当取水构筑物的延伸方向基本与地表面平行时，称为水平系统，如截潜流工程、坎儿井、卧管井等；将垂直系统与水平系统结合在一起，或将同系统中的几种联合成一整体，便可称为联合系统，如辐射井、复合井窖。

在修建取水工程之前，首先要对开采区开展水文地质调查，明确地下水水源地的特性，如是潜水还是承压水，是孔隙水、裂隙水还是岩溶水，进而选择经济合理、技术可行的取水构筑物（类型、结构与布置等）来开采地下水。

（二）地下水开发利用的优点

同地表水相比，地下水的开发利用有其独特优势。

第一，分布广泛，容易就地取水。我国地下水开发利用主要以孔隙水、岩溶水、裂隙水三类为主，其中以孔隙水分布最广，岩溶水在分布、数量和开发上均居其次，而裂隙水则最小。据调查，松散岩类孔隙水分布面积约占全国面积的 1/3，我国许多缺水地区，如位于西北干旱区的石羊河流域、黑河流域山前平原处都有较多的孔隙水分布。此外，孔隙水存在于松散沉积层中，富水性强且地下水分布比较均匀，打井取水比较容易。

第二，水质稳定可靠，一般情况下，未受人类活动影响的地下水是优质供水水源，水质良好、不易被污染，可作为工农业生产和居民生活用水的首选。地下水资源的这种优势在我国北方干旱半干旱地区尤为明显，因为当地地表水资源极其贫乏，因此不得不大量开采地下水来维持生活和生产用水。此外，地下水含水层受包气带的过滤作用和地下微生物的净化作用，使其产生了天然的屏障，不易被污染。地下水在接受补给和运移过程中，由于含水层的溶滤作用使地下水中含有多种矿物质和微量元素，成为优质的饮用水源，我国的高寿命地区大多与饮用优质地下水有关。

第三，具有时间上的调节作用。地下水和地表水产汇流机制的不同，导致其接受补给的途径和时间存在一定的差别。地表水的补给受降水影响显著，降水在地面经过汇流后可迅速在河道形成洪水，随时间的变化比较剧烈。地下水的补给则受降水入渗补给、地表水入渗补给、灌溉水入渗补给等多方面的影响，且由于其在地下的储存流动通道与地表水有很大的差异，因此地下水资源随着时间的变化相对稳定，在枯水期也能保证有一定数量的地下水供应。

第四，减轻或避免了土地盐碱化。在一些低洼地区开采地下水，降低了地下水位，减少了潜水的无效蒸发，进而可改良盐碱地，并取得良好的社会效益和环境效益如黄淮海平原，自从 20 世纪 50 年代后期大规模开采浅层地下水以来，盐碱地减少了 1/2，粮食产量增加了 1.5 倍。

第五，具备某些特殊功效。由于地下水一年四季的温差要大大小于地表水，因此常常成为一些特殊工业用水的首选。此外，由于多数地下水含有特定的化学成分，因此还有其他重要的作用。例如，含有对人体生长和健康有益元素的地下水可作为矿泉水、洗浴水；富含某些元素的高矿化水，可提取某些化工产品；高温地下热水，可作为洁净的能源用于发电或取暖；富含硝态氮的地下水可用于农田灌溉，有良好的肥效作用等。

（三）地下水资源的合理开发模式

不合理地开发利用地下水资源，会引发地质、生态、环境等方面的负面效应。因此，在地下水开发利用之前，首先要查清地下水资源及其分布特点，进而选择适当的地下水资源开发模式，以促使地下水开采利用与经济社会发展相互协调。下面将介绍几种常见的地下水资源开发模式。

1. 地下水库开发模式

地下水库开发模式主要分布在含水层厚度大、颗粒粗，地下水与地表水之间有紧密水力联系，且地表水源补给充分的地区，或具有良好的人工调蓄条件的地段，如冲洪积扇顶部和中部，冲洪积扇的中上游区通常为单一潜水区，含水层分布范围广、厚度大，有巨大的储存和调蓄空间，且地下水位埋深浅、补给条件好，而扇体下游区受岩相的影响，颗粒变细并构成潜伏式的天然截流坝，因此极易形成地下水库。地下水库的结构特征，决定了其具有易蓄易采的特点以及良好的调蓄功能和多年调节能力，有利于“以丰补歉”，充分利用洪水资源。目前，不少国家和地区都采用地下水库式开发模式。

2. 傍河取水开发模式

我国北方许多城市，如西安、兰州、西宁、太原、哈尔滨、郑州等，其地下水开发模式大多是傍河取水型的实践证明，傍河取水是保证长期稳定供水的有效途径，特别是利用地层的天然过滤和净化作用，使难以利用的多泥沙河水转化为水质良好的地下水，从而为沿岸城镇生活、工农业用水提供优质水源。在选择傍河水源地时，应遵循以下原则：

①在分析地表水、地下水开发利用现状的基础上，优先选择开发程度低的地区；

②充分考虑地表水、地下水富水程度及水质；

③为减少新建厂矿所排废水对大中城市供水水源地的污染，新建水源地尽可能选择在大中城镇上游河段；

④尽可能不在河流两岸相对布设水源地，避免长期开采条件下两岸水源地对水量、水位的相互削减。

3. 井渠结合开发模式

农灌区一般采用井渠结合开发模式，特别是在我国北方地区，由于降水与河流径流量在年内分配不均匀，与农田灌溉需水过程不协调，易形成“春夏旱”。为解决这一问题，发展井渠结合的灌溉，可以起到井渠互补、余缺相济和采补结合的作用，实现井渠统一调度，可提高灌溉保证程度和水资源利用效率，不仅是一项见效快的水利措施，而且也是调控潜水位，防治灌区土壤盐渍化和改善农业耕作环境的有效途径。经内陆灌区多年实践证明，井渠结合灌溉模式具有如下效果：一是提高灌溉保证程度，缓解或解决了春夏旱的缺水问题；二是减少了地表水引水量，有利于保障河流在非汛期的生态基流；三是可通过井灌控制地下水位，改良盐渍化。

4. 排供结合开发模式

在采矿过程中，地下水大量涌入矿山坑道，往往使施工复杂化和采矿成本增高，严重时甚至威胁矿山工程和人身安全，因此需要采取相应的排水措施。例如，我国湖南某煤矿，平均每采 1 t 煤，需要抽出地下水 130 m^3 左右。矿坑排水不仅增加了采矿的成本，而且还造成地下水资源的浪费，如果矿坑排水能与当地城市供水结合起来，则可起到一举两得的效果，目前在我国已有部分城市（如郑州、济宁、邯郸等），将矿坑排水用于工业生产、农田灌溉，甚至是生活用水等。

5. 引泉模式

在一些岩溶大泉及西北内陆干旱区的地下水溢出带可直接采用引泉模式，为工农业生产提供水源。大泉一般出水量稳定，水中泥沙含量低，适宜直接在泉口取水使用，或在水沟修建堤坝，拦蓄泉水，再通过管道引水，以解决城镇生活用水或农田灌溉用水。这种方式取水经济，一般不会引发生态环境问题。

以上是几种主要地下水开发模式，实际中远不止上述几种，可根据开采区的水文地质条件来选择合适的开发模式，使地下水资源开发与经济社会发展、生态环境保护相协调。

二、地下水取水构筑物介绍

地下水取水构筑物是地下水开发利用工程的主体，选择合适的取水构筑物可达到省时省力、经济适用的效果，本节将介绍几种常见的地下水取水构筑物。

（一）管井

1. 管井的构造

管井，是地下水取水构筑物中应用最广泛的一种，因其井壁和含水层中进水部分均为管状结构而得名。通常用凿井机械开凿，故又俗称机井按其过滤器是否贯穿整个含水层，可分为完整井（贯穿整个含水层）和非完整井（穿过含水层的一部分）。

（1）井室

井室位于最上部，用以保护井口、安装设备、进行维护管理。井室的构造应满足室内设备的正常运行要求，为此井室应有一定的采光、采暖、通风、防水、防潮设施，应符合卫生防护要求。具体实施措施如下：井口要用优质黏土或水泥等不透水材料封闭，一般不少于 3 m，并应高出井室地面 0.3 ~ 0.5 m，以防止井室积水流入井内。

抽水设备是影响井室结构的主要因素，水泵的选择首先应满足供水时流量与扬程的要求，即根据井的出水量、静水位、动水位和井的构造（井源、井径）、给水系统布置方式等因素来决定管井中常用的水泵有深井泵、潜水泵和卧式水泵，深井泵流量大，不受地下水位埋深的限制；潜水泵结构简单、质量轻、运转平稳、无噪声，在小流量管井中广泛应用；卧式水泵受其吸水高度的限制，一般用于地下水位埋深不大的情况。

井室的型式，很大程度上取决于抽水设备，同时也要考虑气候、水源的卫生条件等。深井泵站的井室一般采用地上式，潜水泵和卧式泵的井室均为地下式。

（2）井管

井管也称井壁管，是为了保护井壁不受冲刷、防止不稳定岩层的塌落、隔绝水质不良的含水层而设的。由于受到地层及人工填砾的侧压力作用，故要求它应有足够的强度，并保持不弯曲，内壁平滑、完整，以利于安装抽水设备和井的清洗、维修一井管可以是钢管、铸铁管、钢筋混凝土管、石棉水泥管、塑料管等。一般情况下，钢管适用的井深范围不受限制，但随着井深的增加应相应增大壁厚，铸铁管一般适用于井深小于 250 m 的范围，它们均可用管箍、丝扣或法兰连接：钢筋混凝土管一般井深不得大于 150 m，常用管顶预埋钢板圈焊接连接，井管直径应按水泵类型、吸水管外形尺寸等确定。当采用深井泵或潜水泵时，井管内径应大于水泵井下部分最大外径 100 mm。

井管的构造与施工方法、地层岩石稳定程度等有关，通常有如下两种情况：

1）分段钻进时的异径井管构造

分段钻进法通常称套管钻进法，即根据地质结构的需要，钻进到一定深度后，下入套管保护井壁，然后缩径继续钻进，这种方法多用于管井的深度大、岩性结构复杂、井壁岩石不稳定等情况下。

2）不分段钻进时的同径井管构造

在地层比较稳定、井深不大的情况下，都不进行分段钻进，而采用一次钻进的方法在钻进过程中，利用泥浆或清水对井壁的压力和泥浆对松散颗粒的胶结以保持井的稳定，这种凿井方法也称泥浆钻进法或清水钻进法，当钻到设计深度后，将井管、过滤器和沉砂管一次下入井孔内，然后在过滤器与井壁之间填入砾石，并用黏土或水泥封闭井口管与井壁之间的空隙。当井内地层不稳定时，则在钻进的同时下入套管，以防坍塌，至设计深度后在套管内下入井管、填砾，最后拔出套管，并封闭井口，此种方法称为套管护壁钻进法。

（3）过滤器

1）过滤器的作用、组成

过滤器是管井的重要组成部分。它连接于井管，安装在含水层中，用以集水和保持填砾与含水层的稳定。它的构造、材质、施工安装质量对管井的出水量、含砂量和工作年限有很大影响，所以是管井构造的核心。对过滤器的基本要求是：具有较大的孔隙度和一定的直径，有足够的强度和抗蚀性，能保持人工填砾和含水层的稳定性，成本低廉。

过滤器主要由过滤骨架和过滤层组成，过滤骨架起支撑作用，在井壁稳定的基岩井中，也可直接用作过滤器，过滤层起过滤作用。

过滤骨架分为管型和钢筋型两种。管型按过滤骨架上的孔眼特征又分为圆孔及长条（缝隙）形两种。直接用作过滤器时，称其为圆孔过滤器、缝隙过滤器及钢筋过滤器。圆孔、缝隙过滤骨架可以是钢、铸铁、水泥、塑料或其他材料加工而成的。塑料过滤骨架具有抗蚀性强、质量轻、加工方便等优点，缺点是强度较低。骨架圆孔的直径一般为 10 ~ 15 mm；条形孔尺寸无统一规定，视孔壁的砂石粒径大小而定。钢筋型骨架是竖向钢筋和支撑环间隔排列焊接而成的管状物，一般仅用于不稳定的裂隙岩层，其优点是用料省、易加工、孔隙率大，但其抗压强度较低，不宜用于深度大于 200 m 的管井和侵蚀性较强的含水层。过滤骨架孔眼的大小、排列、间距，与管材强度、含水层的孔隙率及其粒径有关，使过滤器周围形成天然反滤层（反滤层是指在地下水取水构筑物进水处铺设的粒径沿水流方向由细到粗的级配沙砾层）。

2）过滤器的分类

不同骨架和不同过滤层可组成各种过滤器。

第一，骨架过滤器：只由骨架组成，不带过滤层，仅用于井壁不稳定的基岩井，而较多地用作其他过滤器的支撑骨架。

第二，缠丝过滤器：其过滤层由密集程度不同的缠丝构成。如为管状骨架，则在垫条上缠丝；如为钢筋骨架，则直接在其上缠丝，缠丝为金属丝或塑料丝，一般采用直径 2 ~ 3 mm 的镀锌铁丝；在腐蚀性较强的地下水中宜用不锈钢等抗蚀性较好的金属丝。生产实践中还曾试用尼龙丝、增强塑料丝等强度高、抗蚀性强的非金属丝代替金属丝，取得较好的效果，而且其制作简单、经久耐用，适用于中砂及更粗颗粒的岩石与各类基岩。若岩石颗粒太细，要求缠丝间距太小，加工时有困难，此时可在缠丝过滤器外充以砾石。

第三，包网过滤器：由支撑骨架和滤网构成。为了发挥网的渗透性，需在骨架管上焊接纵向垫条，网再包于垫条外。网外再绕以稀疏的护丝（条），以防磨损，网材有铁、铜、不锈钢、塑料压模等。一般采用直径为 0.2 ~ 1 mm 的铜丝网，网眼大小也可根据含水层颗粒组成来确定过滤器的微小铁丝，易被电化学反应腐蚀并堵塞，因此也有用不锈钢丝网或尼龙网取代的。与缠丝过滤器相同，包网过滤器适用于中砂、粗砂、砾石、卵石等含水层，但由于包网过滤器阻力大，易被细砂堵塞，易腐蚀，因而已逐渐为缠丝过滤器取代。

第四，填砾过滤器：以上述各种过滤器为骨架，围填以与含水层颗粒组成有一定级配关系的砾石层，统称为填砾过滤器。工程中应用较广泛的是在缠丝过滤器外围填砾石组成的缠丝填砾过滤器。这种人工围填的砾石层又称人工反滤层。由于在过滤器周围的天然反滤层是由含水层中的骨架颗粒的迁移而形成的，所以不是所有含水层都能形成效果良好的天然反滤层。因此，工程上常用人工反滤层取代天然反滤层。

3）过滤器的直径、长度

过滤器的直径影响井的出水量，因此它是管井结构设计的关键，过滤器直径的确定，是根据井的出水量选择水泵型号，按水泵安装要求确定的，一般要求安装水泵的井段内径应比水泵铭牌上标定的井管内径至少大 50 mm。

在生产实践中，通常采用内径 300 mm（外径 350mm）的过滤器周围填入 100 ~ 150 mm 厚度的砾石层，由此过滤器可保持 600 mm 左右的外径，这对于一般施工条件来说是可以做到的，但对于农业灌溉井可以略小，对于大型企业和大城市供水井则可加大，甚至达 1 000 mm。

过滤器的长度关系到地下水资源的有效开发，它根据设计出水量、含水层性质和厚度、水位下降及其他技术经济因素来确定。合理确定过滤器的有效长度是比较困难的。根据井内测试，管井中 70% ~ 80% 的出水量是从过滤器上部进入的，尤其是靠近水泵吸水口部位，而下部进水很少，含水层厚度越大，透水性越好，井径越小，这时出水量的不均匀分布越明显。有试验资料表明，过滤器的适用长度不宜超过 30 m，对此近年来在一些厚度很大的含水层中，常采用多井分段开采法，以提高开发利用率。

4）过滤器的安装部位

过滤器的安装部位影响管井的出水量及其他经济效益。因此，应安装在主要含水层的主要进水段；同时，还应考虑井内动水位深度过滤器一般设在厚度较大的含水层中部，可将过滤管与井管间隔排列，在含水层中分段设置，以获得较好的出水效果。对多层承压含水层，应选择含水性最强的含水段安装过滤器。潜水含水层若岩性为均质，应在含水层底部的 1/3 ~ 1/2 厚度内安装过滤器。

（4）沉砂管

沉砂管位于井管的最下端，用以沉积涌入井内的砂粒，防止沉砂堵塞过滤器，长度一般不少于 2 ~ 3 m，如果含水层中多粉细砂，可适当加长。人工封闭物是为了防止地表污水、污物及水质不良地下水污染含水层而设置的隔离层，一般采用优质黏土，如果要求较高，也可选用水泥封闭。

2. 管井的施工

管井的施工建造一般包括钻凿井孔、井管安装、填砾和管外封闭、洗井、抽水试验等步骤，现作以下介绍。

（1）钻凿井孔

钻凿井孔的方法主要有冲击钻进和回转钻进。

冲击钻进的基本原理是使钻头在井孔内上下往复运动，依靠钻头自重来冲击孔底岩层，使之破碎松动，再用抽筒捞出，如此反复，逐渐加深，形成井孔。冲击钻进依靠冲击钻机来实现，适用于松散的冲洪积地层。在钻进过程中，应采用清水、泥浆或套筒护壁，以防井壁坍塌。冲击钻进法效率低、速度慢，但机器设备简单、轻便。

回转钻进的基本原理是使钻头在一定的钻压下在孔底回转，以切削、研磨、破碎孔底岩层，并依靠循环冲洗系统将岩屑带上地面，如此循环钻进形成井孔。回转钻进依靠回转钻机来实现。回转钻进又分一般（正循环）回转钻进、反循环回转钻进及岩芯回转钻进。采用一般回转钻进时，泥浆泵从泥浆池吸取泥浆，经空心钻杆将泥浆送入井孔底部，与碎岩土混合后经由钻杆外围的井孔上升至井口并流入泥浆池，经沉淀去除岩土后泥浆循环使用。采用反循环回转钻进时，泥浆泵的吸入口与空心钻杆顶端相连，通过钻杆将井孔底部岩土泥浆混合液吸出并排入泥浆池，经沉淀去除岩土后从井口流入井孔。反循环式钻杆内的上升流速较大，可将较大粒径的岩土吸出井孔，但受到泥浆泵吸出高度的限制，钻杆的长度不能太长，钻进不能太深。岩芯回转钻进工作情况和一般回转钻进基本相同，只是所用的是岩芯钻头。岩芯钻头只将沿井壁的岩石粉碎，保留中间部分，因此效率较高，并能将岩芯取到地面供考察地层构造用。岩芯回转法适用于钻凿坚硬的岩层。

凿井方法的选择对降低管井造价、加快凿井进度、保证管井质量都有很大的影响，因此在实际工作中，应结合具体情况，选择适宜的凿井方法。

（2）井管安装

当钻进到预定深度后，即可进行井管安装。在安装井管以前，应根据从钻凿井孔时取得的地层资料，对管井构造设计进行核对、修正，如过滤器的长度和位置等。井管安装应在井孔凿成后及时进行，尤其是非套管施工的井孔，以防井孔坍塌。井管安装必须保证质量，如井管偏斜和弯曲，都将影响填砾质量和抽水设备的安装及正常运行。下管可采用直接提吊法、提吊加浮板（浮塞）法、钢丝绳托盘法、钻杆托盘法等。井管下完后，钻机仍需提吊部分重量，确实使井管上部固定于井口。

（3）填砾和管外封闭

填砾和管外封闭是紧接井管安装的一道工序填砾规格、填砾方法及不良含水层的封闭、井口封闭等质量的优劣，都可能影响管井的水量和水质。

填砾首先要保证砾石的质量，应以坚实、圆滑砾石为主，并应按设计要求的粒径进行筛选和冲洗。填砾时，要随时测量砾面高度，以了解填入的砾料是否有堵塞现象，井管外封闭一般用黏土球，球径为 25 mm 左右，用优质黏土制成，其湿度要适宜，要求下沉时黏土球不化解。当填至井口时应进行夯实。

（4）洗井

在凿井过程中，泥浆和岩屑不仅滞留在井周围的含水层中，而且还在井壁上形成一层泥浆壁。洗井就是要消除井孔及周围含水层中的泥浆和井壁上的泥浆壁，同时还要冲洗出含水层中部分细小颗粒，使井周围含水层形成天然反滤层，因此洗井是影响水井出水能力的重要工序。洗井工作要在上述工序完成之后立即进行，以防泥浆壁硬化，给洗井带来困难。洗井方法有活塞洗井、压缩空气洗井、水泵抽水（或压水）洗井、液态 CO_2 洗井等多种方法。以活塞洗井法为例，该法是用安装在钻杆上带有活门的活塞，在井壁管内上下拉动，使过滤器周围形成反复冲洗的水流，以破坏泥浆壁并清除含水层中残留泥浆和细小颗粒当泥浆壁被破坏，出水变清，就可以结束洗井工作。

（5）抽水试验

抽水试验是管井建造的最后阶段，目的在于测定井的出水量，了解出水量与水位降落值的关系，为选择、安装抽水设备提供依据，同时采集水样进行分析，以评价井的水质。

抽水试验前应先测出静水位，抽水时还要实时测定与出水量相应的动水位。抽水试验的最大出水量一般应达到或超过设计出水量，如设备条件所限，也不应小于设计出水量的 75%。抽水试验时，水位下降次数一般为 3 次，至少为 2 次，每次都应保持一定的水位降落值与出水量稳定延续时间。

抽水试验过程中，除认真观测和记录有关数据外，还应在现场及时进行资料整理工作，例如绘制出水量与水位降落值的关系曲线、水位和出水量与时间关系曲线以及水位恢复曲线等，以便发现问题，及时处理。

（二）大口井

大口井因其井径大而得名，它是开采浅层地下水的一种主要取水构筑物，成为我国除管井外的另一种应用比较广泛的地下水取水构筑物。小型大口井构造简单、施工简便易行、取材方便，故在农村及小城镇供水中广泛采用，在城市与工业的取水工程中则多用大型大口井。对于埋藏不深、地下水位较高的含水层，大口井与管井的单位出水能力的投资往往不差上下，这时取水构筑物类型的选择就不能单凭水文地质条件及开采条件，而应综合考虑其他因素。

大口井的优点是：不存在腐蚀问题，进水条件较好，使用年限较长，对抽水设备形式限制不大，如有一定的场地且具备较好的施工技术条件，可考虑采用大口井。我国大口井的直径一般为 4 ~ 8 m，井深一般在 12 m 以内，很少超过 20 m。大口井大多采用不完整井形式，虽然施工条件较困难，但可以从井筒和井底同时进水，以扩大进水面积，而且当井筒进水孔被堵后，仍可保证一定的进水量。但是，大口井对地下水位变动适应能力很差，在不能保证施工质量的情况下会拖延工期、增加投资，亦易产生涌砂（管涌或流沙现象）、堵塞问题。在含铁量较高的含水层中，这类问题更加严重。

1. 大口井的构造

大口井主要是由上部结构、井筒及进水部分组成。

（1）上部结构

上部结构的布设主要取决于水泵站是与大口井分建还是合建，而这又取决于井水位（动水位与静水位）的变化幅度、单井出水量、水源供水规模及水源系统布置等因素。如果井水位的下降幅度较小、单井出水量大、井的布置分散、仅 1 ~ 2 口井即可达到供水规模要求，可考虑泵站与井合建。

当地下水位较低或井水位变化幅度大时，为避免合建泵房埋深过大，使上部结构复杂化，可考虑采用深井泵取水。泵房与大口井分建，则大口井井口可仅设井室或者只设盖板，后一种情况适合在低洼地带（河滩或沙洲）修建，可经受洪水的冲刷和淹没（需设法密封）。

由于大口井直径大，含水层浅，容易受到污染，因此应特别做好井口的污染防治工作，井口应加盖封闭，盖板上开设人孔和透气孔，雨污水及爬虫等不得进入井内。井口应高出地表 0.5 m 以上，井口周围设置宽度和高度均不小于 1.5 m 的环形黏土封闭带。用卧式泵抽水时，往往将水泵安装在专门建设的泵房内，水泵吸水管伸入大口井吸水；有的大口井直接将抽水设备安装在井盖上，并建有井室，此时应注意泵房污水对大口井的污染，穿越井盖的管线应加设套管。

（2）井筒

井筒包括井中水面以上和水面以下两部分，用钢筋混凝土、砖、石条等砌成口井筒是大口井的主体，用以加固围护井壁，支撑井外土层，形成大口井的腔室，同时也起到隔离不良含水层的作用。井筒的直径应根据出水量计算、允许流速校核及安装抽水设备的要求来确定。井筒的外形通常呈圆筒形、截头圆锥形、阶梯圆筒形等，其中圆筒形井筒易于保证垂直下沉，节省材料，受力条件好，利于进水。有时在井筒的下半部设有进水孔在深度较大的井筒中，为克服较大下沉摩擦阻力，常采用变截面结构的阶梯状圆形井筒。

用沉井法施工的井筒最下端应做成刃脚状，以利于下沉过程中切削土层。刃脚部分的外径比上部井筒外径大 10 ~ 20 cm，这样切削出来的井孔直径大于上部井筒外径，井筒就不会与土层接触，因而减小了井筒下沉摩擦阻力。刃脚的高度不应小于 1.2 m。

（3）进水部分

进水部分包括井壁进水孔（或透水井壁）和井底反滤层。

1）井壁进水孔

井壁进水孔是在井筒上开设水平或向外倾斜的孔洞，并在孔洞内填入一定级配的砾石反滤层，形成滤水阻砂的进水孔。按照进水孔的方向分为水平孔和斜形孔两种，其中水平孔因容易施工，故较多采用。壁孔一般为直径 100 ~ 200 mm 的圆孔或 100 mm × 150 mm ~ 200 mm × 250 mm 的矩形孔，交错排列于井壁，其孔隙率在 15% 左右。为避免含水层的渗透性，孔内装填一定级配的滤料层，孔的两侧设置不锈钢丝网，以防滤料漏失。水平孔不易按级配分层加填滤料，为此也可应用预先装好滤料的铁丝笼填入进水孔。斜形孔多为圆形，孔倾斜度不宜超过 45°，孔径为 100 ~ 200 mm，孔外侧设有格网。斜形孔滤料稳定，易于装填、更换，是一种较好的进水孔形式。

透水井壁由无砂混凝土制成。有砌块构成或整体浇筑等形式，每隔 1 ~ 2m 设一道钢筋混凝土圈梁，以加强井壁强度。其结构简单、制作方便、造价低，但在细粉砂地层和含铁地下水中易堵塞。

2）井底反滤层

由于井壁进水孔易堵塞，多数大口井主要依靠井底进水，即将整个井底做成透水的砾石反滤层，形成透水井底，在这一过程中井底反滤层的质量极为重要。反滤层通常做成锅底状，分 3 ~ 4 层铺设，每层厚 200 ~ 300 mm。当含水层为粉砂、细砂层时，可适当增加层数；当含水层为均匀性较好的砾石、卵石层时，则可不必铺设反滤层。在铺设反滤层时，砾石自下向上逐渐变粗，最下层粒径应与土层颗粒粒径相适应，刃脚处渗透压力大，应加厚 20% ~ 30%。大口井能否达到应有的出水量，井底反滤层质量是重要因素，如反滤层铺设厚度不均匀或滤料不合规格都有可能导致堵塞和翻砂，使出水量下降。

2. 大口井的施工

大口井的施工方法有大开挖施工法和沉井施工法两种。

（1）大开挖施工法

大开挖施工法是在开挖的基槽中，进行井筒砌筑或浇注及铺设反滤层工作。其优点是可以就地取材，便于井底反滤层施工，可在井壁外围回填滤料层，改善进水条件；但在深度大、水位高的大口井中，施工土方量大，排水费用高 1 m、井深 9 m 以内的大口井，或地质条件不宜采用沉井施工法的大口井。

（2）沉井施工法

沉井施工法是在井位处先开挖基坑，然后在基坑上浇注带有刃脚的井筒；待井筒达到一定强度后，即可在井筒内挖土，利用井筒自重切土下沉。沉井法的优点是：在条件允许时，可利用抓斗或水力机械进行水下施工，能节省排水费用，施工安全，对含水层扰动程度轻，对周围建筑物影响小。但也存在排除故障困难、反滤层质量不容易保证等缺点。

（三）复合井

复合井是由非完整大口井和井底下设管井过滤器组成。实际上，它是一个大口井和管井组合的分层或分段取水系统。它适用于地下水水位较高、厚度较大的含水层，能充分利用含水层的厚度，增加井的出水量。实验证明，当含水层厚度大于大口井半径 3 ~ 6 倍，或含水层透水性较差时，采用复合井出水量增加显著。

（四）辐射井

辐射井是由集水井（垂直系统）及水平的或倾斜的进水管（水平系统）联合构成的一种井型，属于联合系统的范畴。因水平进水管是沿集水井半径方向铺设的辐射状渗入管，故称这种井为辐射井。由于扩大了进水面积，其单井出水量为各类地下水取水构筑物之首。高产的辐射井日产水量可达 10 万 m^3 以上。因此，也可作为旧井改造和增大出水量的措施。

辐射井是一种适应性较强的取水构筑物，一般不能用大口井开采的、厚度较薄的含水层，以及不能用渗渠开采的厚度薄、埋深较大的含水层，均可用辐射井开采此外，辐射井还具有管理集中、占地省、便于卫生防护等优点，辐射井的缺点是：施工难度较高，施工质量和施工技术水平直接影响出水量的大小。

1. 辐射井的类型

按集水井本身取水与否，将辐射井分为集水井井底与辐射管同时进水和集水井井底封闭仅辐射管进水两种形式。前者适用于厚度较大的含水层。

2. 辐射井的构造

（1）集水井

集水井又称竖井，其作用是汇集辐射管的来水和安装抽水设备等，对于不封底的集水井还兼有取水井的作用。集水井的直径一般不应小于 3 m，通常采用圆形钢筋混凝土井筒，沉井施工。集水井的深度视含水层的埋深条件而定，多数深度在 10 ~ 20 m，也有深达 30m 者。

（2）辐射管

辐射管是直径为 50 ~ 250 mm 的穿孔管，当管径为 50 ~ 75 mm 时，管长不超过 10 m；管径为 100 ~ 250 mm 时，管长不超过 30 m。辐射管孔眼可用圆孔或条形孔。孔眼应交错排列，开孔率 15% ~ 20%，在靠近集水井 2 ~ 3 m 的集水管上不设穿孔。辐射管尽量布置在集水井的底部，一般距井底 1 m 左右，以保证在大水位降条件下取得最大的出水量。

补给充分时可设置多层辐射管，层距 1.5 ~ 3 m，每层 3 ~ 8 根辐射管应有向井内倾斜的坡度，以利于集水排沙。采用顶管施工时，辐射管采用厚壁钢管；套管施工时，可采用薄壁钢管、铸铁管及非金属管。辐射管的布置形式和数量多少，直接关系到辐射井出水量的多少与工程造价的高低，因此应密切结合当地水文地质条件与地表水体的分布以及它们之间的联系，因地制宜地加以确定。

3. 辐射井的施工

辐射井的集水井和辐射管的结构不同，施工方法和施工机械也完全不同，下面分别叙述。

（1）集水井的施工方法

集水井的施工方法基本与大口井相似，除人工开挖法和机械开挖法外，还可用钻孔扩孔法施工。钻孔扩孔法是用大口径钻机直接成孔，或用钻机先打一口径较小的井孔，然后用较大钻头一次或数次扩孔，到设计孔径为止。井孔打成之后用漂浮法下井管。此法适宜井径不是很大的集水井，当前一般小于 3 m。

（2）辐射管的施工方法

辐射管的施工方法基本上可分为顶（打）进法和钻进法两种。前者适用于松散含水层，而后者适用于黄土类含水层。

顶进法是采用油压千斤顶或拉链起重器，将辐射管或套管逐节陆续压入含水层中。目前，先进的顶进法是在辐射管的最前端装有一个空心铸钢特制的锥形管头，并在辐射管内装置一个清砂管。在辐射管被顶进的过程中，含水层中的细沙砾进入锥头，通过清砂管带到集水井内排走。同时，可将含水层中的大颗粒砾石推挤到辐射管的周围，形成一条天然的环形沙砾反滤层。

钻进法所使用的水平钻机的结构和工作原理与一般循环回转钻进相似，只是钻机较轻便且钻进方向不同而已，目前常用的钻机有 TY 型、SPZ 型和 SX 型等。

（五）渗渠

渗渠是水平铺设在含水层中的穿孔渗水管渠。渗渠可分为集水管和集水廊道两种形式；同时也有完整式和非完整式之分。集水廊道造价高，很少采用。由于渗渠是水平铺设在含水层中，也称水平式取水构筑物。

渗渠主要是依靠较大的长度来增加出水量，因而埋深不宜大，一般为 4 ~ 7 m，很少超过 10 m。它适宜于开采埋深小于 2 m、含水层厚度小于 6 m 的浅层地下水。常平行埋设于河岸或河漫滩，用以集取河流下渗水或河床潜流水。

渗渠的优点是既可截取浅层地下水，也可汲取河床地下水或地表渗水，渗渠水经过地层的渗滤作用，悬浮物和细菌含量少，硬度和矿化度低，兼有地表水与地下水的优点；渗渠可以满足北方山区季节性河段全年取水的要求，其缺点是施工条件复杂、造价高、易淤塞，常有早期报废的现象，应用受到限制。

（六）坎儿井

坎儿井是我国新疆地区在缺乏把各山溪地表径流由戈壁长距离引入灌区的手段以及缺乏提水机械的情况下，根据当地自然条件、水文地质特点，创造出用暗渠引取地下潜流，进行自流灌溉的一种特殊水利工程。

坎儿井按其成井的水文地质条件来划分，可分为三种类型：一是山前潜水补给型，此类坎儿井直接截取山体前侧渗出的地下水，集水段较短；二是山溪河流河谷潜水补给型，此类坎儿井集水段较长，出水量较大，在吐鲁番、哈密市分布较广；三是平原潜水补给型，此类坎儿井分布在灌区内，水文地质条件差，出水量也较小。

1. 坎儿井的构造

坎儿井的布设，大致顺冲积扇的地面坡降，即地下潜流的流向，与之相平行或斜交。其构造由竖井、暗渠、明渠和涝坝（小型蓄水池）四部分组成。

竖井，是开挖暗渠时定位、进入、出土和通风之用，并为整个工程完成后检查维修之用的人工开挖竖井。开挖时所取的土，堆积在竖井周围，形成环形小土堆，可以防止一般地表水入侵。竖井的间距，一般上游段为 60 ~ 100 m，中游段为 30 ~ 60 m，下游段为 10 ~ 30 m。竖井深度，上游段为 40 ~ 70 m，最深可达 100 m；中游段为 20 ~ 40 m；下游段为 3 ~ 15 m。其断面一般为矩形，长边顺暗渠方向。

暗渠，也称集水廊道或输水廊道。首部为集水段，在潜水位下开挖，引取地下潜流，每段长为 5 ~ 100 m。位于冲积扇上部的坎儿井，因土层多砂砾石，含水层较丰富，其集水段较短；而冲积扇中部以下的坎儿井，集水段较长。集水段以下的暗渠为输水部分，一般在潜水位上干土层内开挖。暗渠的纵坡，比当地潜水位的纵坡要平缓，所以在集水段延伸一定距离后，可高出潜水位。暗渠的总长度，视潜水位埋藏深度、暗渠纵坡和地面坡降而定，一般 3 ~ 5 km，最长的超过 10 千米暗渠断面，除满足引水流量的需要外，主要根据开挖操作的要求来设计，通常采用窄深式，宽为 0.5 ~ 0.8 m，高为 1.4 ~ 1.7 m。

明渠与一般渠道设计基本相同，横断面多为梯形，坡度小，流速慢。暗渠与明渠相接处称龙口，龙口以下接明渠。

涝坝，又称蓄水池，用以调节灌溉水量，缩短灌溉时间，减少输水损失。涝坝面积不等，通常为 600 ~ 1 300 m^2，水深 1.5 ~ 2 m。

2. 坎儿井的施工

坎儿井的施工，基本上仍采取传统开挖工艺，其步骤如下：首先，根据耕地或拟垦荒的位置，向上游寻找水源并估计潜流水位的埋深，确定坎儿井的布置，根据可能穿过的土层性质，考虑暗渠的适宜纵坡；其次，开挖暗渠，一般从下游开始，先挖明渠的首段和坎儿井的龙口，再向上游逐段布置竖井开挖，每挖好一个竖井，即从竖井的底部向上游或下游单向或双向逐段挖通暗渠；最后，再从头至尾修正暗渠的纵坡挖暗渠和竖井所使用的工具，主要为镰头和刨锤。出土时，用土筐从竖井上使用辘铲起吊，一般用人力拉，在上游较深的竖井则用牛力拉。为了防止大风将沙土刮进坎儿井，并避免冬天冻坏，竖井进口处冬季常用树梢、禾秆及土分层封盖。挖暗渠时因工作面较窄，一处只能容一人挖，又在黑暗中摸索进行，仅靠油灯照明，其定向方法主要是在竖井内垂挂两个油灯，从这两个灯的方向和高低，可以校正暗渠的方向和纵坡，一般先挖暗渠的底部，后挖顶部。要用两手轮流交叉挖，以防挖偏。整个工程的施工一般需 3 ~ 5 人，遇到松散砂层时，须局部用板支撑，避免塌方，并防以后水流淘刷。

（七）渗流井

渗流井是一种汲取河流渗漏补给量的新技术，是利用天然河床沙砾石层的净化作用，将河水转化为地下水，以获得水资源的取水工程。

1. 渗流井的结构

渗流井由竖井、平巷、硐室和辐射孔（渗流孔）四部分组成，是一种结构较为复杂的地下水取水建筑物。每个渗流井视具体情况一般包含若干个硐室，在各砲室的顶部及侧面一般向上或侧上方向上施工若干辐射孔，辐射孔伸入到河谷区的主要含水段内；两室间距约 50 m，之间通过平巷连接，平巷断面尺寸一般为 2 m × 2.5 m；整个平巷 - 两室 - 辐射孔结构体系位于河床之下的地层之中，而竖井则位于河岸边，竖井一般净径 3 ~ 5 m，通过平巷与该结构体系相连，竖井即为渗流井的取水点。

2. 渗流井的井流特征

渗流井工作时，在“井 - 含水层”系统中为多种流态并存。在含水层介质中地下水流动形态一般为低雷诺数的层流，其中渗流的水头损失与渗流速度呈线性关系，符合达西定律。而在“平巷 - 硐室 - 辐射管”（“井管”）中，其水力半径较大，水流的雷诺数一般较大，因而其中的水流一般为紊流，水流的水头损失与平均流速间的关系可能为 1 次方（层流区）、1.75 次方（光滑紊流区）或 2 次方。

在抽水初期时，渗流井取水量主要由“井 - 含水层”系统中储存量的减少量组成。当“井 - 含水层”系统中的水头低于河流水位时，河流开始渗漏补给地下水，随着抽水时间的延续，河流渗漏补给量在渗流井取水量中占的比重逐渐增加；当抽水强度不太大、渗流井工作能达到稳定状态时，渗流井取水量全部由河流渗漏补给量组成（不考虑渗流井对地下水侧向径流量的截取）在整个“井 - 含水层”系统中，地下水由渗流井周围向渗流井径流，水流具有显著的三维流特征，由于在“井管”中有水的流动，存在水头损失，则这些部位不是等水头边界条件；同时由于渗流井的出口在竖井处，这里水头最低，且在辐射孔、平巷、硐室内也不是等强度分布，其水力条件复杂。

渗流井的优点是既可以充分截取地下水的潜流，激发地表水的补给，又不用增设人工滤层，而且水质好，维护方便，运行成本低；采用天然滤床渗流井开采地下水不会产生大面积“降落漏斗”。

三、地下水水源地的选择

地下水资源的开发利用首先要选择好合适的地下水水源地，因为水源地位置选择的正确与否，不仅关系到对水源地建设的投资，而且关系到是否能保证其长期经济和安全地运转，以及避免由此产生各种不良的地质环境问题。对于大中型集中供水方式，水源地选择的关键是确定取水地段的位置与范围；对于小型分散供水方式，则是确定水井的井位。

（一）集中式供水水源地的选择

在选择集中供水水源地的位置时，既要充分考虑其能否满足长期持续稳定开采的需水要求，也要考虑其地质环境和利用条件。

1. 水源地的水文地质条件

取水地段含水层的富水性与补给条件，是地下水水源地的首选条件。首先从富水性角度考虑，水源地应选在含水层透水性强、厚度大、层数多、分布面积广的地段上。例如，冲洪积扇中、上游的砂砾石带和轴部；河流的冲积阶地和高漫滩；冲积平原的古河床；裂隙或岩溶发育、厚度较大的层状或似层状基岩含水层；规模较大的含水断裂构造及其他脉状基岩含水带，在此基础上，进一步考虑其补给条件。取水地段应有良好的汇水条件，可以最大限度地拦截、汇集区域地下径流，或接近地下水的集中补给、排泄区。例如，区域性阻水界面的迎水一侧；基岩蓄水构造的背斜倾末端、浅埋向斜的核部；松散岩层分布区的沿河岸边地段；岩溶地区和地下水主径流带；毗邻排泄区上游的汇水地段等。

2. 水源地的环境影响因素

新建水源地应远离原有的取水点或排水点，减少相互干扰。为保证地下水的水质，水源地应选在远离城市或工矿排污区的上游；远离已污染（或天然水质不良）的地表水体或含水层的地段；避开易于使水井淤塞、涌砂或水质长期混浊的沉砂层和岩溶充填带；在滨海地区，应考虑海水入侵对水质的不良影响；为减少垂向污水入渗的可能性，最好选在含水层上部有稳定隔水层分布的地段。此外，水源地应选在不易引发地面沉降、塌陷、地裂等有害地质作用的地段。

3. 水源地的经济、安全性和扩建前景

在满足水量、水质要求的前提下，为节省建设投资，水源地应靠近用户、少占耕地；为降低取水成本，应选在地下水浅埋或自流地段；河谷水源地要考虑水井的淹没问题；人工开挖的大口井取水工程，要考虑井壁的稳固性。当有多个水源地方案可供比较时，未来扩大开采的前景条件，也是必须考虑的因素之一。在这种情况下，如果不适宜选择集中式供水方式，可以考虑选择小型分散式水源地。

（二）小型分散式水源地的选择

集中式供水水源地的选择原则，对于基岩山区裂隙水小型水源地的选择也是适合的，但在基岩山区，由于地下水分布极不均匀，水井布置还要取决于强含水裂隙带及强岩溶发育带的分布位置。此外，布井地段的地下水水位埋深及上游有无较大的汇水补给面积，也是必须考虑的条件，在这种情况下，如果不适宜选择集中式供水方式，可以考虑选择小型分散式水源地。

四、地下水取水构筑物的选择及布局

在地下水水源地选择的基础上，还要正确选择和建设地下水取水构筑物，以最大限度地截取补给量，提高出水量、改善水质、降低工程总造价。

（一）地下水取水构筑物的选择

常见的地下水取水构筑物有管井、大口井等构成的垂直集水系统，渗渠、坎儿井、渗流井等构成的水平集水系统，辐射井、复合井等构成的复合集水系统以及引泉工程。由于类型不同，其适用条件具有较大的差异性。其中，管井适用于开采深层地下水，井深一般在 300 m 以内，最大开采深度可达 1 000 m 以上；大口井广泛用于集取井深 20 m 以内的浅层地下水；渗渠主要用于地下水埋深小于 2 m 的浅层地下水，或集取河床地下水；辐射井一般用于集取地下水埋藏较深、含水层较薄的浅层地下水，它由集水井和若干从集水井周边向外铺设的辐射形集水管组成，可以克服上述条件下大口井效率低、渗渠施工困难等不足；复合井常用于同时集取上部孔隙潜水和下部厚层高水位承压水，以增加出水量和改良水质；渗流井是近年来才发展起来的新技术，一般用于集取河床底部具有排列有序的沙砾石层，并达到一定厚度（4 ~ 5 m），地下水埋深较浅的浅层地下水。

我国地域辽阔，水资源状况差异悬殊，地下水类型、埋藏深度、含水层性质等取水条件以及取材、施工条件和供水要求各不相同，开采地下水的方法和取水构筑物的选择必须因地制宜。管井具有对含水层的适应能力强，施工机械化程度高、效率高、成本低等优点，在我国应用最广；其次是大口井；辐射井适应性虽强，但施工难度大；复合井在一些水资源不很充裕的中小城镇和不连续供水的铁路供水站中被较多地应用；渗渠在东北、西北一些季节性河流的山区及山前地区应用较多。此外，在我国一些严重缺水的山区，为了解决水源问题，当地人们创造了很多特殊而有效的开采和集取地下水的方法，如在岩溶缺水山区修建规模巨大、探采结合的取水斜井等。

（二）地下水取水构筑物的合理布局

取水构筑物的合理布局，首先应确定水源地的允许开采量和取水范围，进而明确在采取何种工程技术和经济承受能力下的取水构筑物布置方案，才能最有效地开采地下水并尽可能地减少工程所带来的负面作用。一般所说的取水构筑物合理布局，主要包括取水井的平面布局、垂向布局，以及井数和井间距离的确定等问题。

1. 水井的平面布局

水井的平面布局主要取决于地下水的运动形式和可开采量的组成性质。

在地下径流条件良好的地区，为充分拦截地下径流，水井应布置成垂直地下水流向的并排形式或扇形，视断面地下径流量的多少，可布置 1 个至数个并排。例如，在我国许多山前冲洪积扇上，其水源地主要是靠上游地下径流补给的河谷水源地，一些巨大阻水界面所形成的裂隙——岩溶水源地，则多采用此种水井布置形式。在某些情况下，如预计某种地表水体将构成水源地的主要补给源，则开采井应按线性平行于这些水体的延长方向分布；当含水层四周被环形透水边界包围时，开采井也可以布置成环形、三角形、矩形等布局形式。

在地下径流滞缓的平原区，当开采量以含水层的储存量（或垂向渗入补给量）为主时，则开采井群一般应布置成网格状、梅花形或圆形的平面布局形式。在以大气降水或河流季节补给为主、纵向坡度很缓的河谷潜水区，其开采井则应沿着河谷方向布置，视河谷宽度布置一到数个纵向并排。

在岩层导、储水性能分布极不均匀的基岩裂隙水分布区，水井的平面布局主要受富水带分布位置的控制，应该把水井布置在补给条件最好的强含水裂隙带上，而不必拘束于规则的布置形式。

2. 水井的垂向布局

对于厚度不大（小于 30 m）的孔隙含水层和多数的基岩含水层（主要含水裂隙段的厚度亦不大），一般均采用完整井形式取水，因此不存在水井在垂向上的多种布局问题而对于大厚度（大于 30 m）的含水层或多层含水组，是采用完整井取水，还是采用非完整井组分段取水，两者在技术和经济上的合理性则需要深入讨论。相关试验结果表明，在大厚度含水层中取水时，可以采用非完整井形式，对出水量无大的影响；同时试验结果还表明，为了充分吸取大厚度含水层整个厚度上的水资源，可以在含水层不同深度上采取分段（或分层）取水的方式。

大厚度含水层中的分段取水一般是采用井组形式，每个井组的井数取决于分段（或分层）取水数目。一般多由 2 ~ 3 口水井组成，水井可布置成直线形或三角形由于分段取水时在水平方向的井间干扰作用甚微，所以其井间距离一般采用 3 ~ 5 m 即可；当含水层颗粒较细，或水井封填质量不好时，为防止出现深、浅水井间的水流串通，可把孔距增大到 5 ~ 10 m。

大量事实说明，在透水性较好（中砂以上）的大厚度含水层中分段（层）取水，既可有效开发地下水资源，提高单位面积产水量，又可节省建井投资（不用扩建或新建水源地），并减轻浅部含水层开采强度。据北京、西安、兰州等市 20 多个水源地统计，由于采用了井组分段（层）取水方法，水源地的开采量都获得了成倍增加。当然，井组分段（层）取水也是有一定条件的。如果采用分段取水，又不相应地加大井组之间的距离，将会大大增加单位面积上的取水强度，从而加大含水层的水位降深或加剧区域地下水位的下降速度。因此，对补给条件不太好的水源地要慎重采用分段取水方法。

3. 井数和井间距离的确定

在明确了水井平面和垂向布局之后，取水构筑物合理布局所要解决的最后一个问题是，如何在满足设计需水量的前提下，本着技术可行且经济合理的原则，来确定水井的数量与井距：由于集中式供水和分散式农田灌溉供水在水井布局上有很大差别，故其井数与井距确定的方法也不同，下面分别进行叙述。

（1）集中式供水井数与井距的确定

集中式供水井数与井距，一般是通过解析法井流公式和数值法计算而确定的解析法仅仅适用于均质各向同性，且边界条件规则的情况下为了更好地逼近实际，在勘探的基础上，最好采用数值模拟技术来确定井数与井间距离。一般工作程序为：首先，在勘探基础上，概化水文地质概念模型，建立地下水流数学模型（必要时要建立水质模型），对所建的数学模型进行参数率定与验证；其次，根据水源地的水文地质条件、井群的平面布局形式、需水量的大小、设计的允许水位降深等已给定条件，拟订出几个不同井数和井间距离的开采方案；再次，分别计算每一布井方案下的水井总出水量和指定点或指定时刻的水位降深；最后，选出出水量和指定点（时刻）水位降深均满足设计要求、井数最少、井间干扰强度不超过要求、建设投资和开采成本最低的布井方案，即为技术经济上最合理的井数与井距方案。

对于水井呈面状分布（多个并排或在平面上按其他几何形式排列）的水源地，因各井同时工作时，将在井群分布的中心部位产生最大的干扰水位降深，故在确定此类水源地的井数时，除考虑所选用的布井方案能否满足设计需水量外，主要是考虑中心点（或其他预计的强干扰点）的水位是否超过设计上允许的降深值。

（2）分散式灌溉供水的井数与井距的确定

为灌溉目的开发地下水，一般要求对开采井采取分散式布局，如均匀布井、棋盘格式布井。对灌溉水井的布局，主要是确定合理的井距因某一灌区内应布置的井数，主要取决于单井灌溉面积，即取决于井距。确定井距时，涉及的因素较多，除与单井出水量和影响半径有关外，还与灌溉定额、灌溉制度、每日浇地时间长短、土地利用情况、土质、灌溉技术等有关。确定灌溉水井的合理间距时，应以单位面积上的灌溉需水量与该范围内地下水的可采量相平衡为原则。

第三节 水资源可持续利用

可持续发展已广泛被各国政府和学者所关注，水资源是可持续发展的基本支撑条件之一，保证水资源的可持续利用是可持续发展的基本要求。本章在简单介绍可持续发展理论及水资源可持续利用的概念和内涵的基础上，阐述了水资源可持续利用的评价、措施及其相关政策制度等内容。

一、水资源可持续利用的概念和内涵

（一）可持续发展理论

1. 可持续发展的提出

自第二次世界大战以来，随着科学技术的进步和社会生产力的飞速发展，人类创造了前所未有的物质财富，并加速推进了人类文明发展的进程。与此同时，也出现了人口过快增长、资源过度消耗、生态环境质量严重下降等问题，使自然界生命支撑系统承受越来越大的压力。在这种严峻形势下，人类不得不重新反思自己的发展历程，重新审视自己的社会经济行为。人们终于认识到：高消耗、高污染、先污染后治理的传统发展模式已不再适应当今和未来发展需要，必须寻找一条社会、经济、资源、环境相协调的可持续发展道路。

但是，由于立足的社会、阶层不同，观点也各异，所以人们从“对人类社会发展历程进行反思”到“走在一起讨论可持续发展问题”经历了很艰苦的过程。“可持续发展”的概念、思想的诞生，从几次国际大会就可窥见一斑。

联合国在瑞典斯德哥尔摩召开了由 114 个国家参加的第一次“人类与环境会议”。会议通过了著名的《人类环境宣言》，提出了“只有一个地球”的口号，要求人类采取大规模的保护环境行动，保护地球不仅成为人类生活的场所，而且也适应将来子孙后代居住。这里包含了经济社会发展与生态环境保护相协调的可持续发展思想。

世界自然保护联盟（RJCN）、联合国环境规划署（UNEP）和世界自然基金会（WWF）共同发表了《世界自然保护大纲》，该书对可持续发展思想给予了系统阐述，指出“强调人类对于生物圈的管理，使生物圈既能满足当代人的最大持续效益，又能保持其满足后代人需求与欲望的能力”。

世界环境与发展委员会发表了《我们共同的未来》的报告。该报告明确提出了“可持续发展”的概念，即可持续发展是指“人类在社会经济发展和能源开发中，以确保它满足目前的需要而不破坏未来发展需求的能力”。同时从理论上阐述了可持续发展是人类解决环境和发展问题的根本原则，并且在实践上提出了比较全面的具体建议。至此，可以说形成了一个比较系统的全球性的可持续发展观和发展战略。此后，世界各国的许多政府部门和研究机构都将可持续发展作为自己的行为准则。

联合国在巴西里约热内卢召开了“世界环境与发展大会”，有183个国家和70个国际组织参加会议通过了《里约环境与发展宣言》《21世纪议程》等重要文件。会议提出一个重要的口号：“人类要生存，地球要拯救，环境与发展必须协调”这既标志着可持续发展思想被世界上绝大多数国家和组织承认和接受，又标志着可持续发展从理论走向实践，从而拉开了一个新的人类发展观时代的序幕。

2. 可持续发展的概念

“可持续发展”这一术语，在世界范围内逐步得到认同并成为大众媒介使用频率最高的词汇之一，它很快拓广到一些学科，对“可持续发展”的研究机构也如同雨后春笋般发展起来。与此同时，学术界对“可持续发展”的不同定义和解释也纷纷出现。概括起来，对“可持续发展”的定义或解释不外乎以下几种类型：

第一，生态学家从生态与环境角度的定义。国际生态学联合会（INTECOL）和国际生物科学联合会（IUBS）联合举行可持续发展问题专题讨论会，把可持续发展定义为“保护和加强环境系统的生产和更新能力”，即是不超越环境系统再生能力的发展。

第二，社会学家从人类生存质量与环境角度的定义。由世界自然保护联盟（IUC N）、联合国环境规划署（UNEP）和世界自然基金（WWF）共同发表的《保护地球：可持续生存战略》报告中，将可持续发展定义为“在生存不超出维持生态系统承载能力的情况下，改善人类的生活质量”这个定义的可持续发展的最终落脚点是人类社会，即改善人类的生活质量，创造美好的生活环境。

第三，经济学家则认为可持续发展的核心是经济发展。比如，巴伯在其论著中把可持续发展定义为“在保护自然资源的质量和其所提供服务的前提下，使经济发展的净利益增加到最大限度”。

第四，工程技术专家强调，可持续发展是转向更清洁、更有效的技术，尽可能接近“零排放”或“封闭式”工业，尽可能减少对能源和其他资源的消耗。

第五，地理学家则强调区域可持续发展，并认为可持续发展的核心是人地关系的研究。

第六，还有一些学者从可持续发展的词义角度，认为可持续包括经济、环境、社会可持续性，发展包括社会和经济的发展，发展的驱动力应来源于内部，即应以一个民族的文化为基础，以文明方案为目标和以人类自身为中心的内源发展模式。

虽然从不同侧面提出许多各有侧重的可持续发展定义，但其中心思想基本是围绕着“满足目前的需要而不破坏未来发展需求的能力”，亦即《我们共同的未来》报告中的定义。因此，此定义仍是目前最常被引用的定义。

（二）水资源可持续利用的概念和内涵

可持续发展是以人为本，以资源环境保护为条件，以经济社会发展为手段，谋求当代人和后代人的共同繁荣、持续发展。据此，水资源可持续利用的概念是：在维持水资源的持续性和生态系统整体性的条件下，支持不同地区人口、资源、环境与经济社会的协调发展，满足代内与代际人生存与发展的用水需要。

根据水资源可持续利用的概念，其内涵主要包括以下几个方面：

第一，水资源可持续利用发展模式和途径与传统水利发展途径和对水的传统利用方式有本质性的区别。传统的水资源开发利用方式是经济增长模式下的产物，其特点是：只顾眼前，不顾未来；只顾当代，不顾后代；只重视经济基础价值，不管生态环境价值和社会价值，因此，造成了世界性的生态环境恶化，严重威胁人类的生存与发展。

第二，水资源可持续开发利用是在人口、资源、环境和经济协调发展战略下进行的，这就意味着水资源开发利用是在保护生态环境的同时，促进经济增长和社会繁荣，避免单纯追求经济效益的弊端，保证可持续发展顺利进行。

第三，水资源可持续利用目标明确指出要满足世世代代人类用水需求，这就体现了代内与代与代之间的平等，人类共享资源、环境和经济、社会效益的公平原则。

第四，水资源可持续利用的实施，应遵循生态经济学原理和整体、协调、循环与优化的思路，应用系统方法和高新技术，实现社会公平和高效发展。

第五，建设节约型社会是水资源可持续利用的出发点和落脚点，也是解决我国水资源短缺的最佳途径。合理用水、节约用水和污水资源化是开辟新水源和缓解供需矛盾的捷径，也是水资源可持续利用的必然之路和最佳选择。

（三）水资源可持续利用的原则

水资源作为自然资源的重要组成部分之一，其可持续利用是促进可持续发展的基本资源保证：在水资源可持续利用的过程中，应遵循以下的原则和衡量标准。

1. 区域公平原则

水资源开发利用涉及上下游、左右岸不同的利益群体，各利益群体间应公平合理地共享水资源。这些利益群体既可能包括国与国的关系，也可能包括省与省、市与市之间的关系。区域公平性原则在联合国环境与发展大会《里约环境与发展宣言》中被上升为国家间的主权原则，即：各国拥有按其本国的环境与发展政策开发本国自然资源的主权，并负有确保在其管辖范围内或在其控制下的活动不致损害其他国或在各国管辖范围以外地区的环境的责任。显然，国际河流和国际水体的开发应在此原则的基础上进行。而一个主权国家范围之内的流域水资源开发，则应在考虑流域整体利益的基础上，充分考虑沿河各利益群体的发展需求。

2. 代际公平原则

水资源可持续利用的代际公平是从时间尺度衡量资源共享的“公平”性。虽然水资源是可更新的，但水资源遭到污染和破坏后其可持续利用就不可能维系。因此，不仅要为当代人追求美好生活提供必要的水资源保证，从伦理上讲，未来各代人也应与当代人有同样的权利提出对水资源与水环境的正当要求。可持续发展要求当代人在考虑自己的需求与消费时，也要为未来各代人的要求与消费负起历史的道义与责任。

3. 需求管理原则

传统的水资源开发利用是从供给发展角度考虑的，认为需水的增长是合理的且是不可改变的，传统的水利发展和所有的管理工作是努力寻找和开发新的水源、贮水、输水和水处理工程，直到需水得到满足，或由于资金不足，或由于技术上不可行才停止。需求管理原则并不排斥人们为了追求高标准生活质量对水的需求，更重要的是这种需求应在环境与发展的总框架下进行。因此，在水资源可持续利用中应摒弃传统水利的工程导向，从水资源合理利用的角度，通过各种有效的手段提出更合乎需要的用水水平和方式。

4. 可持续利用原则

水资源可持续利用的出发点和根本目的就是要保证水资源的永续、合理和健康的使用。一切与水有关的开发、利用、治理、配置、节约、保护都是为了使水资源在促进社会、经济和环境发展中发挥应有的作用。水资源和水生态环境是资源和环境系统中最活跃和最关键的因素，是人类生存和持续发展的首要条件，可持续发展要求人们根据可持续性的条件调整自己的生活方式，在不破坏生态环境的范围内确定自己的消耗标准。

二、水资源可持续利用评价

水资源可持续利用评价是，以区域自然环境、经济社会发展相互作用关系为基础，对不同阶段水资源开发利用所导致的生态过程、经济结构、社会组成的动态变化进行评价，揭示区域水资源可持续利用的程度，提出水资源开发利用的方向，是一个具有方向性的评判过程。其方法是，通过对区域水资源影响因素和供需情况的分析，建立相应的评判指标体系及等级评价模型，将众多的评价指标转化为单个综合指标，进而判断区域水资源可持续利用的程度。

（一）水资源可持续利用指标体系的构建

1. 水资源可持续利用的影响因素

根据 bissel 可持续发展影响因素分析，水资源可持续利用的影响因素可归纳为如下几个方面：

第一，极限需水量（C1）。极限需水量指在一定的时空尺度、经济技术水平和生态环境保护目标下，社会经济、环境发展所需求的最小需水量，其计算式为

需水量 = 农业需水 + 工业需水 + 城市需水 + 生态与环境需水

第二，水资源储量的有限性（C2）。水资源是在天然水循环系统中形成的一种动态资源，总是处在不断的开采、补给、消耗和恢复循环中，某一时期，如果消耗水量超过该时期的

水量补给量，则会造成一系列不良的环境问题。因此，水循环过程是无限的，水资源的储量是有限的。

第三，水资源承载力（C3）。水资源承载力即在未来的时间尺度上，一定生产条件下，在保证正常的社会文化准则和物质生活水平下，在一定区域用直接或间接方式表现的资源所能持续供养的人口数量，表明了在某一历史发展阶段水资源可能达到的最大承载能力。

第四，水环境容量（C4）。在水环境容量对污染物自净同化能力允许的范围之内，通过合理的开发利用方式，有效地提高水环境承载力对人类各种生产活动的支持程度，最终使之产生最佳的社会与环境综合效益，

第五，社会制度和经济发展（C5）。一定的社会制度、政治制度都会影响对水资源可持续的接受。经济发展的速度决定了水资源的消耗对水环境的影响。

第六，伦理价值（C6）。一定社会的文化价值、伦理标准影响水资源的公平分配。

第七，水资源工程管理体制（C7）。水资源工程是为可持续发展提供供水的设施，工程的好坏和管理体制直接影响着水资源系统的供水。

第八，科学技术（C8）。随着科学技术的进步，通过节约用水，提高工程的安全保障和水的利用率，减少环境污染，进而提高水资源的可持续性。

水资源可持续利用由于受到上述因素约束，其可持续利用空间等于上述 8 种约束因素的交集空间，即将上述 8 个方面的影响因素，归结为水资源、社会经济、生态环境三个系统，若以单位圆表示它们的发展空间，则水资源可持续利用空间 = 水资源，社会经济 = 生态环境，这三个系统相互作用、相互制约水资源禀赋条件作为水资源可持续开发利用的基础，对其有直接的支撑作用，生态环境和社会经济系统对水资源可持续开发利用具有约束作用。

2. 水资源可持续利用指标体系的建立

水资源可持续发展以经济的可持续发展为前提，以社会的可持续发展为目标，以生态环境和水资源的可持续利用为基础，因此应从水资源、社会经济以及生态环境这三个子系统之间的物质流量和相互影响入手构建水资源可持续利用评价指标体系。根据上述水资源可持续利用的影响因素，将水资源可持续利用的评价指标分为由目标层、准则层、约束层和指标层构成的层次体系，其中目标层由准则层反映，准则层由约束层描述，约束层再细化为具体的指标层加以体现。

目标层设立“水资源可持续利用程度”，它是水资源系统发展水平与经济、社会、环境协调程度的体现，综合反映水资源可持续利用程度；准则层设立“水资源开发利用”“社会经济”和“生态环境”三个方面，充分考虑了水资源、社会经济和生态环境对水资源可持续利用的影响。

3. 水资源可持续利用指标的评价标准

为了定量表达水资源可持续利用状态，将其划分为高（Ⅰ级）、较高（Ⅱ级）、中（Ⅲ级）、较低（Ⅳ级）、低（Ⅴ级）五个级别，单项指标标准值也按此级别分别确定Ⅰ级对

水资源可持续利用非常有利，表明水资源开发利用还有很大潜力可以挖掘；V 级对水资源可持续利用非常不利，表明水资源开发利用已经接近极限，需要寻找新的水源或进一步提高用水效率及强化节水；其他级别则属中间状态。水资源可持续利用指标的评价标准是评价的准绳，但目前国内外还没有公认的可持续利用标准和方法。

（二）水资源可持续利用评价模型

1. 指标权重的确定

权重是以某种数量形式对比、权衡被评价事物总体中诸因素相对重要程度的量值。它既是决策者的主观评价，又是指标本身物理属性的客观反映，是主客观综合度量的结果。权重主要取决于两个方面：一是指标本身在决策中的作用和指标价值的可靠程度；二是决策者对该指标的重视程度。指标权重的合理与否在很大程度上影响综合评价的正确性和科学性。

目前，确定指标权重的方法大致分为三类，即主观赋权法、客观赋权法和组合赋权法。主观赋权法，根据决策者（专家）对指标的重视程度来确定指标权重，其权重数据主要根据经验和主观判断给出，如层次分析法（AHP）、二元对比法和专家调查法（Delphi 法）等。客观赋权法，其权重数据由各指标在被评价过程中的实际数据处理产生，如主成分分析法、炳权法和多目标规划法等。这两类方法各有其优缺点，主观赋权法的各项指标权值由专家根据个人的经验和判断主观给出，实施简便易行但易受主观因素影响，具有较大的主观性、随意性；客观赋权法的主观性较小，但所得权值受参加评价的样本制约，有时不同的样本集得出的评价结果差别较大，并且不同的计算方法在同一组数据下得到的结果也不尽相同：因此，融合主、客观权重的组合赋权法随之产生。组合赋权法，其权重数据由主、客观权重有机结合，既能体现人的经验判断，又能体现指标的客观特性，组合赋权法主要有乘法组合权重法、加法组合权重法、线性加权法和多属性决策赋权法等。

近几年，层次分析法在许多领域得到应用，这种多层次分别赋权法可避免大量指标同时赋权的混乱与失误，从而提高赋权的简便性和准确性，因此，下面介绍层次分析法确定指标权重的计算步骤

第一，建立问题的递阶层次结构。在深入分析所面临问题的基础上，将问题中所包含的因素划分为不同层次，建立递阶层次结构

第二，构造判断矩阵。判断矩阵的构造方法是将同一层次的指标进行两两比较，其比较结果按 Salty 的 1 ～ 9 标度法表示。

第三，计算判断矩阵的特征根和特征向量——方根法。

第四，判断矩阵的一致性检验。

上述构造成对比较判断矩阵的方法虽能减少其他因素的干扰，较客观地反映出一对因素影响力的差别。但综合全部比较结果时，其中难免包含一定程度的非一致性。要调整判断矩阵，直到具有满意的一致性。

2. 评价方法

目前，水资源可持续利用的评价方法主要包括：①定性分析法；②系统评价法；③综合评价方法，包括主成分分析法和因子分析法；④协调度法；⑤模糊综合评价法；⑥灰色聚类评价法。其中，模糊综合评价法是模糊数学所提供的解决模糊现象的评估问题的一种数学模型。

三、水资源可持续利用措施

影响区域水资源可持续利用的因素很多，提高水资源可持续利用的措施也就应有针对性。因此，应在评价成果中，确定影响一个区域水资源可持续利用的主要指标，针对这些指标采取应对策略，在此，针对我国水资源利用的现状提出水资源可持续利用的措施。

（一）实施最严格的水资源管理制度

中央一号文件确定了实施最严格水资源管理制度的方针，即用水总量控制制度、用水效率控制制度和水功能区限制纳污制度。要实现水资源可持续利用，必须严格贯彻执行此项制度。

1. 严格用水总量控制

在2011年中央一号文件中明确提出，到2030年全国用水总量控制在7 000亿 m^3 以内。为实现总量控制目标，必须实行严格管理措施。

（1）严格规划管理和水资源论证

开发利用水资源，应当符合主体功能区的要求，按照流域和区域统一制定规划，充分发挥水资源的多种功能和综合效益。建设水工程，必须符合流域综合规划和防洪规划，由有关水行政主管部门或流域管理机构按照管理权限进行审查并签署意见，加强相关规划和项目建设布局水资源论证工作。国民经济和社会发展规划以及城市总体规划的编制，重大建设项目的布局，应当与当地水资源条件和防洪要求相适应。严格执行建设项目水资源论证制度，对未依法完成水资源论证工作的建设项目，审批机关不予批准。

（2）严格控制流域和区域取用水总量

加快制定主要江河流域水量分配方案，建立覆盖流域和省、市、县三级行政区域的取用水总量控制指标体系，实施流域和区域取用水总量控制。各地要按照江河流域水量分配方案或取用水总量控制指标，制订年度用水计划，依法对本行政区域内的年度用水实行总量管理：建立健全水权制度，积极培育水市场，鼓励开展水权交易，运用市场机制合理配置水资源

（3）严格实施取水许可和水资源有偿使用

严格规范取水许可审批管理，对取用水总量已达到或超过控制指标的地区，暂停审批建设项目新增取水；对取用水总量接近控制指标的地区，限制审批建设项目新增取水。合

理调整水资源费征收标准，扩大征收范围，严格水资源费征收、使用和管理。完善水资源费征收、使用和管理的规章制度，严格按照规定的征收范围、对象、标准和程序征收，并合理地将水资源费用于水资源节约、保护和管理中。

（4）严格地下水管理和保护

加强地下水动态监测，实行地下水取用水总量控制和水位控制，要核定并公布地下水禁采和限采范围。在地下水超采区，禁止农业、工业建设项目和服务业新增取用地下水，并逐步削减超采量，实现地下水采补平衡。深层承压地下水原则上只能作为应急和战略储备水源。依法规范机井建设审批管理。

2. 严格用水效率控制

针对用水效率低下、用水浪费的现象，国家提出建立用水效率控制制度，明确到2030年用水效率达到或接近世界先进水平，万元工业增加值用水量（以2000年不变价计）降低到40 m³以下，农田灌溉水有效利用系数提高到0.6以上。加强用水效率控制的主要措施包括以下几个方面。

（1）全面加强节约用水管理

各级政府要切实履行推进节水型社会建设的责任，把节约用水贯穿于经济社会发展和群众生活生产全过程，建立健全有利于节约用水的体制和机制。稳步推进水价改革。各项引水、调水、取水、供用水工程建设必须首先考虑节水要求。水资源短缺、生态脆弱地区要严格控制城市规模过度扩张，限制高耗水工业项目建设和高耗水服务业发展，遏制农业粗放用水。

（2）强化用水定额管理

加快制定高耗水工业和服务业用水定额国家标准。要根据用水效率控制红线确定的目标，及时组织修订各行业用水定额。对纳入取水许可管理的单位和其他用水大户实行计划用水管理，强化用水监控管理。新建、扩建和改建建设项目应制订节水措施方案，保证节水设施与主体工程的“三同时”制度（同时设计、同时施工、同时投产）。

（3）加快推进节水技术改造

加大农业节水力度，完善和落实节水灌溉的产业支持、技术服务、财政补贴等政策措施，大力发展管道输水、喷灌、微灌等高效节水灌溉。加大工业节水技术改造，建设工业节水示范工程；充分考虑不同工业行业和工业企业的用水状况和节水潜力，合理确定节水目标。加大城市生活节水工作力度，大力推广使用生活节水器具，着力降低供水管网漏损率。鼓励并积极发展污水处理回用、雨水和微咸水开发利用、海水淡化和直接利用等非常规水源开发利用，将非常规水源开发利用纳入水资源统一配置。

3. 严格实行水功能区限制纳污

针对水质污染严重的局面，国家提出了水资源保护的目标，确立水功能区限制纳污红线。到2030年将主要污染物入河湖总量控制在水功能区纳污能力范围之内，水功能区水质达标率提高到95%以上，为实现这个目标，必须采取以下严格措施。

（1）严格水功能区监督管理

完善水功能区监督管理制度，建立水功能区水质达标评价体系，加强水功能区动态监测和科学管理。从严核定水域纳污容量，严格控制入河湖排污总量。切实加强水污染防控，加强工业污染源控制，加大主要污染物减排力度，提高城市污水处理率，改善重点流域水环境质量，防治江河湖库富营养化。严格入河湖排污口监督管理，对排污量超出水功能区限排总量的地区，限制审批新增取水和入河湖排污口。

（2）加强饮用水水源保护

要依法划定饮用水水源保护区，开展重要饮用水水源地安全保障达标建设。禁止在饮用水水源保护区内设置排污口，对已设置的，政府部门应责令限期拆除。加强水土流失治理，防治面源污染，禁止破坏水源涵养林。强化饮用水水源应急管理，完善饮用水源地突发事件应急预案，建立备用水源。

（3）推进水生态系统保护与修复

开发利用水资源应维持河流合理流量和湖泊、水库以及地下水的合理水位，充分考虑基本生态用水需求，维护河湖健康生态。加强重要生态保护区、水源涵养区、江河源头区和湿地的保护，开展内源污染整治，推进生态脆弱河流和地区水生态修复。定期开展全国重要河湖健康评估，建立健全水生态补偿机制。

（二）强化水资源统一调度，提高防洪抗旱能力

1. 强化水资源统一调度，优化水资源配置格局

流域管理机构和地方人民政府水行政主管部门要依法制定和完善水资源调度方案、应急调度预案和调度计划，对水资源实行统一调度。区域水资源调度应当服从流域水资源统一调度，水力发电、供水、航运等调度应当服从流域水资源统一调度。从“需求管理”的原则出发，优化水资源战略配置格局，在保护生态前提下，加快建设一批骨干水源工程和河湖水系连通工程，提高水资源调控水平和供水保障能力，增加水资源可利用量，实现洪水资源化。

2. 加快河流综合治理

大江大河的防洪安全是水资源可持续利用的基础，故需提高大江大河的防洪标准，其主要措施是：建设流域防洪控制性水利枢纽，提高调蓄洪水的能力；加快城市防洪排涝工程建设，提高城市排洪标准；推进海堤建设和跨界河流整治。加快中小河流治理是完善防洪减灾体系的迫切需要，故需从完善我国江河防洪体系、确保防洪安全的高度，加快中小河流治理，提高防洪能力，保障人民群众生命财产安全和经济社会可持续发展。

3. 提高防汛抗旱应急能力

健全防洪抗旱统一指挥、分级负责、部门协作、反应迅速、协调有序、运转高效的应

急管理机制，加强监测预警能力建设，整合资源，提高雨情汛情旱情预报水平。建立专业化与社会化相结合的应急抢险救援队伍，健全应急抢险物资储备体系，完善应急预案。建立一批规模合理、标准适度的抗旱应急水源工程，建立应对特大干旱和突发水安全事件的水源储备制度。

（三）加强水资源管理的保障措施

1. 健全政策法规和社会监督机制

完善水资源配置、节约、保护和管理等方面的政策法规体系，健全水资源执法机构和队伍。广泛深入开展基本水情宣传教育，强化社会舆论监督，进一步增强全社会水忧患意识和水资源节约保护意识，形成节约用水、合理用水的良好风尚。大力推进水资源管理科学决策和民主决策，完善公众参与机制，采取多种方式听取各方面意见，进一步提高决策透明度。对在水资源节约、保护和管理中取得显著成绩的单位和个人给予表彰奖励。

2. 建立水资源管理责任和考核制度

要将水资源开发、利用、节约和保护的主要指标纳入地方经济社会发展综合评价体系，地方人民政府主要负责人对本行政区域水资源管理和保护工作负总责。国务院对各省、自治区、直辖市的主要指标落实情况进行考核，水利部会同有关部门具体组织实施，考核结果作为地方人民政府相关领导干部和相关企业负责人综合考核评价的重要依据。有关部门要加强沟通协调，水行政主管部门负责实施水资源的统一监督管理，发展改革、财政、国土资源、环境保护、住房城乡建设、监察、法制等部门按照职责分工，各司其职，密切配合，形成合力，共同做好水资源管理工作。

3. 完善水资源管理体制

进一步完善流域管理与行政区域管理相结合的水资源管理体制，切实加强流域水量与水质、地表水与地下水、供水与排水等的统一规划、统一管理和统一调度。强化城乡水资源统一管理，对城乡供水、水资源综合利用、水环境治理和防洪排涝等实行统筹规划、协调实施，促进水资源优化配置。

4. 完善水资源管理投入机制

要拓宽投资渠道，建立长效、稳定的水资源管理投入机制，保障水资源节约、保护和管理工作经费，对水资源管理系统建设、节水技术推广与应用、地下水超采区治理、水生态系统保护与修复等给予重点支持。中央和地方财政应加大对水资源节约、保护和管理的支持力度。

第四章　节水灌溉工程经济效益分析

20 世纪 80 年代以来，随着经济发展，各行业用水需求增加，工农业之间、城乡之间争水矛盾日益突出，农业本身用水供需矛盾也越来越尖锐。干旱缺水成为影响农业发展的最大制约因素。节水灌溉已成为全党和全社会的共识，我国节水灌溉技术的推广经多年努力已取得显著成效。面对 21 世纪我国加入 WTO，节水灌溉技术以及节水灌溉管理技术应如何发展呢？研究节水灌溉工程的经济效益显得尤为重要。

第一节　节水灌溉的内涵

一、节水灌溉的含义

节水灌溉是根据作物需水规律及当地供水条件，为了有效地利用降水和灌溉水，获取农业的最佳经济效益、社会效益、生态环境效益而采取的多种措施的总称。

在我国，人们习惯用“节水”这一提法，更确切的提法应当是“高效用水”，国外同行多用后者。节水是相对的概念，不同的水资源条件，不同的气候土壤地形条件和社会经济发展水平，对节水有不同的要求。因此不同国家、不同地区、不同历史发展阶段，节水标准是不同的。

节水灌溉，主要是对符合一定技术要求的灌溉而言。节省灌溉用水，首先要提高天然降水利用率，同时把可以用于农业生产的各种水源，如地表水、地下水、灌溉回归水、经过处理以后的污水以及土壤水等都充分、合理地利用起来。广义的节水灌溉包括了农业高效用水的许多措施，如雨水蓄积、土壤保墒、井渠结合、渠系水优化调配、农艺节水、用水管理等。

灌溉工作的主要任务之一是提高水的有效利用率，促使农业稳产高产。在建立社会主义市场经济体制，加快实现“两个根本性转变”的新形势下，普及节水灌溉意味着农业灌溉从粗放经营管理转向集约经营管理转变。大力普及节水灌溉，是进一步改善农业生产条件，缓解农业用水供需矛盾的需要，是加强农业基础设施建设，促使农业实现高产优质高效的有效措施，是农田水利基本建设的主要内容之一，节水灌溉已成为农田水利工作的主阵地。

千百年来，农田灌溉总是由农民用铁锹凭经验管水，对水的控制能力很低。现代的节水灌溉，特别是喷、微灌技术，大量采用高分子材料、精加工工艺自动控制、计算机数据处理等先进科学技术和器材设备，能够科学地、有效地控制灌水时间、灌水量、提高灌水均匀度和灌水效率等，大大促进了农田水利的科技进步，提高了灌溉的科技含量，节水灌溉已成为水利现代化的主要标志之一。普及节水灌溉不仅要研究作物需水规律与灌水方法，还要研究开发一系列与之密切相关的新材料、新设备、新工艺、新技术等，节水灌溉具有跨学科、综合性、边缘性的特点。普及节水灌溉需要大量塑料管、塑料薄膜、薄壁铝管、镀锌薄壁钢管、喷微灌机具以及其相配套的设备与部件，这不仅带动、振兴了一批老产业，而且促进了一批新兴产业的发展。节水灌溉为农作物创造了比较适宜的水分条件，通过水的作用，改善和调节了土壤的肥、气、热等环境条件，促使作物稳产、高产。先进的灌水技术还促进了农业耕作栽培技术改革、良种培育，节水灌溉与农机、施肥、植保、良种等其他现代农业科技相配套，成为农业现代化不可缺少的组成部分。普及节水灌溉，无论是比较简单的渠道防渗、管道输水，还是机械化自动化程度较高的喷灌、微灌，都不同程度地减轻了农民用于平地、挖渠、灌水的劳动强度和用工，节省出大批劳动力转向乡镇企业和其他行业，促进农村产业结构调整、农村经济发展和社会进步。普及节水灌溉，还促使水资源优化配置，节省出的部分水资源用于工业和城镇生活，缓解了城市和工业用水供需矛盾，为国民经济快速、健康、持续发展创造了条件。普及节水灌溉，可以减少地下水超采地区的地下水提取量，缓解由于水资源过度开发造成生态环境恶化地区的用水矛盾，增加保护环境所需用水，是实现农业和国民经济可持续发展的得力措施。普及节水灌溉，还有利于促进人们在用水方面的思想观念更新，有利于水费改革，提高用水管理水平，促进建立适应社会主义市场经济体制要求的供水、用水、节水、管水新机制。

因此，可以说节水灌溉是我国农业用水发展史上意义深远的一场重大变革。

二、节水灌溉工程技术体系

节水灌溉的最终目的是以最少的水量消耗获取尽可能多的农作物产量、最高的经济效益和生态环境效益。节水灌溉是一个完整的体系，由水源开发与优化利用技术、节水灌溉工程技术、农业耕作栽培节水技术、节水管理技术等几部分组成。节水灌溉工程技术是现阶段应用较为广泛，也是易于普及的一种节水灌溉技术，它主要包括以下几个方面。

（一）喷灌技术

喷灌是把由水泵加压或自然落差形成的有压水通过压力管道送到田间，再经喷头喷射到空中，形成细小水滴，均匀地洒落在农田，达到灌溉的目的。压力通过水泵形成的称为机压式喷灌；压力通过水源的位能获得的称为自压式喷灌。一般说来，其明显的优点是灌水均匀，少占耕地，节省人力，对地形的适应性强。由于全部采用管道化，所以可以做到控制灌溉。单井控制面积比较大，管理方便。主要缺点是受风影响大，设备投资高。经过20多年的努力，截至2018年年底我国已有喷灌面积247.3万平方米。喷灌系统的形式很多，其优缺点也就有很大差别，在我国用得较多的有以下几种。

1. 固定管道式喷灌

固定管道式喷灌系统的全部管道在整个灌溉季节甚至常年都是固定不动的，一般埋于地下，固定管道式喷灌系统的设备利用率不高，亩投资高，目前使用塑料管道的系统单位造价也有12000 ~ 18000元/平方千米之间，但使用方便，适合经济发展水平高，劳力紧张，以种植灌水频繁、价值高的蔬菜为主的城市郊区，也适合灌水频繁的经济作物。固定管道式喷灌系统为减小设计流量一般采用按支管轮灌的方式。为降低公顷投资也可采取同时向各支管供水、但每条支管仅开启一个喷头的方式，这时干管处于多孔出流的状态，水头损失小，支管则仅向一支喷头供水，流量不大，干、支管均可采用较小口径的管道。

2. 半固定管道式喷灌

半固定管道式喷灌系统干管固定设置，但支管移动使用，大大提高了支管的利用率，减少支管用量，从而使得公顷投资低于固定式的50%以下，这种形式在我国北方小麦产区具有很大的发展潜力。为便于移动支管，管材应为轻型管材，如薄壁铝管、薄壁镀锌钢管，并且配有各类快速接头和轻便的连接件、给水栓。但是移动支管需要较多人力，并且如果管理不善，支管容易损坏，近代发明了以下一些由机械移动支管的方式，可以部分克服这一缺点。

3. 移动式管道喷灌

移动式管道喷灌除水源工程外水泵和动力机、各级管道、喷头部可拆卸移动。如果干管采用轻型管道沿地面铺设但灌水中并不移动，移动的仅仅是支管，仍应属半固定式管道喷灌系统的范畴。喷灌时、在一个田块上作业完毕、依次转到下一个田块作业，轮流喷洒。其优点是设备利用率高，管材用量少，投资小。缺点是设备拆装和搬运工作量大，维修量大，搬移时还会损坏作物。

4. 滚移式喷灌机

滚移式喷灌机也称滚轮式喷灌机，是一种大型半机械化喷灌机组。与机组配套的泵站和输水干管是固定的，它们属于田间工程，不是机组的组成部分。因此，典型的滚移式喷灌机由驱动车、输水支管（兼作轮轴）、从动轮、引水软管、喷头、喷头矫正器、自动泄水阀、制动支杆等组成。

5. 时针式喷灌机

时针式喷灌机将支管支撑在高2 ~ 3m的支架上，全长可达400m，支管的一端固定在水源处，整个支管就绕中心点绕行，像时针一样，边行走边灌溉。目前系统均采用低压喷头，灌溉质量好，自动化程度很高。我国已有此类产品，在华北和东北已有一定的使用经验，适用于大面积的平原（或浅丘区），要求灌区内没有任何高的障碍（如电杆、树木等）。其缺点是只能灌溉圆形的面积，边角地带需采用其他方法补灌。此种灌溉形式在美国应用广泛，也值得我国在大平原地区、大规模农场推广。

6. 大型平移喷灌机

大型平移喷灌机是为了克服时针式喷灌机只能喷洒圆形面积的缺点，近代在时针式喷灌机的基础上研制出可使支管作平行移动的喷灌系统。这样灌溉的面积就成矩形，一架平移式喷灌机控制面积可达 200 平方米以上。但其缺点是当机组行走到田头时，需要专门的牵引机械将其拖移到原来的出发地点，才能进行第二次灌溉。而且平移的准直技术要求高。因此，没有时针式喷灌机使用得那么广泛，我国也已有产品，其适于推广的范围与时针式相仿。

值得一提的是，目前国际上已将时针式和平移式两种大型喷灌机组的喷头改为低压喷头，不仅大大降低了系统的工作压力、减少了能耗、提高了灌水均匀度，而且也提高了系统被社会的接受能力和推广前景。

7. 软管牵引卷盘式喷灌机

软管牵引卷盘式喷灌机属于行喷式喷灌机，规格以中型为主，同时，也有小型的产品。国外还应用钢索牵引卷盘式喷灌机，但仅适用于牧草的灌溉。软管牵引卷盘式喷灌机结构紧凑，机动性强，生产效率高，规格多，单机控制面积可达 10 ~ 20 平方米，喷洒均匀度较高，喷洒水量可在几毫米至几十毫米的范围内调节，这种机型适合我国目前的经济条件和管理水平，只要形成农业的适度规模经营或统一种植，即可在一定范围内推广应用。软管牵引卷盘式喷油机一般采用大口径单喷头作业，故入机压力要求较高，能耗较大，对于灌水频繁的地区，应慎重选用。软管牵引卷盘式喷洒机的另一个不足之处是需要留出机行道，故应在农田基本建设中统一规划，尽量减少占地。软管牵引卷盘式喷灌机适合于灌溉粗壮的作物（如玉米、甘蔗等）。也要求地形比较平坦，地面坡度不能太大，在一个喷头工作的范围内最好是一面坡。该机型我国也已有系列产品。

8. 中、小型喷灌机组

中、小型喷灌机组是我国 20 世纪 70 年代用得最多的一种喷灌模式，常见的形式是配有 1 ~ 8 个喷头，用水龙带连接到装有水泵和动力机（多为柴油机与电动机）的小车上，动力功率为 3 ~ 12 马力居多，使用灵活，投资较低，每公顷投资为固定管道式的 20% ~ 60%，但移动耗费劳力多，管理要求高，近年来，发展的规模似有降低的趋势，只适用于中小型的农场和田块。

以上各种喷灌形式各有利弊，各自适合于不同的条件，因此只能因地制宜地决策选用。喷灌几乎适用于除水稻外的所有大田作物，以及蔬菜、果树等。对地形、土壤等条件适应性强，在砂性土壤和地形变化比较大的地区效果为优。但在多风的情况下，会出现喷洒不均匀，蒸发损失增大的问题。与地面灌溉相比，大田作物喷灌一般可省水 30% ~ 50%，增产 10% ~ 30%。最大优点是使农田灌溉从传统的人工作业变成半机械化、机械化，甚至自动化作业，加快了农业现代化的进程。

（二）微灌技术

微灌是通过管理系统与安装在地面管道上的灌水器如滴头或微喷头等，将有压水按作物实际耗水量适时、适量、准确地补充到作物根部附近土壤进行灌溉。它可以把灌溉水在输送过程中以及到了田间以后的深层渗漏和蒸发损失减少到最低限度，使传统的“浇地”变成为“浇作物”。由于它只向作物根区土壤供水，故也称其为局部灌溉。微灌可分为微喷灌、滴灌等。

1. 滴灌

滴灌是用小塑料管将灌溉水直接送到每棵作物根部的附近，水由滴头慢慢滴出，是一种精密的灌溉方法，只有需要水的地方才灌水，可真正做到只灌作物而不是灌土地。而且可长时间使作物根区的水分处于最优状态，因此既省水又增产，我国现有滴灌面积达到140 万平方千米（包括微喷灌）。但其最大缺点就是滴头出流孔口小，流速低，因此堵塞问题严重。对灌溉水一定要认真地进行过滤和处理。目前我国还都只注意到防止物理堵塞，而同样严重的生物堵塞和化学堵塞问题尚未引起足够的重视。

滴灌主要包括：①固定式地面滴灌：一般是将毛管和滴头都固定地布置在地面（干、支管一般埋在地下），整个灌水季节都不移动，毛管用量大，造价与固定式喷灌相近，其优点是节省劳力，由于布置在地面，施工简单而且便于发现问题（如滴头堵塞、管道破裂、接头漏水等），但是毛管直接受太阳曝晒，老化快，而且对其他农业操作有影响，还容易受到人为的破坏；②半固定式地面滴灌：为降低公顷投资只将干管和支管固定埋在田间，而毛管及滴头都是可以根据轮灌需要移动。投资仅为固定式的 50% ~ 70%。这样就增加了移动毛管的劳力，而且易于损坏；③膜下灌：在地膜栽培作物的田块，将滴灌毛管布置在地膜下面，这样可充分发挥滴灌的优点，不仅克服了铺盖地膜后灌水的困难，而且大大减少地面无效蒸发；④地下滴灌：是将滴灌干、支、毛管和滴头全部埋入地下，这可以大大减少对其他耕作的干扰，避免人为的破坏，避免太阳的辐射，减慢老化，延长使用寿命。其缺点是不容易发现系统的事故，如不作妥善处理，滴头易受土壤或根系堵塞。

2. 微喷灌

有的地方称之为雾灌，与滴灌相似，只是为了克服滴头太易于堵塞的缺点，将滴头改为微喷头，由于微喷头出流孔口大一些，流量大一些，流速快一些，所以不像滴头那么容易堵塞，但流量加大了，毛管相应也要加粗些，在每棵作物或树下装 1 ~ 2 个微喷头一般即可满足灌溉的需要。微喷头仍有堵塞问题，因此，也要对过滤问题给予足够的重视，每公顷造价与固定式滴灌相仿。在国外有逐渐以微喷灌取代滴灌的趋势。但是在温室（或大棚）内使用微喷灌会大大提高室内之空气湿度。敏感度作物（如黄瓜）的生产，这时只好用滴灌。喷灌设备生产逐渐完善。微喷灌面积的发展很快，大展前途的节水灌水法，特别适用于灌溉果园。

3. 渗灌

渗灌与地下的滴灌相似，只是用渗头代替滴头全部埋在地下，渗头的水不像滴头那样一滴一滴地流出，而是慢慢地渗流出来，这样渗头不容易被土粒和根系所堵塞。20 世纪 90 年代在国外引进采用废轮胎加工成的多孔渗流管，并进行小面积试点，但是微孔渗流管的堵塞是一个严重的问题，未经长时间试验检验不宜贸然推广。

4. 地下灌溉

地下灌溉是用控制地下水位的方法进行灌溉。在要灌溉时把地下水位抬高到水可以进入根系活动层的高度，地面仍保持干燥，所以非常省水，不灌溉时把地下水位降下去。这种方法的局限性很大，只有在根系活动层下以有不透水层时才行。因此不适于普遍推广。

微灌是用水效率最高的节水技术之一。它的另一特点是可以把作物所需养分掺混在灌溉水中，在灌水的同时进行施肥，既减少用工又提高肥效，促使作物增产。以色列、美国等国家的微灌技术达到了很高的水平，基本实现了灌溉过程自动化，但是造价昂贵，因此主要用于大棚和温室的蔬菜、花卉以及果树等高产值经济作物的灌溉。我国在学习、引进、消化吸收国外先进技术的基础上，初步形成了自己的微灌产品生产能力。

（三）渠道防渗技术

我国各类灌区渠道总长度达数百万公里，大多数为土渠，水的渗漏损失很大。为了减少输水过程中的这部分损失，采用建立不易透水的防护层，如混凝土护面、浆砌石衬砌、塑料薄膜防渗等多种方法，进行防渗处理，既减少了水的渗漏损失，又加快了输水速度，提高浇地效率，深受群众欢迎，成为我国目前应用最广泛的节水技术之一。与土渠相比，混凝土护面可减少渗漏损失 80% ~ 90%，浆砌石衬砌减少渗漏损失 60% ~ 70%，塑料薄膜防渗减少渗漏损失 90% 以上。

（四）低压管道输水技术

用塑料或混凝土等管道输水代替土渠输水，可大大减少输水过程中的渗漏和蒸发损失，水的利用率可达 95%。另外还可减少渠道占地，提高输水速度，加快浇地进度。由于缩短了轮灌周期，有利于控制灌水量，因而也有一定的增产效果。管道输水系统通常由地下管道和地面移动管道（闸管）组成。如果不考虑将来发展喷灌的要求，通常采用低压管材，井灌区利用井泵余压可以解决输水所需压力问题，在我国北方井灌区低压管道输水技术推广较快。大型自流灌区如何以管道代替土渠输水，尚有若干技术问题有待研究解决。

（五）膜上灌水技术

膜上灌水，俗称膜上灌，是在地膜覆盖栽培的基础上，把过去的地膜旁侧灌水改为膜上流水，水沿放苗孔和地膜旁侧渗水或通过膜上的渗水孔，对作物进行灌水。通过调整膜上首尾的渗水孔数及孔的大小，来调整沟上首尾的灌水量，可得到较常规地面灌水方法相对高的灌水均匀度。膜上灌投资少，操作简便，便于控制灌水量，加快输水速度，可减少土壤的深层渗漏和蒸发损失，因此，可以显著提高水的利用率。这种技术在新疆已大面积推广，与常规的玉米、棉花沟灌相比，省水 40% ~ 60%，并有明显增产效果。

（六）坐水种技术

在我国东北和西南部分地区，一般年份降雨基本可以满足作物生长对水分的需要。但在春季播种期常遇干旱出苗率低而减产。为解决播种期土壤墒情不足的问题，群众在实践中创造了抗旱点浇（俗称“坐水种”）的方法，即在土穴内浇少量水，下种，覆土。过去多靠人力作业，近年来已在很多地方向机械化、半机械化发展，将开沟、注水、播种、施肥、覆土等多道工序一次完成，大大提高了效率。

（七）沟畦灌水技术

渠道防渗和低压管道输水两项技术只解决减少输水损失问题，田间灌水过程中还有很大节水潜力。沟畦灌已有漫长的历史，在当代科技发展日新月异的新形势下，一些新技术与之结合，使其重新焕发出生命力。例如，国外采用激光扫描仪控制平地机刀铲的吃土深度，可使地面高低差别控制在 1cm 以内。另外缩短灌水沟沟长，采用涌流间歇灌水等都可使田间灌水有效利用率大幅度提高。这些先进技术在我国正在研究试验。目前生产上普遍推广的沟畦灌水技术是以人力为主，在精细平整土地基础上大畦改小畦，长沟改短沟，使沟畦规格合理化，可使灌水定额减少 1/5 ~ 1/4，这种技术充分发挥了我国劳动力资源丰富的优势，花钱很少，技术简单易行。

（八）土壤监测与灌水预报技术

用先进的科学技术手段，如张力计、中子仪、电阻法等监测土壤，数据经分析处理后配合天气预报，预报适宜灌水时间、灌水量，做到适时适量灌溉，有效地控制土壤水分含量，达到既节水又增产的目的。这种技术要与其他节水技术措施配套使用。

（九）灌区输配水系统水的量测与自动监控技术

真正实现优化配水、合理调度、高效用水，还必须及时准确地掌握灌区水情，如水库、河流、渠道的水位、流量、含沙量乃至抽水灌区的水泵运行情况等技术参数，对几十万亩、几百万亩的大型灌区尤其必要。这是实施节水灌溉的基础技术工作。高标准的节水灌溉工程应在数据采集、数据计算机处理的基础上实现自动监测控制。

三、推广普及节水灌溉的重要意义

节水灌溉是一项“革命性的措施”，是因为它是缓解农业用水供需矛盾，增加农业产量、发展农村经济的一场革命；是加快我国传统农业向现代农业转变的一场革命；也是改善生态环境，实现水资源可持续利用和国民经济可持续发展的一场革命，对于促进我国农业灌溉从粗放到集约，从外延为主到内涵为主的转变，具有重要的现实意义和深远的历史意义。现从以下几个方面进行具体分析（陈雷，2001）。

（一）节水灌溉是解决我国农业干旱缺水的根本性措施

进入20世纪90年代以来，我国农业年均受旱面积达2000万平方米以上，全国660多个城市中有一半以上发生水危机，黄河断流的问题日益突出，干旱缺水已成为国民经济和社会发展的主要制约因素。随着人口的增加、经济的发展和城市化水平的提高，水资源短缺的矛盾日益突出。20世纪90年代，我国农业用水在全国总用水量中呈下降趋势，而农业灌溉的规模却在不断扩大。解决农业缺水矛盾的根本出路在于大力普及推广节水灌溉技术和在全国范围内节约农业灌溉用水。对渠道进行防渗衬砌和利用管道输水可以减少输水过程中的渗漏和蒸发损失，提高输水效率。发展喷灌、滴灌、微喷灌等节水灌溉技术，把浇地变为浇作物，可以大幅度节约田间灌溉用水，提高水的利用率。与大水漫灌相比，采用渠道防渗和管道输水可节水20% ~ 30%左右，喷灌可节水50%，微灌可节水60% ~ 70%。我国北方很多井灌区采用喷灌后，每公顷每次灌水量从1200m³减少到3000m³，一眼井当四眼井用。北京顺义区自实现喷灌化以来，累计少开采地下水13.2亿m³，每公顷的灌溉定额由6750m³降至3000m³以下。通过发展节水灌溉，把全国水的平均利用率提高10%，每年即可节约300多亿m³，农业灌溉用水，这样既可以减轻农民负担，又可以扩大灌溉面积和提高灌溉保证率。

（二）节水灌溉可以带来显著的经济效益和社会效益

节水灌溉可以根据作物不同生长期的需水要求，适时、适量地进行科学灌溉，提高农作物的产量，改善农产品的质量，实现增产和增收。喷灌和微灌具有灌水均匀、土壤不板结、保土保肥、调节田间小气候、提高地温等显著特点。国内外实践表明，喷灌一般比地面灌增产20% ~ 30%，滴灌增产40%。这样大的增产幅度，利用其他的农业增产措施是难以实现的。黑龙江、吉林两省的玉米喷灌一般每公顷产量可达11250kg，好的可达15000kg。广西推广水稻“薄、浅、湿、晒”节水灌溉技术后，每公顷可增产375kg，节水155m³。黑龙江省甘南县近两年发展喷灌4.8万平方米，喷灌区内农民年人均收入达4000元。干旱与半干旱地区，特别是干旱缺水的贫困山区，通过发动群众兴修小水库、小塘坝、小水窖、小机电井。小扬水站等小型、微型水利工程和小水窖等集雨工程，再配上喷灌、滴灌、膜上灌等节水灌溉技术，发展稳产高产基本农田，可以很快地改变当地的落后面貌。近年来，我国西北的甘肃、宁夏、内蒙古、陕西等省（自治区）干旱缺水地区通过采取这种措施，使当地许多地方的农民群众走上了脱贫致富之路。

（三）节水灌溉可以进一步解放和发展农业生产力

发展节水灌溉可以节省渠道和畦坡的占地，使粮田变成无埂、无渠、无沟的“三无田”，扩大种植面积，提高复种指数，缩短灌溉周期，减少灌溉用水，解决冬小麦和晚玉米的茬口问题，充分挖掘农业增产潜力。据北京市顺义区统计，采用半固定式喷灌可提高实播率20%，全县4万平方米，粮田实现喷灌化后，可增加播种面积8000平方米。喷灌和微灌不需要平整土地，大大减轻了农田建设的工作量，节省了灌溉用工，实现了大面积的平播，提高了农机作业效率，做到统一耕作、统一播种、统一灌溉、统一管理、统一施肥、统一收割，提高了农业机械化水平和集约化程度。据河北省三河市测算，使用喷灌前每公顷灌溉用工61.5个，使用喷灌后每公顷用工只需12.75个。

（四）节水灌溉可以扩大国内需求和开拓农村市场

发展节水灌溉，需要大量的节水灌溉设备、各种管材及水泥钢筋等建材。对于扩大内需、开拓国内市场、吸纳农村劳动力和带动节水灌溉设备的产业化具有显著的作用。近几年，吉林省有22个企业转产节水灌溉设备和器材，辽宁省也准备转产50多个企业，既增加了城市下岗职工就业机会，又吸纳了农村剩余劳动力。按每年投资40亿元节水灌溉资金用于购买节水灌溉设备和材料测算，每年约需钢材20万t、水泥730万t、铝材4.8万t、化工产品13万t。随着节水灌溉在全国范围内的普及和推广，必将带动相关产业的发展，从而成为一个新的经济增长点。

（五）节水灌溉可以促进传统农业向现代农业的转变

当前，我国农业正在由传统农业向现代农业转变，现代农业的规模经营模式和健全的社会化服务体系要求大幅度提高灌溉劳动生产率，由人工作业变为机械化作业，富裕起来的农民也希望农田灌溉越省事越好。“两高一优”农业和现代化农业不仅注重提高产量，更强调产品品种、内在质量、外观、上市时间等，对灌溉提出了“精细”的要求。即灌水位置。灌水时间、灌水数量、灌水成分（作物生长所需各种微量元素及营养）等，要求对空气湿度和土壤墒情进行自动监控，科学管理。用喷灌、滴灌等节水灌溉技术以及其他各种先进灌溉方法和技术，对传统、粗放的灌溉方法进行改造，既可以提高水的有效利用率，又可以提高灌溉效率、灌溉保证率和水分生产率，还可以通过灌溉系统进行施肥和打药，带来种植结构和耕作技术的重大变革，推进农田灌溉现代化和管理科学化，使传统农业向现代农业转变。

（六）节水灌溉是实现可持续发展的重大战略措施

21世纪中叶，我国经济将达到中等发达国家水平，各行各业对水的需求将进一步增大。

据分析，届时工业用水、城市用水要增加数千亿立方米，农业要满足新增4亿人口的粮食供给，按人均占有400kg粮食计算，约需增加近千亿立方米的水量。根据国家经济发展水平和全国水中长期供求规划，届时供水总量的增加将是十分有限的，而且随着人口的增加，工业化和城市化的发展，农业用水在社会总用水量中的比重还会下降。新增的供水量主要用于满足工业、城市发展和改善人民生活的需求。发达国家的农业用水比重一般为总用水量的50%左右。北方地区水资源开发利用程度已经很高，开源的潜力不大。南方还有一些开发潜力，但主要集中在西南地区。因此，解决农业缺水的问题将主要依靠建立节水农业和推广节水灌溉。在此情况下，要使灌溉发展适应农业增长的需要，除了加快水利基础设施建设和不断提高供水能力外，最有效的办法就是大力发展节水灌溉，保护和利用好现有水资源，充分挖掘现有水利设施的潜力，大幅度提高水的利用率。发展节水灌溉可以防止因渠道两侧渗漏和大水漫灌造成的土壤次生盐碱化，还可以减少地下水的过量开采和过量引水，保护生态环境，促进可持续发展。因此，不论从我国水资源状况或人口、经济和社会发展的需要，还是从我国改革开放20多年的实践以及先进国家的发展经验看，解决我国农业干旱缺水和今后可持续发展用水问题的根本出路在于节水，这是一件具有战略意义的大事。

第二节　节水灌溉经济效益分析与评价

一、节水灌溉工程经济分析指标

为综合、全面地分析与评价节水灌溉工作的经济效益，在归纳我国已有经验基础上，提出以下指标。

（一）节水效益

节水效益是节水灌溉与传统灌溉相比节约出来的水量，它是节水灌溉所追求的主要目标之一。不同的技术措施，其节水效果差异较大。我国现阶段推广的节水灌溉方法中，微灌（含微喷灌、滴灌、涌泉灌）一般可节水30%～50%，节水效果最好；喷灌可节水20%～30%，仅次于微灌；管道输水及渠道防渗可节水10%～20%，有明显节水效果；水稻浅湿灌溉、膜上灌、膜下灌等也都有一定节水作用。

（二）节能效益

实施节水灌溉技术措施后，减少了灌溉用水量，对抽水、提水灌区就意味着节约了耗能量。

（三）增产效益

增产效益是指节水灌溉较传统灌溉增加的产量和产值。节水灌溉是一种先进的灌水方式，具有明显的增产效果。据对比试验，与传统地面灌溉相比，微灌一般可增产20% ~ 30%；喷灌可增产10% ~ 20%，水稻浅湿灌溉、膜上灌可增产5% ~ 10%。

节水灌溉之所以能增产，主要归功于以下三点：①先进的灌溉方法能按作物不同生育阶段的需水要求适时适量供水，灌水的均匀度较高；②在总水量及灌溉面积相同的情况下，缩短了灌溉周期；③在水量不足而控制面积大的灌区，扩大了实际灌溉面积，提高了灌溉保证率。

（四）节地效益

采用喷灌、微灌及低压管灌等节水灌溉技术，可以取消灌区的农渠、毛渠，节省这两级渠道所占用的耕地面积；采用渠道防渗措施后，通过相同水量时所需的过流断面减小，因此也可少占用耕地。

（五）省工效益

节水灌溉的自动化程度比传统灌溉有较大提高，用于灌溉的劳动强度和劳动时间相应降低。如国外的自动化、半自动化喷、微灌管道灌溉等，用电脑操作，很少用人工。

（六）转移效益

通过实施节水灌溉措施，将节约出来的水用于非农业部门而产生的效益。我国不少大中城市由于严重缺水，影响到人民生活，造成工业企业停产、减产。节水灌溉将节约出曲水转为城市生活用水及工业用水，可产生较大的社会效益和经济效益。

（七）替代效益

我国大部分省、自治区、直辖市都不同程度地存在缺水问题，为缓解供水不足，许多大中城市不得不实施大规模调水工程。如天津市的引水工程，青岛市的引黄济青工程、新疆的引额济克工程等。

二、节水灌溉经济效益分析计算

党的十四大明确提出要在我国逐步建立起社会主义市场经济体制。市场经济的一个重要特点就是讲究经济效益，没有效益的事业不可能长久。节水灌溉能否站住脚，关键在于其投入产出比例是否合理。

（一）计算方法

国内通常采用的技术经济计算方法有静态法和动态法两种。静态法不考虑资金和时间的价值，计算简单，容易为基层人员掌握，缺点是忽略了资金的时间增值，不能全面反映客观经济规律。动态法则考虑了资金的时间价值。其特点是采用同期银行利率把不同年份的工程投资、年费用和效益折算到基准年的现值再进行分析比较，由于考虑了资金的时间价值，因而比静态法更能反映客观实际。

（二）费用计算

1. 投资计算

节水灌溉项目的投资除工程与设备费用之外，还包括勘测设计费、不可预见费等。工程与设备费用含从水源到田间的所有项目，如机井、提水站、输水渠道、管道、输变电设施、专用灌水设备等。应根据工程实际情况逐一分析计算。勘测设计费一般按工程和设备总投资的 3% ~ 5% 计算。不可预见费（也称预备费）按工程和设备总投资的 7% ~ 10% 计算。

2. 年费用计算

节水灌溉工程年费用包括折旧费和年运行费两大部分。折旧费是节水灌溉工程在有效使用期内，每年应分摊的投资额。显然，有效使用期越长则折旧费越低；有效使用期越短，则折旧费越高。有效使用期按工程和设备的经济寿命及其他因素综合确定，也可参考有关资料确定。年运行费包括燃料及动力费、维修费、管理费和其他经常性支出。燃料、动力费取决于实际的用水情况，年际间波动较大，一般以中等干旱年为计算依据。维修费通常按工程设施投资的一定百分比估算，费率可参考有关资料。管理费主要是灌溉作业人员的工资、管水机构运转费，根据具体情况计算确定。

3. 费用分摊

节水灌溉工程与其他部门共同使用水源工程或输配电工程时，其投资和年运行费应进行分摊。

（三）效益计算

节水灌溉经济效益可按本节提出的七项指标逐一分析计算。计算时应注意以下几点。

1. 代表年选择

节水灌溉效益年际间变化较大，干旱年份效益显著，而风调雨顺之年则效益较小。严格地讲，应逐年计算再推求多年平均值。在缺少长系列试验资料时，也可选择丰水年、平水年、枯水年进行计算再求平均值。如工程规模不大，也可直接用平水年的计算数值作为多年平均值。

2. 效益分摊

农作物增产是水利、农业措施综合作用的结果，先进的节水灌溉技术只有与良种、良法、肥料等结合，才能最终实现节水增产之目的。因此，应对农业增产值进行合理分解。据调查分析，节水灌溉效益一般占到总增产效益的 30% ~ 60%。具体计算时，可根据当地实际情况确定所占分摊比例。

3. 农产品价格

对于国家有定购任务的农产品，定购部分按收购价格计算，其余部分按市场价格计算；对于没有定购任务的农产品，一律按市场销价计算。

三、喷灌工程技术经济效益分析

为了兴建确实有效的喷灌工程，使喷灌工程真正做到建一处，成一处，发挥一处效益，在喷灌工程的建设和运行管理中，必须进行技术经济计算。随着计划经济向市场经济转轨，兴建喷灌工程与建设其他工程一样，都必须遵循价值规律，讲求经济效益。因此，在喷灌工程项目决策、规划设计、施工安装和运行管理的全过程中，进行技术经济分析是必不可少的重要环节。同时，通过技术经济分析计算所获得的有关数据和指标，也是评价喷灌工程建设及管理水平的重要依据。

（一）经济分析计算的目的和原则

1. 经济分析计算的目的

通过经济分析计算对其投资的经济效益和资源利用程度进行预测，分析评价工程项目是否可行，以确保喷灌工程建设能收到实效。对技术上可行的各项设计方案进行经济计算，分析与评价其经济效益，选择技术上先进、经济上合理的最优设计方案。在喷灌工程的运行管理中，通过技术经济计算与评价，考核规划设计的技术经济指标，选择安全、高效、低耗、经济合理的最佳运行方案。

2. 经济分析的原则

经济分析必须遵循以下原则：①必须从喷灌工程的实际出发，重视、搜集、分析和整理各种基本资料。在引用各种基本资料时，应结合工程的特点有目的地加以选择，并注意各种资料真实、可靠性；②对喷灌工程的不同方案进行技术经济比较时，应遵循计算口径如计算范围、计算内容、价格水平等方面一致的原则，使其具有可比性；③应计及资金的时间价值，以动态分析为主，静态分析为辅；④费用和效益应尽可能用货币表示；不能用货币表示的，应用其他定量指标表示；确实难以定量的，可定性描述。对有综合利用功能的设施，应对其费用和效益进行合理分摊；⑤鉴于目前国内的喷灌工程一般规模较小，建设周期短、有关资料也比较缺乏，因此，可根据具体情况，进行国民经济评价或进行财务评价。

（一）喷灌工程费用计算

喷灌工程费用计算喷灌工程的费用计算包括投资计算、年费用计算和费用分摊等内容。

1. 投资计算

（1）水源工程投资

专为喷灌工程修建的水源工程（包括水库、蓄水池、喷灌内部蓄水设备、引水枢纽、引水渠道、水井等）投资，应计入喷灌工程的总投资内。

（2）泵站工程投资

专为喷灌修建的泵站工程和架设的输、变电工程的费用，包括全部土建工程、设备购置和安装等费用，均应计入喷灌工程的总投资内。

（3）喷灌管道（含田间喷灌渠道）及设备投资

干管进口以下各级管道和附件、管道上的装置，或喷灌区内的田间渠道、渠道建筑物、工作池、压力池、调压池以及喷头和附件的全部费用。

（4）其他费用

勘测设计费按喷灌工程和设备总投资的 2% ~ 5% 计。不可预见费按喷灌工程和设备总投资的 5% ~ 7% 计。人工费用的工资单价按当地水利工程工资标准确定。附属工程费是指为喷灌工程所必须修建的附属工程投资，如喷灌设备储存、保养和管理用房的建筑费，以及其他必需的投资。如果喷灌工程是由国家和集体、群众共同投资兴建，应将总投资划分为国家投资和集体、群众投资两部分分别计算。集体、群众的投资，除直接投入的资金外，还应包括投劳、投物等。

2. 年费用计算（包括折旧费和运行费）

（1）折旧费。折旧年限一般按工程设施和设备的经济寿命以及其他因素合理确定。

（2）新增年运行费

指喷灌工程运行管理中每年所需支付的各项经常性费用，一般应包括：①燃料、动力费。在规划设计阶段，可根据拟定的设计运行方案，参照类似工程的耗能指标和价格分析确定。在运行管理阶段，应根据实际运行管理资料分年核算。通常，辅助设备用电费按动力机用电费的 2% ~ 8% 估计。高扬程抽水喷灌区的电价按国家有关规定选用；②维修费。是指喷灌工程设施的大修、岁修，以及日常维修养护等费用。维修费与喷灌工程的类型、使用频繁程度和管理方式等有关，一般可按工程设施投资的一定百分比进行估计；③管理费。是指喷灌工程管理人员和作业人员的工资。行政管理费，以及日常观测和科学试验费等；④其他经常性支出的费用；⑤水费。是指由其他单位或部门供水时的喷灌工程每年应缴纳的水费。

（三）喷灌工程效益计算

1. 增产效益计算

增产效益计算喷灌的新增产值应按包括丰水、平水和枯水年份在内的多年平均增产值计算。在计算中农产品价格的选用原则是：对农产品调出地区，按国家现行收购价格计算；对农产品调入地区，增产的自给部分按国家调运到该地区的农产品成本确定，超过自给的部分，按国家现行收购价格计算。

2. 其他效益计算

计算其他效益主要包括省水、省工、省地等带来的效益，应结合当地的具体情况进行估算。

（四）喷灌工程经济效益分析

1. 经济分析指标

（1）静态分析法。当对喷灌工程的效益进行简单估算或由于喷灌工程规模较小，当年施工当年即可收益时，可用静态分析法计算。

（2）动态分析法。采用动态分析时，首先应按选定计算的基准年。一般将喷灌工程基本建成，到计算的终止年的年数，称为经济分析期。喷灌工程的经济分析期常采用20年，对工程中各项设备的折旧年限短于分析期的，应考虑设备的更新费用。若进行方案比较，则参与比较的各方案，分析期应相同，基准年应一致。除当年完工并受益的小型喷灌工程经济计算时可不计算投资利息外，面积较大，需跨年度或几年完成的喷灌工程。

2. 经济指标的取值

（1）还本年限

虽然我国对喷灌工程的还本年限至今还没有统一的规定，但根据各地在生产实践中积累的资料和经验，还本年限的大致范围是：经济作物 2 ~ 4 年；粮食作物 5 ~ 8 年。

（2）效益费用比

效益费用比的极限值为 1，国外要求大于 8，根据我国实际情况，既考虑增产增收，能获得一定的投资效益的要求，又要有利于推广喷灌技术，规定喷灌效益费用比大于 1.2 时兴建的喷灌工程在经济上才是合理的。

（3）内部回收率

只有当内部回收率大于或等于社会折现率时，喷灌工程在经济上才是合理的。因此，结合我国国民经济平均增长的实际情况，可以认为喷灌工程的内部回收率大于或等于 8% 时是可行的。

四、渠道衬砌经济效益分析与评价

渠道衬砌在全国占有相当大的比重，在全国各大型灌区尤为如此。渠道衬砌的经济效益是灌区正常运行的关键所在，因而进行渠道衬砌项目的经济效益分析就显得至关重要了。

第五章　水利水电工程项目管理

第一节　项目管理概述

一、项目的概念

“项目”一词已越来越广泛地被人们应用于社会生活的各个方面。但目前国内外对项目的概念和特性的认识，还处在不断完善之中，尚未形成统一的、权威的定义。

ISO10006 对项目的定义为：“具有独特的过程，有开始和结束日期，由一系列相互协调和受控的活动组成。过程的实施是为了达到规定的目标，包括满足时间、费用和资源等约束。”

美国项目管理协会在其《项目管理知识体系》中将项目定义为：“项目是可以按照明确的起点和目标进行监督的任务。现实中多数项目目标的完成都有明确的资源约束。”

美国项目管理专家约翰·宾（John Ben）在中国工业科技管理大连培训中心提出了在我国被广泛引用的观点：“项目就是在一定的时间和预算规定的范围内，达到预定质量水平的一项一次性任务。”

虽然有关项目定义的表述形式有所不同，但对其实质内容的认识是基本一致的。通常可以把项目定义为：“项目就是作为管理对象，在一定约束条件下完成的，具有明确目标的一次性任务。”项目可以是一项基本建设，如建设一座水库、一座水电站、一个灌区、一处调水工程或建一座大楼、修一条公路等；项目也可以是一项新产品的开发，如新材料的研发、新技术和新工艺的应用等；项目可以是科研活动，如国家 863 计划、973 项目等。

二、项目的特性

作为被管理的对象，项目具有以下特性：

1. 一次性

这是项目的最主要特征。所谓一次性（或非重现性），也称为项目的单件性，是指就任务本身和最终成果而言，没有与这项任务完全相同的另一项任务。如要修建两座装机容量都是100万kW的水电站，因所处的位置、环境、水文地质条件及参加人员等不同，其设计、施工、组织等差异的可能性非常大。项目一般都具有特定开始、结尾和实施过程。项目的一次性并不意味着项目历程短，而恰恰相反，很多大型项目都历时数年、十几年乃至几十年，如著名的三峡工程，经过几十年的论证，仅施工期就长达17年。只有认识到项目的一次性，才能有针对地根据项目的特殊情况和要求进行科学、有效的管理。

2. 目的性

项目的目的性是指任何一个项目都是为实现特定的组织目标和产出物目标服务的。任何一个项目都必须有明确的组织目标和项目目标。项目目标包括两个方面：一是项目工作本身的目标，是项目实施的过程；二是项目产出物的目标，是项目实施的结果。例如，对一项水利工程建筑物的建设项目而言，项目工作的目标包括：项目工期、造价、质量、安全环保、文明施工等各方面工作的目标，项目产出物的目标包括建筑物的功能、特性、使用寿命、安全性等指标。

3. 项目的生命周期

任何一个项目都有自己明确的起点、实施和终点，都是有始有终的，是不能被重现的。起点是项目开始的时间，终点是项目的目标已经实现或者已经无法实现从而中止项目的时间。无论项目持续时间的长短，都有自己的生命周期。当然，项目的生命周期与项目所创造出的产品或服务的全生命周期是不同的，多数项目本身的生命周期相对是短暂的，而项目所创造的产品或服务的生命周期是长期的。例如，三峡工程项目实施的时间是有限的，但工程投入运行后的有效时间可能是几代人。

4. 整体性

任何项目的实施都不是一项孤立的活动，而是一系列活动的有机组合，从而形成了一个不可分割的完整过程。

5. 不确定性

项目的不确定性主要是由于项目的独特性造成的，因为一个项目的独特之处多数需要进行不同程度的创新，而创新就包括各种不确定性；项目的非重复性也使项目的不确定性增高；项目的环境多数是开放的和相对变动较大的，这也造成项目的不确定性。

6. 制约性（或约束性）

项目的制约性是指每个项目都在一定程度上受到内在和外在条件的制约。项目只有在满足约束条件下获得成功才有意义。内在条件的制约主要是对项目质量、寿命和功能的约束（要求）。外在条件的制约主要是对项目资源的约束，包括：人力资源、财力资源、物力资源、时间资源、技术资源和信息资源等方面。项目的制约性是决定一个项目成功与失败的关键特性。

三、工程项目的概念及其特点

1. 工程项目的概念

工程项目是以实物形态表示的具体项目，如建造一座大坝或一座水电站，建造一栋大楼或公共游乐场等。在我国，工程建设项目是固定资产投资项目的简称，包括基本建设项目（新建、扩建、改建等扩大生产能力的项目）和更新改造项目（以改进技术、增加产品品种、提高质量、治理“三废”、执业健康安全、节约资源等为主要目的的项目）。

2. 工程项目的特殊性

与企业一般的生产活动、事业机关的行政活动和其他经济活动相比较，工程建设项目有其特殊性，除了具有项目的一般特点外还有其自身的特点及规律性。

（1）固定性

工程建设项目往往具有庞大的体型和较为复杂的构造，多以大地为基础建造在某一固定的地方，不能移动，只能在建造的地点作为固定资产使用。它不同于一般工业产品，其消费空间受到限制。

（2）系统性

工程项目是一个复杂的开放系统，这也是工程项目的重要特征。工程项目是由若干单项工程和分部分项工程组成的有机整体。从管理的角度来看，一个项目系统是由人、技术、资源、时间、空间和信息等多种要素组合到一起，为实现一个特定的项目目标而形成的有机整体。

（3）单件性

建筑产品不仅体型庞大、结构复杂，而且建造时间、地点、地形、地质及水文条件、材料来源等各不相同，因此建筑产品存在着千差万别的单件性。

3. 工程项目的建设特性

由于工程项目多以基本建设的形式体现，因此，在建设过程中还具有一些特殊的技术经济性质。

（1）生产周期长

一般工业生产都是一边消耗人力、物力和财力，一边生产、销售产品，较快地回收资金。而工程项目建设周期长，在较长时间内耗用大量的资金。由于建设项目体型庞大、工程量巨大、建设周期长，只有待项目基本建成后才能开始回收投资。在漫长的项目建设期内，大量耗用人力、物力、财力，长期占用大量的资金而生产不出任何完整的产品，当然也不能获得收益。因此，在建设管理上要千方百计地缩短工期，按期或提前建成投产，形成生产能力。

（2）高风险性

工程项目往往投资较大，尤其是水利水电工程类项目规模大、建设周期长，一旦失事对国民经济和人民生命财产将带来重大损失，受自然环境的影响也较大（可能遇到不可抗力和特殊风险损失），项目的非重现性特点要求项目必须一次成功，因而项目承受的风险也大。

（3）建设过程的连续性和协作性

项目建设过程的连续性是由工程项目的特点和经济规律所决定的。建设的连续性意味着项目各参与单位必须有良好的协作，在项目建设各阶段、各环节，各项工作都必须按照统一的建设计划，有机地组织起来，在时间上不间断、在空间上不脱节，使建设工作有条不紊地进行。如果管理不力或某个过程受阻或中断，就会导致停工、窝工和资源损失，以致拖延工期。

（4）生产的流动性

流动性是指施工过程中体现出的劳动者和劳动资料的流动，这也是由建设项目的固定性决定的。作为劳动对象的建设项目固定在建设地点不能移动，则劳动者和劳动资料就必然要经常流动转移。一个建设项目开始实施时，建设者和施工机具就要从其他地点迁移到本建设项目工地，项目建成后再转移到另一工地，这是大的流动。在一个项目工地上，还包含着许多小的流动。一个作业队和施工机具在一个工作面上完成了某项专业工作后，就要撤离下来，转移到另一个工作面上。

施工流动性给项目管理工作、施工成本和职工生活安排带来很大的影响。它涉及施工队伍的建制、职工生活和施工附属企业的安排、当地材料的开采利用、交通运输和现场各种临时设施的安排和使用问题。

（5）受自然和环境的制约性强

基本建设项目往往因其规模大、固定不动，而且常常处在复杂的自然环境之中，所以受地形、地质、水文、气象等诸多自然因素的影响大。在工程施工中，露天、水下、地下、高空作业多，还往往受到不良地质条件的威胁。工程的投资或成本、质量、工期和施工安全常因此而受到严重影响。

工程建设还受到社会环境的影响和制约，如项目征地移民涉及当地政府和城乡居民，工程建设涉及当地材料、水电供应和交通、通信、生活等社会条件。显然，这些社会环境同样对工程项目投资、工期和质量产生影响。

水利建设项目是以水资源开发利用和防治旱涝灾害为目的的基础设施建设项目。水利建设项目除具有上述特点外，还有一个显著特点是工程设施的规模和投资大，国民经济效益和社会效益大，而本身的财务效益低。水利建设项目管理除具备一般投资项目管理的特点外，还表现出在项目规模、建设性质、经济性质、经营性质等方面的多样性和复杂性。

四、工程项目管理

美国项目管理专家 Haroidkerzher 博士对项目管理做了如下定义：项目管理是为了限期实现一次性特定目标，对有限资源进行计划、组织、指导和控制的系统管理方法。这是广义的项目管理概念。工程项目管理是以工程项目为管理对象的项目管理，通常也简称为项目管理。

项目管理的目标明确，这个目标就是要高效率地实现业主规定的项目目标。项目管理的一切活动都是围绕着这个总目标进行的，它是检验项目管理成败的标志。从这一点出发，项目管理的根本任务就是在限定的时间和限定的资源消耗范围内，确保高效率地实现项目目标。

工程项目管理是项目管理的一个重要分支，它是指通过一定的组织形式，用系统工程的观点、理论和方法，对工程项目管理生命周期内的所有工作，包括项目建议书、可行性研究、项目决策、设计、设备询价、施工、签证、验收等系统运动过程，进行计划、组织、指挥、协调和控制，以达到保证工程质量、缩短工期、提高投资效益的目的。由此可见，工程项目管理是以工程项目目标控制（质量控制、进度控制和投资控制）为核心的管理活动。

参与工程项目建设的各方在工程项目建设中均存在着项目管理问题。业主、设计单位和施工单位各自处于不同的地位，对同一个目标各自承担的任务不同，其项目管理的任务也不相同。如在费用控制方面，业主要控制整个项目建设的投资总额，而施工单位考虑的是控制该项目的施工成本。又如在进度控制方面，业主应控制整个项目的建设进度，而设计单位主要控制设计进度，施工单位则控制所承包部分的工程施工进度。

工程项目管理的类型可归纳为以下几种：①业主进行的项目管理；②施工单位进行的项目管理；③咨询公司进行的项目管理；④政府的建设管理。

1. 业主的项目管理

业主作为项目的发起人和投资者，与项目建设有着最为密切的利害关系，因此，必须对工程项目建设的全过程加以科学、有效和必要的管理。业主的项目管理由于委托了监理公司，所以偏重于重大问题的决策，如项目立项、咨询公司的选定、承包方式的确定及承包商的确定。另外，业主及其项，目管理班子要做好必要的协调和组织工作，为咨询公司、承包商的项目管理做好必要的支持和配合工作。

业主的项目管理贯穿于建设项目的各个组成部分和项目建设的各个阶段，即业主的项目管理是全面的、全过程的项目管理。就一个项目管理而言，业主的项目管理处于核心地位。

2. 施工项目管理

施工项目管理即为施工承包单位（建筑企业）进行的工程项目管理。

从系统的角度看，施工项目管理是通过一个有效的管理系统进行管理。这个系统通常分为如下几个子系统：

（1）方案及资源管理系统

基本任务是确定施工方案，做好施工准备。主要内容有：

①通过施工方案的技术经济比较，选定最佳的方案；②选择适用的施工机械；③编制施工组织设计，确定各种临时设施的数量和位置；④确定各种工人、机具和材料物资的需要量。

（2）施工管理系统

基本任务是编制施工进度计划，在施工过程中检查执行情况，并及时进行必要的调整，以确保工程按期竣工。

（3）造价管理系统

基本任务是投标报价、签订合同、结算工程款、控制成本保证效益。

施工项目管理的对象是施工项目寿命周期各阶段的工作，施工项目寿命周期可分为五个阶段：①投标、签约阶段；②施工准备阶段；③施工阶段；④交工验收阶段；⑤保修期服务。

3. 工程咨询的项目管理

工程咨询是第三方进行工程项目管理的一种方式。

工程咨询是工程项目管理发展到一定阶段分化出的一个分支学科和管理方式。随着工程建设规模的增加，工程技术日趋复杂化，工程项目管理更加专业化。通常情况下业主缺乏这类专业管理人员，因此，专门从事工程咨询活动的专业公司应运而生。工程监理是工程咨询的一种最典型的咨询活动。这是一项目标性很明确的具体行为，它包括视察、检查、评价、控制等一系列活动，来保证目标的实现。工程监理通过对工程建设参与者的行为进行监控、督导和评价，并采用相应的管理措施，保证工程建设行为符合国家法律、法规和有关政策，制止建设行为的随意性和盲目性，促使工程建设费用、进度、质量按计划实现，确保工程建设行为合法性、科学性、合理性和经济性。

4. 政府的建设管理

政府建设管理是指国家对建设行为、活动和建设行业进行管理、监督。管理方式首先是通过立法，即国家的权力机关制定一系列直接针对建设行为的或与建设行为相关的法律，如《中华人民共和国建筑法》《中华人民共和国招标投标法》《中华人民共和国土地管理法》《中华人民共和国水法》《中华人民共和国合同法》等一系列法律，作为管理和监督的依据，而且地方人大也针对本地区的建设行为制定和颁布相应的法规。其次是执法，中央政府及地方各级政府设立建设行政主管部门，并会同其他相应政府管理部门，根据国家的有关法律、法规，制定有关建设活动管理的规定、规范及规程，并对建设活动以及从业单位的设立和升级、对从业人员的资格审定等进行管理，即政府管理。我国在国务院设立建设部，作为全国范围内的建设行政管理部门，在各级地方政府以及国务院的工业、水利、交通等部门，设立或指定地方或部门内的建设行政主管部门，对建设活动的管理还涉及发改委、工商、土地等政府管理部门。

政府的建设管理具有强制性、执法性、全面性和宏观性等特点。

第二节　基本建设概述

一、基本建设的概念

基本建设是国家为了扩大再生产而进行的增加固定资产的建设工作。基本建设是发展社会生产、增强国民经济实力的物质基础，是改善和提高人民群众物质生活水平和文化水平的重要手段，是实现社会扩大再生产的必要条件。

基本建设是指国民经济各部门利用国家预算拨款、自筹资金，国内外基本建设贷款以及其他专项基金而进行的以扩大生产能力或增加工程效益为主要目的的新建、扩建、改建、技术改造、更新和恢复工程及其有关工作。如建造工厂、矿山、铁路、港口、电站、水库、学校、医院、商店、住宅，购置机器设备、车辆、船舶等活动，以及与之紧密相连的征用土地、房屋拆迁、移民安置、勘测设计、人员培训等工作。

基本建设就是指固定资产的建设，即建筑、安装和购置固定资产的活动以及与之相关的工作。它是通过对建筑产品的施工、拆迁或整修等活动形成固定资产的经济过程，是以建筑产品为过程的产出物。基本建设不仅需要消耗大量的劳动力、建筑材料、施工机械设备及资金，还需要多个具有独立责任的单位共同参与，需要对时间和资源进行合理有效的安排，是一项复杂的系统工程。

在基本建设活动中，以建筑安装工程为主体的工程建设是实现基本建设的关键。

二、基本建设的主要内容

基本建设包括以下几方面的工作。

1. 建筑安装工程

它是基本建设的重要组成部分，是通过勘测、设计、施工等生产活动创造建筑产品的过程。这部分工作包括建筑工程和设备安装工程两个部分。建筑工程包括各种建筑物和房屋的修建、金属结构的安装、安装设备的基础建造等工作。设备安装工程包括生产、动力、起重、运输、输配电等需要安装的各种机电设备的装配、安装、试车等工作。

2. 设备及工器具的购置

它是建设单位为建设项目需要向制造业采购或自制达到标准（使用年限一年以上和单件价值在规定限额以上）的机电设备、工具、器具等的购置工作。

3. 其他基本建设工作

其他基本建设工作指不属于上述两项的基本建设工作，如勘测、设计、科学试验、淹没及迁移赔偿、水库清理、施工队伍转移、生产准备等工作。

三、基本建设项目的分类

基本建设工程项目一般是指具有一个计划任务书和一个总体设计进行施工，由一个或几个单项工程组成，经济上实行统一核算，行政上有独立组织形式的工程建设实体。在工业建设中，一般是以一个企业或联合企业为建设项目，如独立的工厂、矿山、水库、水电站、港口、引水工程、医院、学校等。

企事业单位按照规定，用基本建设投资单购置设备、工具、器具，如车、船、飞机、勘探设备、施工机械等，虽然属于基本建设范围，但不作为基本建设项目。凡属于一个总体设计中的主体工程和相应的附属配套工程、综合利用工程、环境保护工程、供水供电工程以及水库的干渠配套工程等，都只作为一个建设项目。

基本建设项目可以按不同标准进行分类，常见的有以下几种分类方法。

（一）按性质划分

基本建设项目按其建设性质不同，可划分成基本建设项目和更新改造项目两大类。一个建设项目只有一种性质，在项目按总体设资全部建成之前，其建设性质是始终不变的。

1. 基本建设项目

基本建设项目是投资建设用于进行以扩大生产能力或增加工程效益为主要目的的新建、扩建工程及有关工作。具体包括以下几个方面：

（1）新建项目

指以技术、经济和社会发展为目的，从无到有的建设项目，亦即原来没有，现在新开始建设的项目。有的建设项目并非从无到有，但其原有基础薄弱，经过扩大建设规模，新增加的固定资产价值超过原有固定资产价值的 3 倍以上，也可称为新建项目。

（2）扩建项目

指企业为扩大生产能力或新增效益而增建的生产车间或工程项目，以及事业和行政单位增建业务用房等。

（3）恢复项目

指原有企业、事业和行政单位，因自然灾害或战争，使原有固定资产遭受全部或部分报废，需要进行投资重建来恢复生产能力和业务工作条件、生活福利设施等的建设项目。

（4）迁建项目

指企事业单位由于改变生产布局或环境保护、安全生产以及其他特别需要，迁往外地的建设项目。

2. 更新改造项目

更新改造项目是指建设资金用于对企事业单位原有设施进行技术改造或固定资产更新，以及相应配套的辅助性生产、生活福利等工程和有关工作。更新改造项目包括挖潜工程、节能工程、安全工程、环境工程。更新改造项目应掌握专款专用、少搞土建、不搞外延原则进行。

更新改造项目以提高原有企业劳动生产率、改进产品质量或改变产品方向为目的，而对原有设备或工程进行改造的项目。有的项目是为了提高综合生产能力，增加一些附属或辅助车间和非生产性工程，也属于改建项目。

（二）按用途划分

基本建设项目还可按用途划分为生产性建设项目和非生产性建设项目。

1. 生产性建设项目

生产性建设项目指直接用于物质生产或满足物质生产需要的建设项目，如工业、建筑业、农业、水利、气象、运输、邮电、商业、物资供应、地质资源勘探等建设项目。主要包括以下四个方面：

（1）工业建设，包括工业、国防和能源建设。

（2）农业建设，包括农、林、牧、水利建设。

（3）基础设施，包括交通、邮电、通信建设，地质普查、勘探建设，建筑业建设等。

（4）商业建设，包括商业、饮食、营销、仓储、综合技术服务事业的建设等。

2. 非生产性建设项目

非生产性建设项目指只用于满足人民物质和文化生活需要的建设项目，如在住宅、文教、卫生、科研、公用事业、机关和社会团体等方面的建设项目。

非生产性建设项目包括用于满足人民物质和文化、福利需要的建设和非物质生产部门的建设，主要包括以下几个方面：

（1）办公用房，如各级国家党政机关、社会团体、企业管理机关的办公用房。

（2）居住建筑，住宅、公寓、别墅等。

（3）公共建筑，科学、教育、文化艺术、广播电视、卫生、体育、社会福利事业、公用事业、咨询服务、宗教、金融、保险等建设。

（4）其他建设，不属于上述各类的其他非生产性建设等。

（三）按规模或投资大小划分

基本建设项目按建设规模或投资大小分为大型项目、中型项目和小型项目。国家对工业建设项目和非工业建设项目均规定有划分大、中、小型的标准，各部委对所属专业建设项目也有相应的划分标准，如水利水电建设项目就有对水库、水电站、堤防等划分为大、中、小型的标准。

划分项目等级的原则：

第一，按批准的可行性研究报告（或初步设计）所确定的总设计能力或投资总额的大小，依据国家颁布的《基本建设项目大中小型划分标准》进行分类。

第二，凡生产单一产品的项目，一般按产品的设计生产能力划分；生产多种产品的项目，一般按照其主要产品的设计生产能力划分；产品分类较多，不易分清主次，难以按产品的设计能力划分时，可按投资额划分。

第三，对国民经济和社会发展具有特殊意义的某些项目，虽然设计能力或全部投资不够大、中型项目标准，经国家批准已列入大、中型计划或国家重点建设工程的项目，也按大、中型项目管理。

第四，更新改造项目一般只按投资额分为限额以上和限额以下项目，不再按生产能力或其他标准划分。

（四）按隶属关系划分

基本建设项目按隶属关系可分为国务院各部门直属项目、地方投资国家补助项目、地方项目和企事业单位自筹建设项目。1997 年 10 月国务院印发的《水利产业政策》把水利工程建设项目划分为中央项目和地方项目两大类。

（五）按建设阶段划分

基本建设项目按建设阶段可分为预备项目、筹建项目、施工项目、建成投产项目、收尾项目和竣工项目等。

第一，预备项目（或探讨项目），是指按照中长期投资计划拟建而又未立项的建设项目，只作为初步可行性研究或提出设想方案以供参考，不进行建设的实际准备工作。

第二，筹建项目（或前期工作项目），是指经批准立项，正在进行前期准备工作而尚未开始施工的项目。

第三，施工项目，是指本年度计划内进行建筑或安装施工活动的项目，包括新开工项目和续建项目。

第四，建成投产项目，是指年内按设计文件规定建成主体工程和相应配套辅助设施，形成生产能力或发挥工程效益，经验收合格并正式投入生产或交付使用的建设项目，包括全部投产项目、部分投产项目和建成投产单项工程。

第五，收尾项目，是指以前年度已经全建成投产，但尚有少量不影响正常生产使用的辅助工程或非生产性工程，在本年度继续施工的项目。

第六，竣工项目，是指已经全部建成，工程施工结束并通过验收的项目。

国家根据不同时期国民经济发展的目标、结构调整任务和其他一些需要，对以上各类建设项目指定不同的调控和管理政策、法规、办法。因此，系统地了解上述建设项目各种分类对建设项目的管理具有重要意义。

第三节　基本建设程序

我国基本建设程序最初是 1952 年政务院正式颁布的，基本上是苏联管理模式和方法的翻版。随着各项建设事业的不断发展，尤其是近十多年管理体制的一系列改革，基本建设程序也在不断变化、逐步完善和科学化。

基建程序中的工作环节，多具有环环相扣、紧密相连的性质。其中任意一个中间环节的开展，至少要以一个先行环节为条件，即只有当它的先行环节已经结束或已进展到相当程度时，才有可能转入这个环节。基建程序中的各个环节，往往涉及好几个工作单位，需要各个单位的协调和配合，否则，稍有脱节，就会带来牵动全局的影响。基建程序是在工程建设实践中逐步形成的，它与基本建设管理体制密切相关。

《水利工程建设项目管理规定（试行）》规定："水利是国民经济的基础设施和基础产业。水利工程建设要求严格按建设程序进行。水利工程建设程序一般分为：项目建设书、可行性研究报告、初步设计、施工准备（包括招标设计）、建设实施、生产准备、竣工验收、后评价等阶段。"

根据《水利基本建设投资计划管理暂行办法》，水利基本建设项目的实施，必须首先通过基本建设程序立项。水利基本建设项目的立项报告要根据党和国家的方针政策、已批准的江河流域综合治理规划、专业规划和水利发展中长期规划，由水行政主管部门提出，通过基本建设程序申请立项。

一、水利工程建设项目的分类

根据《水利基本建设投资计划管理暂行办法》的规定，水利基本建设项目的类型按以下标准进行划分。

第一，水利基本建设项目按其功能和作用分为公益性、准公益性和经营性。

①公益性项目是指具有防洪、排涝、抗旱和水资源管理等社会公益性管理和服务功能，自身无法得到相应经济回报的水利项目，如堤防工程、河道整治工程、蓄滞洪区安全建设工程、除涝、水土保持、生态建设、水资源保护、贫苦地区人畜饮水、防汛通信、水文设施等。

②准公益性项目是指既有社会效益又有经济效益的水利项目，其中大部分是以社会效益为主，如综合利用的水利枢纽（水库）工程、大型灌区节水：改造工程等。

③经营性项目是指以经济效益为主的水利项目，如城市供水、水力发电、水库养殖、水上旅游及水利综合经营等。

第二，水利基本建设项目按其对社会和国民经济发展的影响分为中央水利基本建设项目（简称中央项目）和地方水利基本建设项目（简称地方项目）。

①中央项目是指对国民经济全局、社会稳定和生态环境有重大影响的防洪、水资源配置、水土保持、生态建设、水资源保护等项目，或中央认为负有直接建设责任的项目。

②地方项目是指局部受益的防洪除涝、城市防洪、灌溉排水、河道整治、供水、水土保持、水资源保护、中小型水电站建设等项目。

第三，水利基本建设项目根据其建设规模和投资额分为大中型和小型项目。

大中型水利基本建设项目是指满足下列条件之一的项目：

①堤防工程：一、二级堤防。

②水库工程：总库容 1 000 万 m^3 以上。

③水电工程：电站总装机容量 5 万 kW 以上。

④灌溉工程：灌溉面积 30 万亩以上。

⑤供水工程：日供水 10 万 t 以上。

⑥总投资在国家规定的限额以上的项目。

二、管理体制及职责

我国目前的基本建设管理体制大体是：对于大中型工程项目，国家通过计划部门及各部委主管基本建设的司（局），控制基本建设项目的投资方向；国家通过建设银行管理基本建设投资的拨款和贷款；各部委通过工程项目的建设单位，统筹管理工程的勘测、设计、科研、施工、设备材料订货、验收以及筹备生产运行管理等各项工作；参与基本建设活动的勘测、设计、施工、科研和设备材料生产等单位，按合同协议与建设单位建立联系或相互之间建立联系。

《中华人民共和国水法》对我国水资源管理体制做出了明确规定：“国家对水资源实行流域管理与行政区域管理相结合的管理体制。国务院水行政主管部门负责全国水资源的统一管理和监督工作。国务院水行政主管部门在国家确定的重要江河、湖泊设立的流域管理机构，在所管辖的范围内行使法律、行政法规规定的和国务院水行政主管部门授予的水资源管理和监督职责。县级以上地方人民政府水行政主管部门按照规定的权限，负责本行政区域内水资源的统一管理和监督工作。国务院有关部门按照职责分工，负责水资源开发、利用、节约和保护的有关工作。县级以上地方人民政府有关部门按照职责分工，负责本行政区域内水资源开发、利用、节约和保护的有关工作。”

《水利工程建设项目管理规定（试行）》进一步明确：水利工程建设项目管理实行统一管理、分级管理和目标管理，逐步建立水利部、流域机构和地方水行政主管部门以及建设项目法人分级、分层次管理的管理体系。水利工程建设项目管理要严格按建设程序进行，实行全过程的管理、监督、服务。水利工程建设要推行项目法人责任制，招标投标制和建设监理制，积极推行项目管理。水利部是国务院水行政主管部门，对全国水利工程建设实行宏观管理，水利部建管司是水利部主管水利建设的综合管理部门，在水利工程建设项目管理方面，其主要管理职责有以下几个方面：

第一，贯彻执行国家的方针政策，研究制定水利工程建设的政策法规，并组织实施。

第二，对全国水利工程建设项目进行行业管理。

第三，组织和协调部属重点水利工程的建设。

第四，积极推行水利建设管理体制的改革，培育和完善水利建设市场。

第五，指导或参与省属重点大中型工程、中央参与投资的地方大中型工程建设的项目管理。

流域机构是水利部的派出机构，对其所在流域行使水行政主管部门的职责，负责本流域水利工程建设的行业管理。

省（自治区、直辖市）水利（水电）厅（局）是本地区的水行政主管部门，负责本地区水利工程建设的行业管理。

水利工程项目法人对建设项目的立项、筹资、建设、生产经营、还本付息以及资产保值增值的全过程负责，并承担投资风险。代表项目法人对建设项目进行管理的建设单位是项目建设的直接组织者和实施者，负责按项目的建设规模、投资总额、建设工期、工程质量实行项目建设的全过程管理，对国家或投资各方负责。

三、各阶段的工作要求

根据《水利工程建设项目管理规定（试行）》和《水利基本建设投资计划管理暂行办法》的规定，水利工程建设程序中各阶段的工作要求如下。

1. 项目建议书阶段

第一，项目建议书应根据国民经济和社会发展规划、流域综合规划、区域综合规划、专业规划，按照国家产业政策和国家有关投资建设方针进行编制，是对拟进行建设项目提出的初步说明。

第二，项目建议书应按照《水利水电工程项目建议书编制暂行规定》（水利部水规计〔1996〕608号）编制。

第三，项目建议书的编制一般委托有相应资格的工程咨询或设计，单位承担。

2. 可行性研究报告阶段

第一，根据批准的项目建议书，可行性研究报告应对项目进行方案比较，对技术上是否可行和经济上是否合理进行充分的科学分析和论证。经过批准的可行性研究报告，是项目决策和进行初步设计的依据。

第二，可行性研究报告应按照《水利水电工程可行性研究报告编制规程》编制。

第三，可行性研究报告的编制一般委托有相应资格的工程咨询或设计单位承担。可行性研究报告经批准后，不得随意修改或变更，在主要内容上有重要变动时，应经过原批准机关复审同意。

3. 初步设计阶段

第一，初步设计是根据批准的可行性研究报告和必要而准确的勘察设计资料，对设计对象进行通盘研究，进一步阐明拟建工程在技术上的可行性和经济上的合理性，确定项目的各项基本技术参数，编制项目的总概算。其中概算静态总投资原则上不得突破已批准的可行性研究报告估算的静态总投资。由于工程项目基本条件发生变化，引起工程规模、工程标，准、设计方案、工程量的改变，其概算静态总投资超过可行性研究报告相应估算的静态总投资在 15% 以下时，要对工程变化内容和增加投资提出专题分析报告；超过 15% 以上（含 15%）时，必须重新编制可行性研究报告并按原程序报批。

第二，初步设计报告应按照《水利水电工程初步设计报告编制规程》编制。

初步设计报告经批准后，主要内容不得随意修改或变更，并作为项目建设实施的技术文件基础。在工程项目建设标准和概算投资范围内，依据批准的初步设计原则，一般非重大设计变更、生产性子项目之间的调整由主管部门批准。在主要内容上有重要变动或修改（包括工程项目设计变更、子项目调整、建设标准调整、概算调整）等，应按程序上报原批准机关复审同意。

第三，初步设计任务应选择有项目相应资格的设计单位承担。

4. 施工准备阶段（包括招标设计）

施工准备阶段是指建设项目的主体工程开工前，必须完成的各项准备工作。其中招标设计是指为施工以及设备材料招标而进行的设计工作。

5. 建设实施阶段

建设实施阶段是指主体工程的建设实施，项目法人按照批准的建设文件，组织工程建设，保证项目建设目标的实现。

6. 生产准备（运行准备）阶段

生产准备（运行准备）指在工程建设项目投入运行前所进行的准备工作，完成生产准备（运行准备）是工程由建设转入生产（运行）的必要条件。项目法人应按照建管结合和项目法人责任制的要求，适时做好有关生产准备（运行准备）工作。生产准备（运行准备）应根据不同类型的工程要求确定，一般包括以下几方面的主要工作内容：

第一，生产（运行）组织准备。建立生产（运行）经营的管理机构及相应管理制度。

第二，招收和培训人员。按照生产（运行）的要求，配套生产（运行）管理人员，并通过多种形式的培训，提高人员的素质，使之能满足生产（运行）要求。生产（运行）管理人员要尽早介入工程的施工建设，参加设备的安装调试工作，熟悉有关情况，掌握生产（运行）技术，为顺利衔接基本建设和生产（运行）阶段做好准备。

第三，生产（运行）技术准备。主要包括技术资料的汇总、生产（运行）技术方案的制定、岗位操作规程制定和新技术准备。

第四，生产（运行）物资准备。主要是落实生产（运行）所需的材料、工器具、备品备件和其他协作配合条件的准备。

第五，正常的生活福利设施准备。

7. **竣工验收**

竣工验收是工程完成建设目标的标志，是全面考核建设成果、检验设计和工程质量的重要步骤。竣工验收合格的工程建设项目即可以从基本建设转入生产（运行）。

竣工验收按照《水利水电建设工程验收规定》进行。

8. **后评价**

第一，工程建设项目竣工验收后，一般经过 1 ~ 2 年生产（运行）后，要进行一次系统的项目后评价，主要内容包括：

影响评价——对项目投入生产（运行）后对各方面的影响进行评价；

经济效益评价——对项目投资、国民经济效益、财务效益、技术进步和规模效益、可行性研究深度等进行评价；

过程评价——对项目的立项、勘察设计、施工、建设管理、生产（运行）等全过程进行评价。

第二，项目后评价一般按三个层次组织实施，即项目法人的自我评价、项目行业的评价和计划部门（或主要投资方）的评价。

第三，项目后评价工作必须遵循客观、公正、科学的原则，做到分析合理、评价公正。

第四节　水利水电工程前期工作

在基建程序中，初步设计和初步设计以前的各项工作，通常称为前期工作。做好基本建设的前期工作，常可收到事半功倍的效果。在前期工作中，深入调查研究，充分占有资料，正确选择建设项目，合理确定建设地点，优选工程布置方案，精心设计、周密安排建设计划，必将减少后续工作的盲目性，使工程施工得以顺利进展。

《水利基本建设投资计划管理暂行办法》规定：“水利基本建设项目的实施，必须首先通过基本建设程序立项。水利基本建设项目的立项报告要根据党和国家的方针政策、已批准的江河流域综合治理规划、专业规划和水利发展中长期规划由水行政主管部门提出，通过基本建设程序申请立项。立项过程主要包括项目建议书和可行性研究报告阶段。”

符合下列情况时，水利基本建设立项过程可适当简化。

第一，在已有的堤防基础上实施的加高加固工程，可直接编写可行性研究报告并申请立项。

第二，病险水库除险加固工程立项工作，在流域机构或省（自治区、直辖市）水行政主管部门出具的三类坝鉴定意见和水利部大坝安全管理机构复核意见的基础上进行。总投资 2 亿元（含 2 亿元）以上或总库容大于 10 亿立方米的病险水库除险加固，必须编制可行性研究报告申请立项；总投资 2 亿元以下的病险水库除险加固，直接编制初步设计报告（水闸除险加固参照执行）。

第三，拟列入国家基本建设投资年度计划的大型灌区改造工程、节水示范工程、水土保持、生态建设工程，可在限额之内（3 000 万元）直接编制应急可行性研究报告并申请立项。

第四，小型省际边界工程，可直接编制可行性研究报告并申请立项。

第五，其他国家计划主管部门认为可以简化水利基本建设立项过程的项目。

一、项目建议书

项目建议书（又称立项申请）是项目建设筹建单位或项目法人，根据国民经济的发展、国家和地方中长期规划、产业政策、生产力布局、国内外市场、所在地的内外部条件，提出的某一个具体项目的建议文件，是对拟建项目提出的框架性的总体设想，对于大中型项目，有的工艺技术复杂、涉及面广、协调量大的项目，还要编制可行性研究报告，作为项目建议书的主要附件之一。

项目建议书阶段主要是对投资机会进行研究，以便形成项目设想，虽然这一阶段的工作比较粗糙，对量化的进度要求不高，但从定性的角度来看则是十分重要的，便于从总体上、宏观上对项目做出选择。

项目建议书的作用通常表现为三个方面：一是选择建设项目的依据，项目建议书批准后即为立项；二是已批准立项的工程可进一步开展可行性研究；三是涉及利用外资的项目，只有在批准立项后方可对外开展工作。

1. 项目建议书的编制

《水利基本建设投资计划管理暂行办法》规定：项目建议书、可行性研究报告和初步设计报告等前期工作技术文件的编制必须由具有相应资质的勘测设计单位承担，条件具备的要按照国家有关规定采取招投标的方式，择优选择设计单位。

项目建议书的编制以党和国家的方针政策、已批准的流域综合规划及专业规划、水利发展中长期规划为依据；可行性研究报告的编制以批准的项目建议书为依据（立项过程简化者除外）；初步设计报告的编制以批准的可行性研究报告为依据（立项过程简化者除外）。项目建议书、可行性研究报告和初步设计报告的编制应执行国家和部门颁布的编制规程规范。

水利基本建设项目的项目建议书、可行性研究报告和初步设计报告由水行政主管部门或项目法人组织编制。

中央项目的项目建议书、可行性研究报告和初步设计报告由水利部（流域机构）或项目法人组织编制；地方项目的项目建议书、可行性研究报告和初步设计报告由地方水行政主管部门或项目法人组织编制，其中省际水事矛盾处理工程的前期工作由流域机构负责组织。

水利水电工程项目建议书应据国民经济和社会发展长远规划、流域综合规划、区域综合规划、专业规划，按照国家产业政策和国家有关投资建设方针进行编制，是对拟进行建设项目的初步说明。水利水电工程项目建议书应按照《水利水电工程项目建议书编制暂行规定》编制，应贯彻国家有关基本建设的方针政策和水利行业及相关行业的法规，并应符合有关技术标准。

2. 项目建议书的内容

项目建议书的内容根据项目的不同而有繁有简，但一般应包括以下几方面：①项目的必要性、理由和依据；②项目的目标；③项目的基本要求：④项目规模与范围的初步设想；⑤项目最终交付物或成果的要求；⑥项目的任务说明；⑦项目的时间与进度要求；⑧项目的条件；⑨项目的投资估算、资金筹措设想；⑩项目的任务和进度安排；⑪项目的经济效益和社会效益初步估算；⑫对投标或申请承担项目任务的要求，以及相应的评价标准；⑬项目合同的类型（使用承包商 / 供应商时）和付款方式。

项目建议书上报具备的必要文件有以下几方面：

第一，水利基本建设项目的外部建设条件涉及其他省、部门等利益时，必须附具有关省和部门意见的书面文件。

第二，水行政主管部门或流域机构签署的规划同意书。

第三，项目建设与运行管理初步方案。

第四，项目建设资金的筹集方案及投资来源意向。

3. 项目建议书审批

项目建议书按要求编制完成后，应根据建设规模分别报送有关部门审批。按现行规定，大中型及限额以上项目的项目建议书先应报送行业归口主管部门，同时抄送国家发展和改革委员会。行业归口主管部门根据国家中长期规划要求，着重从资金来源、建设布局、资源合理利用、经济合理性、技术政策等方面进行初审，通过后报国家发展和改革委员会。国家发展和改革委员会主任建设总规模、生产力总布局、资源优化配置及资金供应可能性、外部协作条件等方面进行综合平衡后审批。凡行业归口主管部门初审未通过的项目，国家发展和改革委员会不予审批。

根据《水利基本建设投资计划管理暂行办法》规定："中央大中型"水利基本建设项目建议书、可行性研究报告上报后，由水利部组织技术审查，其他中央项目建议书、可行性研究报告，由水利部或委托流域机构等单位组织技术审查。

"地方大中型水利基本建设项目建议书、可行性研究报告，由省级计划主管部门报送国家发展和改革委员会，并抄报水利部和流域机构，由水利部或委托流域机构负责组织技术审查。地方其他水利基本建设项目建议书、可行性研究报告完成后由省级水行政主管部门组织技术审查；其中省际边界工程，须由流域机构组织对项目建议书、可行性研究报告的技术审查。”

“中央项目的初步设计由流域机构报送水利部，其中大中型项目由水利部组织技术审查，一般项目由流域机构组织技术审查。地方大中型项目初步设计，由省级水行政主管部门报送水利部，由水利部或委托流域机构组织技术审查。地方其他项目初步设计由省级水行政主管部门组织审查，其中地方省际边界工程的初步设计须报送流域机构组织技术审查。”

项目建议书、可行性研究报告的审批权限为：大中型水利基本建设项目的项目建议书、可行性研究报告，经技术审查后，由水利部提出审查意见，报国家发展和改革委员会审批；其他中央项目的项目建议书、可行性研究报告由水利部或委托流域机构审批；其他地方项目，使用中央补助投资的由省有关部门按基本建设程序审批；涉及省际水事矛盾的地方项目，项目建议书和可行性研究报告应报经流域机构审查、协调后再行审批。

项目建议书、可行性研究报告批准后，未能在3年内按条件报送下一程序文件的，需重新编报项目建议书、可行性研究报告。

二、项目法人

根据水利部《关于贯彻落实〈国务院批转国家计委、财政部、水利部、建设部关于加强公益性水利工程建设管理若干意见的通知〉的实施意见》的规定，组建项目法人。

1. 项目法人组建

项目主管部门应在可行性研究报告批复后，施工准备工程开工前完成项目法人组建。组建项目法人要按项目的管理权限报上级主管部门审批和备案。中央项目由水利部（或流域机构）负责组建项目法人。流域机构负责组建项目法人的报水利部备案。地方项目由县级以上人民政府或其委托的同级水行政主管部门负责组建项目法人，并报上级人民政府或其委托的水行政主管部门审批，其中总投资在2亿元以上的地方大型水利工程项目由项目所在地的省（自治区、直辖市及计划单列市）人民政府或其委托的水行政主管部门负责组建项目法人，任命法定代表人（简称法人代表）。

新建项目一般应按建管一体的原则组建项目法人。除险加固、续建配套、改建扩建等建设项目，原管理单位基本具备项目法人条件的，原则上由原管理单位作为项目法人或以其为基础组建项目法人。

一、二级堤防工程的项目法人可承担多个子项目的建设管理，项目法人的组建应报项目所在流域的流域机构备案。

组建项目法人需上报材料的主要内容有：

第一，项目主管部门名称；

第二，项目法人名称，办公地址；

第三，法人代表姓名、年龄、文化程度、专业技术职称、参加工程建设简历；

第四，技术负责人姓名、年龄、文化程度、专业技术职称、参加工程建设简历；

第五，机构设置、职能及管理人员情况；

第六，主要规章制度。

大中型建设项目的项目法人应具备的基本条件为：

第一，法人代表应为专职人员。法人代表应熟悉有关水利工程建设的方针、政策和法规，有丰富的建设管理经验和较强的组织协调能力。

第二，技术负责人应具有高级专业技术职称，有丰富的技术管理经验和扎实的专业理论知识，负责过中型以上水利工程的建设管理，能独立处理工程建设中的重大技术问题。

第三，人员结构合理，应包括满足工程建设需要的技术、经济、财务、招标、合同管理等方面的管理人员。大型工程项目法人具有高级专业技术职称的人员不少于总人数的10%，具有中级专业技术职称的人员不少于总人数的25%，具有各类专业技术职称的人员一般不少于总人数的50%。中型工程项目法人具有各级专业技术职称的人员比例，可根据工程规模的大小参照执行。

第四，有适应工程需要的组织机构，并建立完善的规章制度。

2. 项目法人的职责

项目法人是项目建设的责任主体，对项目建设的工程质量、工程进度、资金管理和生产安全负总责，并对项目主管部门负责。项目法人在建设阶段的主要职责是：

第一，组织初步设计文件的编制、审核、申报等工作。

第二，按照基本建设程序和批准的建设规模、内容、标准组织工程建设。

第三，根据工程建设需要组建现场管理机构并负责任免其主要行政及技术、财务负责人。

第四，负责办理工程质量监督、工程报建和主体工程开工报告报批手续。

第五，负责与项目所在地地方人民政府及有关部门协调解决好工程建设外部条件。

第六，依法对工程项目的勘察、设计、监理、施工和材料及设备等组织招标，并签订有关合同。

第七，组织编制、审核、上报项目年度建设计划，落实年度工程建设资金，严格按照概算控制工程投资，用好、管好建设资金。

第八，负责监督检查现场管理机构建设管理情况，包括工程投资、工期、质量、生产安全和工程建设责任制情况等。

第九，负责组织制订、上报在建工程度汛计划、相应的安全度汛措施，并对在建工程安全度汛负责。

第十，负责组织编制竣工决算。

第十一，负责按照有关验收规程组织或参与验收工作。

第十二，负责工程档案资料的管理，包括对各参建单位所形成档案资料的收集、整理、归档工作进行监督、检查。

现场建设管理机构是项目法人的派出机构，其职责应根据实际情况由项目法人制定，一般应包括以下主要内容：

第一，协助、配合地方政府征地、拆迁和移民等工作。

第二，组织施工用水、电、通信、道路和场地平整等准备工作及必要的生产、生活临时设施的建设。

第三，编制、上报年度建设计划，负责按批准后的年度建设计划组织实施。

第四，加强施工现场管理，严格禁止转包、违法分包行为。

第五，按照项目法人与参建各方签订的合同进行合同管理。

第六，及时组织研究和处理建设过程中出现的技术、经济和管理问题，按时办理工程结算。

第七，组织编制度汛方案，落实有关安全度汛措施。

第八，负责建设项目范围内的环境保护、劳动卫生和安全生产等管理工作。

第九，按时编制和上报计划、财务、工程建设情况等统计报表。

第十，按规定做好工程验收工作。

第十一，负责现场应归档材料的收集、整理和归档工作。

3. 对项目法人的考核管理

项目主管部门负责对项目法人及其法定代表人和技术、经济负责人的考核管理工作。项目主管部门要根据项目法定代表人、技术负责人和经济负责人等岗位的特点，确定考核内容、考核指标和考核标准，对其实行年度考核和任期考核，重点考核工作业绩，并建立业绩档案。

考核的主要内容包括：

第一，遵守国家颁布的固定资产投资、资金管理与建设管理的法律、法规和规章的情况。

第二，年度建设计划和批准的设计文件的执行情况。

第三，建设工期、工程质量和生产安全情况。

第四，概算控制、资金使用和工程组织管理情况。

第五，生产能力和国有资产形成及投资效益情况。

第六，土地、环境保护和国有资源利用情况。

第七，精神文明建设情况。

第八，信息管理、工程档案资料管理情况。

第九，其他需考核的事项。

4. 建立奖惩制度

根据项目建设的考核情况，项目主管部门可在工程造价、工期和生产安全得到有效控制，工程质量优良的前提下，对为建设项目做出突出成绩的项目法定代表人及有关人员进行奖励，奖金可在工程建设结余中列支；对在项目建设中出现较大工程质量和生产安全事故的项目法定代表人及有关人员进行处罚。

三、项目可行性研究

项目可行性研究是通过对与项目有关的工程、技术、经济等各方面条件和情况的调查、研究、分析，对各种可能的建设方案进行比较论证，并对项目建成后的经济效益进行预测和评价的一种科学分析方法。工程建设项目可行性研究是项目建议书批准后、确定项目是否立项之前，国家对建设项目在技术上是否可行和经济上是否合理进行科学的分析和论证。凡经可行性研究未通过的项目，不得编制向上报送的可行性研究报告和进行下一步工作。我国工程建设项目可行性研究是对项目建议书或提案的进一步全面深入的细化论证，主要内容包括：项目前景与范围、资源与条件、各备选方案及其实施安排、各备选方案的环境保护评价、财务与国民经济评价等。它主要评价项目技术上的先进性和适用性、经济上的盈利性和合理性、建设的可能性和可行性。可行性研究是项目前期工作的重要内容，它从项目建设和生产经营全过程考察分析项目的可行性，目的是回答项目是有必要建设、是否可能建设和如何进行建设的问题，其结论为投资者的最终决策提供直接的依据。可行性研究阶段需要编写可行性研究报告。

根据《水利工程建设程序管理暂行规定》，可行性研究应对项目进行方案比较，对在技术上是否可行和经济上是否合理进行科学的分析和论证。经过批准的可行性研究报告，是项目决策和进行初步设计的依据可行性研究报告由项目法人（或筹备机构）组织编制。

可行性研究报告应按照《水利水电工程可行性研究报告编制规程 HDL）编制。

可行性研究报告按国家现行规定的审批权限报批。申报项目可行性研究报告，必须同时提出项目法人组建方案及运行机制、资金筹措方案、资金结构及回收资金的办法，并要依照有关规定附具有管辖权的水行政主管部门或流域机构签署的规划同意书、对取水许可预申请的书面审查意见。审批部门要委托有项目相应资格的工程咨询机构对可行性研究报告进行评估，并综合行业归口主管部门、投资机构（公司）、项目法人（或项目法人筹备机构）等方面的意见进行审批。

可行性研究报告经批准后，不得随意修改和变更，在主要内容上有重要变动时，应经原批准机关复审同意。项目可行性报告批准后，应正式成立项目法人，并按项目法人责任制实行项目管理。

根据《水利基本建设投资计划管理暂行办法》的规定，可行性研究报告上报应具备的必要文件有：

第一，项目建议书的批准文件；

第二，项目建设资金筹措各方的资金承诺文件；

第三，项目建设及建成投入使用后的管理体制及管理机制落实方案，管理维护经费开支的落实方案；

第四，使用国外投资、中外合资和BOT方式建设的外资项目，必须有与国外金融机构、外商签订的协议和相应的资信证明文件；

第五，其他外部协作协议；

第六，环境影响评价报告书及审批文件；

第七，需要办理取水许可的水利建设项目，要附具对取水许可预申请的书面审查意见以及经审查的建设项目水资源论证报告书。

四、初步设计

设计是对拟建工程的实施在技术上和经济上所进行的全面而详尽的安排，是基本建设计划的具体化，是组织施工的依据。初步设计是根据批准的可行性研究报告和必要而准确的设计资料，对设计对象进行通盘研究，阐明拟建工程在技术上的可行性和经济上的合理性，规定项目的各项基本技术参数，编制项目的总概算。初步设计任务应择优选择有项目相应资格的设计单位承担，依照有关初步设计编制规定进行编制。我国一般工程建设项目要进行两阶段设计，即初步设计和施工图设计。根据建设项目的不同情况，可根据不同行业的特点和需要，增加技术设计阶段。

初步设计报告上报应具备的必要文件有：

第一，可行性研究报告的批准文件；

第二，资金筹措文件；

第三，项目建设及建成投入使用后的管理机构批复文件和管理维护经费承诺文件。

根据《水利基本建设投资计划管理暂行办法》的规定，中央项目的初步设计由流域机构报送水利部，其中大中型项目由水利部组织技术审查，一般项目由流域机构组织技术审查。地方大中型项目初步设计，由省级水行政主管部门报送水利部，由水利部或委托流域机构组织技术审查。地方其他项目初步设计由省级水行政主管部门组织审查，其中地方省际边界工程的初步设计须报送流域机构组织技术审查。

项目初步设计审批权限，以下项目的初步设计由水利部或流域机构审批：

第一，中央项目；

第二，地方大中型堤防工程、水库枢纽工程、水电工程以及其他技术复杂的项目；

第三，中央在立项阶段决定参与投资的地方项目；

第四，全国重点或总投资2亿元以上的病险水库（闸）除险加固工程；

第五，省际边界工程。

第五节　水利水电工程施工准备

一、施工准备工作的任务和意义

水利水电工程施工是一个复杂的组织和实施过程。开工之前，必须认真做好施工准备工作，以提高水利水电工程施工的计划性、预见性和科学性，从而保证工程质量、加快施工进度、降低工程成本，保证施工能够顺利进行。施工准备工作是为了保证工程顺利开工和施工活动正常进行而必须事先做好的各项准备工作。它是基本建设程序中的重要环节，不仅存在于开工之前，而且贯穿在整个施工过程之中。为了保证工程项目顺利地进行，必须做好施工准备工作。施工准备工作之所以重要是因为水利水电工程施工是一项非常复杂的生产活动，需要处理复杂的技术问题，耗用大量的物资，使用众多的人力，动用许多机械设备，涉及的范围广。

1. 施工准备工作的任务

第一，办理各种施工文件的申报与批准手续，以取得施工的法律依据；

第二，通过调查研究，掌握工程的特点和关键环节；

第三，组织人力调查各种施工条件；

第四，从计划、技术、物资、劳动力、设备、组织、场地等方面为施工创造必备的条件，以保证工程顺利开工和连续施工；

第五，预测可能发生的变化，提出应变措施，做好应变准备。

2. 做好施工准备工作的意义

第一，遵循水利水电工程基本建设程序。施工准备是水利水电工程基本建设程序的一个重要阶段。现代水利工程施工是十分复杂的生产活动，其自身的技术规律和社会主义市场经济规律要求水利工程施工必须严格水利水电工程基本建设程序进行。只有认真做好施工准备工作，才能取得良好的建设效果。

第二，降低施工风险。就工程项目施工的特点而言，其生产受外界干扰及自然因素的影响较大，因而施工中可能遇到的风险较多，只有充分做好施工准备工作，采取预防措施，加强应变能力，才能有效地降低风险损失。

第三，为工程开工和顺利施工创造条件。工程项目施工中不仅需要耗用大量材料，使用许多机械设备，组织安排各工种人力，涉及广泛的社会关系，还要处理各种复杂的技术问题，协调各种配合关系，因而需要通过统筹安排和周密准备，才能使工程顺利开工，开工后才能连续顺利地施工且能得到各方面条件的保证。

第四，提高企业经济效益。认真做好工程项目施工准备工作，能调动各方面的积极因素，合理组织资源，加快施工进度，提高工程质量，降低工程成本，从而提高企业经济效益和社会效益。

实践证明，施工准备工作的好与坏，直接影响建筑产品生产的全过程。凡是重视和做好施工准备工作，积极为工程项目创造一切有利施工条件的，该工程就能顺利开工，取得施工的主动权；反之，如果违背基本建设程序，忽视施工准备工作的，或工程仓促开工的，必然会在工程施工中受到各种矛盾的制约，处处被动，以致造成重大经济损失。

二、施工准备工作的内容和要求

1. 施工准备工作的内容

施工准备工作的内容可归纳为以下几个方面：

第一，调查研究与收集资料；

第二，技术经济资料准备；

第三，施工现场准备；

第四，施工物资准备；

第五，施工人员准备；

第六，季节施工准备。

每项工程施工准备工作的内容，根据该工程本身及其设备的条件而异。有的比较简单，有的却十分复杂。例如，只有一个单项工程的施工项目和包含多个单项工程的群体项目，一般小型项目和规模庞大的大、中型项目，新建项目和改扩建项目等，都因工程的特殊需要和特殊条件而对施工准备工作提出了各种不同的具体要求。只有按照施工项目的规划来确定准备工作的内容，并拟订具体的、分阶段的施工准备工作实施计划，才能充分地为施工创造一切必要的条件。

2. 施工准备工作的要求

做好施工准备，工作应注意以下几点：

第一，编制施工准备工作计划。做好作业条件的施工准备工作，要编制详细的计划，列出施工准备工作内容、要求完成的时间、负责人（单位）等。作业条件的施工准备工作计划应当在施工组织设计中予以安排，作为施工组织设计的基本内容之一，同时应注重施工过程中的安排。

第二，建立严格的施工准备工作责任制。由于施工准备工作项目多、范围广，因此必须要有严格的责任制，按计划将责任落实到有关部门甚至个人，同时明确各级技术负责人在施工准备工作中所负的责任。各级技术负责人应是各阶段施工准备工作的负责人，负责审查施工准备工作计划和施工组织计划，督促检查各项施工准备工作的实施，及时总结经验教训。在施工准备阶段，也要实行单位工程技术负责制，将建设、设计、施工三方组织在一起，并组织土建、专业协作配合单位，共同完成施工准备工作。

第三，水利水电工程施工准备工作检查制度。施工准备工作不仅要有计划、有分工，而且要有布置、有检查。检查的目的在于督促、发现薄弱环节，不断改进工作。要做好日常检查工作，而且在检查施工计划的完成情况时，应同时检查施工准备工作的完成情况。

第四，坚持按基本建设程序办事，严格执行开工报告制度。只有在做好开工前的各项施工准备工作后才能提出开工报告，经申报上级批准后方能开工。

第五，施工准备工作不仅要在开工前进行，而且要贯穿在整个施工过程中。随着工程施工的不断进展，在各分部分项工程施工开始之前，都要不断地做好准备工作，为各分部分项工程施工的顺利进行创造必要的条件。

第六，施工准备工作应取得建设单位、设计单位及有关协作单位的大力支持，要统一步调、分工协作，共同做好施工准备工作。

三、我国对施工准备工作的管理规定

1. 资质管理

《中华人民共和国建筑法》要求：从事建筑活动的水利水电工程施工企业、勘察单位、设计单位和工程监理单位，应当具备下列条件：

第一，有符合国家规定的注册资本；

第二，有与其从事的建筑活动相适应的，具有法定执业资格的专业技术人员；

第三，有从事相关建筑活动所应有的技术装备；

第四，法律、行政法规规定的其他条件。

从事建筑活动的水利水电工程施工企业、勘察单位、设计单位和工程监理单位，按照其拥有的注册资本、专业技术人员、技术装备和已完成的建筑工程业绩等资质条件，划分为不同的资质等级，经资质审查合格，取得相应等级的资质证书后，方可在其资质等级许可的范围内从事建筑活动。

从事建筑活动的专业技术人员，应当依法取得相应的执业资格证书，并在执业资格证书许可的范围内从事建筑活动。

2. 施工许可证

《中华人民共和国建筑法》要求：建筑工程开工前，建设单位应当按照国家有关规定向工程所在地县级以上人民政府建设行政主管部门申请领取施工许可证；但是，国务院建设行政主管部门确定的限额以下的小型工程除外。按照国务院规定的权限和程序批准开工报告的建筑工程，不再领取施工许可证。

申请领取施工许可证，应当具备下列条件：

第一，已经办理该建筑工程用地批准手续；

第二，在城市规划区的建筑工程，已经取得规划许可证；

第三，需要拆迁的，其拆迁进度符合施工要求；

第四，已经确定水利水电工程施工企业；

第五，有满足施工需要的施工图纸及技术资料；

第六，有保证工程质量和安全的具体措施；

第七，建设资金已经落实；

第八，法律、行政法规规定的其他条件。

建设行政主管部门应当自收到申请之日起十五日内，对符合条件的申请颁发施工许可证。

建设单位应当自领取施工许可证之日起三个月内开工。因故不能按期开工的，应当向发证机关申请延期；延期以两次为限，每次不超过三个月。既不开工又不申请延期或者超过延期时限的，施工许可证自行废止。

在建的建筑工程因故中止施工的，建设单位应当自中止施工之日起一个月内，向发证机关报告，并按照规定做好建筑工程的维护管理工作。建筑工程恢复施工时，应当向发证机关报告；中止施工满一年的工程恢复施工前，建设单位应当报发证机关核验施工许可证。

按照国务院有关规定批准开工报告的建筑工程，因故不能按期开工或者中止施工的，应当及时向批准机关报告情况。因故不能按期开工超过六个月的，应当重新办理开工报告的批准手续。

3. **施工准备**

第一，施工准备工作内容。

根据《水利工程建设程序管理暂行规定》的规定，建设项目在主体工程开工之前，必须完成各项施工准备工作，其主要工作内容包括以下几个方面：

①施工现场的征地、拆迁；

②完成施工用水、电、通信、路和场地平整（简称“四通一平”）等工程；

③必需的生产、生活临时建筑工程；

④组织招标设计、咨询、设备和物资采购等服务；

⑤组织建设监理和主体工程招标投标，选定建设监理单位和施工承包队伍。

《水利工程建设项目管理规定（试行）》中“管理体制及职责”部分规定：水利部是国务院水行政主管部门，对全国水利工程建设实行宏观管理；流域机构（长江水利委员会、黄河水利委员会、淮河水利委员会、珠江水利委员会、海河水利委员会、松辽河水利委员会和太湖流域管理局）是水利部的派出机构，对其所在的流域行使水行政主管部门的职责，负责本流域水利工程建设的行业管理；省（自治区、直辖市）水利（水电）厅（局）是本地区的水行政主管部门，负责本地区水利工程建设的行业管理。

第二，施工招标。

工程建设项目施工，除某些不适应招标的特殊工程项目外（须经水行政主管部门批准），均须实行招标投标。水利工程建设项目的招标投标，按《水利工程建设项目招标投标管理规定》（水利部令第14号）执行。

第三，施工准备的条件。

水利工程项目必须满足如下条件，施工准备方可进行：

①初步设计已经批准；

②项目法人已经建立；

③项目已列入国家或地方水利建设投资计划，筹资方案已经确定；

④有关土地使用权已经批准。

第四，主体工程开工条件。

根据《水利工程项目管理规定（试行）》（水利部水建〔1995〕128号），主体工程开工，必须具备以下条件：

①前期工程各阶段文件已按规定批准，施工详图设计可以满足初期主体工程施工需要；

②建设项目已列入国家年度计划，年度建设资金已落实；

③主体工程招标已经决标，工程承包合同已经签订，并得到主管部门同意；

④现场施工准备和征地移民等建设外部条件能够满足主体工程开工需要；

⑤需进行开工前审计工程的有关审计文件。

第六节　水利工程项目管理“三项制度”

《水利工程建设项目管理规定（试行）》明确规定，水利工程项目建设实行项目法人责任制、招标投标制和建设监理制。简称“三项制度”。

一、项目法人责任制

项目法人责任制是为了建立建设项目的投资约束机制，规范项目法人的有关建设行为，明确项目法人的责、权、利，提高建设项目投资效益，保证工程建设质量和建设工期而实行的管理制度。实行项目法人责任制，对于生产经营性水利工程建设项目，由项目法人对项目的策划、资金筹措、建设实施、生产经营、债务偿还和资产的保值增值实行全过程负责。

实行项目法人责任制是我国建设管理体制的改革方向。从目前来看，有关建设项目法人责任制的实施工作需要进一步积极探索。

1. **法人**

法人是具有权利能力和行为能力，依法独立享有民事权利和承担民事义务的组织。法人是由法律创设的民事主体，是与自然人相对应的概念。

《中华人民共和国民法通则》规定，法人应当具备以下条件：依法成立；有必要的财产或经费；有自己的名称、组织机构和场所；能够独立承担民事责任。

我国的法人包括企业法人，机关、事业单位和社会团体法人。

第一，企业法人。

企业法人是指从事生产、流通、科技等活动，以获取盈利和增加、积累、创造社会财富为目的的盈利性社会经济组织，是国民经济的基本单位。企业法人必须经过核准登记，才能取得法人资格。

第二，机关法人。

机关法人是依法行使国家行政权力，并因行使职权的需要而享有相应的权利能力和行为能力的国家机关。国家机关只有在参加民事活动时才是法人，是民事主体。在进行其他活动时不是法人，而是行政主体。有独立经费的机关从成立之日起，具有法人资格。

第三，事业单位法人。

事业单位法人是从事非盈利性的各项社会公益事业的各类法人，包括从事文化、教育、卫生、体育、新闻出版等公益事业的单位。这些法人不以盈利为目的，一般不参加生产和经营活动。虽然有时也取得一定收益，但属于辅助性质。事业法人的成立，一般不用进行法人登记，从成立之日起，具有法人资格；有时需要办理法人登记，经核准登记，才取得法人资格。

第四，社会团体法人。

社会团体法人是由自然人或法人自愿组成，从事社会公益事业、学术研究、文学艺术活动、宗教活动等的法人，如中国法学会、中国水利学会等。社会团体法人一般要通过核准登记成立，发起人在取得国家有关机关的批准后进行筹建，向民政机关登记后取得法人资格。

2. **项目法人**

我国建设项目管理体制中，项目法人的概念是从 1994 年才提出的。在此之前，多数提法是项目业主。从国家政府部门文件来看，水利部按照社会主义市场经济的要求，从基本建设管理体制的大局出发，率先提出在水利工程建设项目中实行项目法人责任制，并以水利部水建印发《水利工程建设项目实行项目法人责任制的若干意见》。该文件对项目法人规定如下：

①投资各方在酝酿建设项目的同时，即可组建并确立项目法人，做到先有法人，后有项目。

②国有单一投资主体投资建设的项目，应设立国有独资公司；两个及两个以上投资主

体合资建设的项目，要组建规范的有限责任公司或股份有限公司。具体办法按《中华人民共和国公司法》、国家体改委颁发的《有限责任公司规范意见》《股份有限公司规范意见》和国家发改委颁发的《关于建设项目实行业主责任制的暂行规定》等有关规定执行，以明晰产权，分清责任，行使权力。

③独资公司、有限责任公司、股份有限公司或其他项目建设组织即为项目法人。

国家计划委员会以计建设：

发布了《关于实行建设项目法人责任制的暂行规定》，对项目法人和项目法人的设立和组织形式做了如下规定：

①由原有企业负责建设的基建大、中型项目，需新设立子公司的，要重新设立项目法人，并按上述规定的程序办理；只设分公司或分厂的，原企业法人即是项目法人。对这类项目，原企业法人应向分公司或分厂派遣专职管理人员，并实行专项考核。

②项目法人的设定，新上项目在项目建议书被批准后，应及时组建项目法人筹备组，具体负责项目法人的筹建工作。项目法人筹备组应主要由项目的投资方派代表组成。

有关单位在申报项目可行性报告时，须同时提出项目法人的组建方案。否则，其项目可行性研究报告不予审批。

项目可行性研究报告经批准后，正式成立项目法人，并按有关规定确保资本金按时到位，同时及时办理公司设立登记。

国家重点建设项目的公司章程须报国家发改委备案。其他项目的公司章程按项目隶属关系分别报有关部门、地方发改委备案。

项目法人组织要精干。建设管理工作要充分发挥咨询、监理、会计师和律师事务所等各类社会中介组织的作用。

3. 项目法人组织形式

国有独资公司设立董事会。董事会由投资方负责组建。国有控股或参股的有限责任公司及股份有限公司设立股东会、董事会和监事会。董事会、监事会由各投资方按照《公司法》的有关规定进行组建。

4. 项目法人责任制及项目法人职责

项目法人责任制的前身是项目业主责任制。项目业主责任制是西方国家普遍实行的一种项目组织管理方式。在我国建立项目法人责任制，就是按照市场经济的原则，转换项目建设与经营机制，改善项目管理，提高投资效益，从而在投资建设领域建立有效的微观运行机制的一项重要改革措施。项目法人责任制的核心内容明确了由项目法人承担投资风险，明确了项目法人不但负责建设而且负责建成以后的生产经营和归还贷款本息。项目法人要对项目的建设与投产后的生产经营实行一条龙管理，全面负责。我国实行项目法人责任制，由项目法人对项目的策划、资金筹措、建设实施、生产经营、债务偿还和资产的保值增值实行全过程负责。

实行项目法人责任制，是建立社会主义市场经济的需要，是转换建设项目投资经营机制、提高投资效益的一项重要改革措施，体现了项目法人和建设项目之间的责、权、利，是新形势下进行项目管理的一种行之有效的手段。

建立项目法人责任制意义重大。在建立社会主义市场经济体制的过程中，要更加重视和发挥市场在优化资源配置上的作用。投资建设领域要实现这一改革目标，除了要积极培育和建立建设资金市场、建设物资市场和建筑市场等以外，重要的一点就是要实行政企分开，把投资的所有权与经营权分离，由项目法人从建设项目的筹划、筹资、设计、建设实施直到生产经营、归还贷款本息以及国有资产的保值增值实行全过程负责，承担投资风险，从而真正建立起一种各类投资主体自求发展、自觉协调、自我约束、讲求效益的微观运行机制。因此，推行项目法人责任制，不仅是一种新的项目组织管理形式，而且是社会主义市场经济体制在投资建设领域实际运行的重要基础。

实行项目法人责任制，一是明确了由项目法人承担投资风险，因而强化了项目法人及投资方和经营方的自我约束机制，对控制工程概算、工程质量和建设进度可起到积极的作用；二是项目法人不但负责建设而且负责建成以后的经营和还款，对项目的建设与投产后的生产经营实行一条龙管理，全面负责。这样可把建设的责任和生产经营的责任密切结合起来，从而较好地克服了基建管花钱、生产管还款，建设与生产经营相互脱节的弊端；三是可以促进招标工作、建设监理工作等其他基本建设管理制度的健康发展，提高投资效益。随着以“产权清晰、权责明确、政企分开、管理科学”为特征的现代企业制度在工程建设领域的应用，项目业主责任制同现代企业制度相结合，发展成为项目法人责任制。

水利部发布的《水利工程建设项目实行项目法人责任制的若干意见》规定：“根据水利行业特点和建设项目不同的社会效益、经济效益和市场需求等情况，将建设项目划分为生产经营性、有偿服务性和公益性三类项目。今后新开工的生产经营性项目原则上都要实行项目法人责任制；其他类型的项目应积极创造条件，实行项目法人责任制。”

第一，项目法人的管理职责。

项目法人的主要管理职责是：对项目的立项、筹资：建设和生产经营、还本付息以及资产保值的全过程负责，并承担投资风险，具体包括八点：

①负责筹集建设资金，落实所需外部配套条件，做好各项前期工作。

②按照国家有关规定，审查或审定工程设计、概算、集资计划和用款计划。

③负责组织工程设计、监理、设备采购和施工招标的工作，审定招标方案。要对投标单位的资质进行全面审查，综合评选，择优选择中标单位。

④审定项目年度投资和建设计划；审定项目财务预算、决算；按合同规定审定归还贷款和其他债务的数额；审定利润分配方案。

⑤按国家有关规定，审定项目（法人）机构编制、劳动用工及职工工资福利方案等，自主决定人事聘任。

⑥建立建设情况报告制度，定期向水利建设主管部门报送项目建设情况。

⑦项目投产前，要组织运行管理班子，培训管理人员，做好各项生产准备工作。

⑧项目按批准的设计文件内容建成后，要及时组织验收和办理竣工决算。

第二，董事会的职权。

根据国家发改委《关于实行建设项目法人责任制的暂行规定》的规定，所组建的建设项目董事会的职权有以下几方面：

①负责筹措建设资金。

②审核、上报项目初步设计和概算文件。

③审核、上报年度投资计划并落实年度资金。

④提出项目开工报告。

⑤研究解决建设过程中出现的重大问题。

⑥负责提出项目竣工验收申请报告。

⑦审定偿还债务计划和生产经营方针，并负责按时偿还债务。

⑧聘任或解聘项目总经理，并根据总经理的提名，聘任或解聘其他高级管理人员。建设项目的董事会依照《公司法》的规定行使职权。

第三，项目总经理的职权。

根据建设项目的特点聘任项目总经理，项目总经理具体行使以下职权：

①组织编制项目初步设计文件，对项目工艺流程、设备选型、建设标准、总图布置提出意见，提交董事会审查。

②组织工程设计、施工监理、施工队伍和设备材料采购的招标工作，编制和确定招标方案、标底和评标标准，评选和确定中标单位。实行国际招标的项目，按现行规定办理。

③编制并组织实施项目年度投资计划、用款计划、建设进度计划。

④编制项目财务预、决算。

⑤编制并组织实施归还贷款和其他债务计划。

⑥组织工程建设实施，负责控制工程投资、工期和质量。

⑦在项目建设过程中，在批准的概算范围内对单项工程的设计进行局部调整（凡引起生产性质、能力、产品品种和标准变化的设计调整以及概算调整，需经董事会决定并报原审批单位批准）。

⑧根据董事会授权处理项目实施中的重大紧急事件，并及时向董事会报告。

⑨负责生产准备工作和培训有关人员。

⑩负责组织项目试生产和单项工程预验收。

⑪拟订生产经营计划、企业内部机构设置、劳动定员定额方案及工资福利方案。

⑫组织项目后评价，提出项目后评价报告。

⑬按时向有关部门报送项目建设、生产信息和统计资料。

⑭提请董事会聘任或解聘项目高级管理人员。

目前，水利部已将适时加快实行项目法人责任制进程、巩固和发展建设监理制度、完善和发展招标投标制度，作为下一步水利建设管理体制改革的重点内容之一，即进一步深化“三项制度”的改革。

实行项目法人责任制后，项目法人与项目建设各方的关系是一种新型的适应社会主义市场经济机制运行的关系。在项目管理上要形成以项目法人为主体，项目法人向国家和投资各方负责，咨询、设计、监理、施工、物资供应等单位通过招标投标和履行经济合同为项目法人提供建设服务的建设管理新模式。政府部门要依法对项目进行监督、协调和管理，并为项目建设和生产经营创造良好的外部环境；帮助项目法人协调解决征地拆迁、移民安置和社会治安问题。

建设单位不等同于项目法人，建设单位只是代表项目法人对工程建设进行管理的机构。

二、招标投标制

招标投标制是指通过招标投标的方式，选择水利工程建设的勘察设计、施工、监理、材料设备供应等单位。

在旧的计划经济体制下，我国建设项目管理体制是按投资计划采用行政手段分配建设任务，形成工程建设各方一起“吃大锅饭”的局面。建设单位不能自主选择设计、施工和材料设备供应单位，设计、施工和设备材料供应单位靠行政手段获取建设任务，从而严重影响了我国建筑业的发展和建设投资的经济效益。

招标投标制是市场经济体制下建筑市场买卖双方的一种主要竞争性交易方式，是由建筑生产特有的规律所决定的。我国推行工程建设招标投标制，是为了适应社会主义市场经济的需要，促使建筑市场各主体之间进行公平交易、平等竞争，以提高我国水利水电项目建设的管理水平，促进我国水利水电建设事业的发展。

三、建设监理制

建设监理制是指水利工程建设项目必须实施建设监理。水利工程建设监理是指建设监理单位受项目法人的委托，依据国家有关工程建设的法律、法规和批准的项目建设文件、工程建设合同以及工程建设监理合同，对工程建设实行的管理。水利工程建设监理的主要内容是进行工程建设合同管理，按照合同控制工程建设的投资、工期和质量，并协调有关各方的工作关系。

1. 概述

工程项目管理和监理制度在西方国家已有较长的发展历史，并日趋成熟与完善。随着国际工程承包业的发展，国际咨询工程师联合会（FIDIC）制订的《土木工程施工合同条件》已被国际承包市场普遍认可和广泛采用。该合同条件在总结国际土木工程建设经验的基础上，科学地将工程技术、管理、经济、法律结合起来，突出施工监理工程师负责制，详细地规定了项目法人、监理工程师和承包商三方的权利、义务和责任，对建设监理的规范化和国际化起了重要的作用。无疑，充分研究国际通行的做法，并结合我国的实际情况加以利用，建立我国的建设监理制度，是当前发展我国建设事业的需要，也是我国建筑行业与国际市场接轨的需要。

2. 建设监理管理组织机构及职责

第一，水利部。

水利部主管全国水利工程建设监理工作，其办事机构为建管司。主要职责：

①根据国家法律、法规、政策制定水利工程建设监理法规，并监督实施。

②审批全国水利工程建设监理单位资格。

③负责全国水利工程建设监理工程师资格考试、审批和注册管理工作。

④指导、监督、协调全国水利工程建设监理工作。

⑤指导、监督部直属大中型水利工程实施建设监理，并协调建设各方关系。

⑥负责全国水利工程建设监理培训管理工作。水利部设全国水利工程建设监理资格评审委员会，负责全国水利工程建设监理单位资格和监理工程师资格审批工作。

第二，各省、自治区、直辖市。

各省、自治区、直辖市水利（水电）厅（局）主管本行政区域内水利工程建设监理工作，其办事机构一般为建设处。主要职责有以下几方面：

①贯彻执行水利部有关建设监理的法规，制定地方水利工程建设监理管理办法并监督实施。

②负责本行政区域内水利工程建设监理单位资格初审。

③负责组织本行政区域内水利工程建设监理工程师资格考试、资格初审和注册工作。

④对在本行政区域内地方水利工程中从事建设监理业务的监理单位和监理工程师进行管理。

⑤指导、监督地方水利工程实施建设监理，并协调建设各方关系。

⑥负责组织本行政区域内水利工程建设监理培训管理工作。

第七节　水利水电施工企业资质管理

一、施工总承包企业资质等级的划分和承包范围

根据有关规定，国家对建筑业企业实行资质管理。所谓建筑业企业，一般指从事土木工程、建筑工程、线路管道设备安装工程、装修工程等新建、扩建、改建活动的企业。建筑业企业应，当按照其拥有的注册资本、净资产，专业技术人员、技术装备和已经完成的

建筑工程业绩等资质条件申请资质，经审查合格后，取得相应等级的资质证书后，方可从事其资质等级范围内的建筑活动。

一、建筑业企业资质等级分为总承包、专业承包和劳务分包三个序列

获得施工总承包资质的企业，可以对工程实行施工总承包或者对主体工程实行施工承包。承包企业可以对所承接的工程全部自行施工，也可以将非主体工程或者劳务作业分包给具有相应专业承包资质或者劳务分包资质的其他企业。

获得专业承包资质的企业，可以承接施工总承包企业分包的专业工程或者招标人发包的专业工程。专业承包企业可以对所承接的工程全部自行施工，也可以将劳务作业分包给具有相应劳务分包资质的企业。

获得劳务分包资质的企业，可以承接施工总承包企业或者专业承包企业分包的劳务作业。劳务分包企业分为木工作业、砌筑作业、抹灰作业、石制作业、油漆作业、钢筋作业、混凝土作业、脚手架作业、模板作业、焊接作业、水暖电安装作业及架线作业等。施工总承包资质、专业承包资质、劳务分包资质序列，按照工程性质和技术特点分别划分为若干资质类别。其中施工总承包分为12个行业，专业承包分为60个专业，劳务分包分为13种。各资质类别按照规定的条件分为若干等级。

二、水利水电施工企业总承包资质及承包范围

根据《建筑业企业资质等级标准》（建设部构建〔2001〕82号）的规定，水利水电工程施工总承包企业资质等级分为特级、一级、二级、三级，相应的承包范围是：

第一，特级企业，可承担各种类型的水利水电工程及辅助生产设施的建筑、安装和基础工程的施工。

第二，一级企业，可承担单项合同额不超过企业注册资本金5倍的各种类型水利水电工程及辅助生产设施的建筑、安装和基础工程的施工。

第三，二级企业，可承担单项合同额不超过企业注册资本金5倍的下列工程的施工：库容1亿立方米；装机容量100 MW及以下水利水电工程及辅助生产设施的建筑、安装和基础工程施工。

第四，三级企业，可承担单项合同额不超过企业注册资本金5倍的下列工程的施工：库容1 000万立方米、装机容量10 MW及以下水利水电工程及辅助生产设施的建筑、安装和基础工程施工。

三、水利水电工程施工专业承包企业资质及承包范围

根据《建筑业企业资质等级标准》的规定，水利水电工程划分为水工建筑物基础处理工程、水工金属结构。与安装工程、水利水电机电设备安装工程、河湖整治工程、堤防工程、水工大坝工程、水工隧洞工程等，而水利水电工程专业承包企业资质等级划分为一级、二级、三级。

1. 水工建筑物基础处理工程专业承包范围

第一，一级企业：可承担各类水工建筑物基础处理工程的施工。

第二，二级企业：可承担单项合同额 1 500 万元以下的水工建筑物基础处理工程的施工。

第三，三级企业：可承担单项合同额 500 万元以下的水工建筑物基础处理工程的施工。

2. 水工金属结构制作与安装工程专业承包范围

第一，一级企业：可承担各类钢管、闸门、拦污栅等水工金属结构工程的制作、安装及启闭机的安装。

第二，二级企业：可承担单项合同额不超过企业注册资本金 5 倍的大型及以下钢管、闸门、拦污栅等水工金属结构工程的制作、安装及启闭机的安装。

第三，三级企业：可承担单项合同额不超过企业注册资本金 5 倍的中型及以下钢管、闸门、拦污栅等水工金属结构工程的制作、安装及启闭机的安装。

3. 水利水电机电设备安装工程专业承包范围

第一，一级企业：可承担各类水电站、泵站主机（各类水轮发电机组、水泵机组）及其附属设备和水电（泵）站电气设备的安装工程。

第二，二级企业：可承担单项合同额不超过企业注册资本金 5 倍的单机容量 100 MW 及以下的水电站、单机容量 1 000 kW 及以下的泵站主机及其附属设备和水电（泵）站电气设备的安装工程。

第三，三级企业：可承担单项合同额不超过企业注册资本金 5 倍的单机容量 25 MW 及以下的水电站、单机容量 500 kW 及以下的泵站主机及其附属设备和水电（泵）站电气设备的安装工程。

4. 河湖整治工程专业承包范围

第一，一级企业：可承担各类河道、湖泊的河势控导、险工处理、填塘固基工程的施工。

第二，二级企业：可承担单项合同额不超过企业注册资本金 5 倍的 2 级及以下堤防相对应的河道、湖泊的河势控导、险工处理、疏浚、填塘固基工程的施工。

第三，三级企业：可承担单项合同额不超过企业注册资本金 5 倍的 3 级及以下堤防相对应的河湖疏浚整治工程及一般吹填工程的施工。

5. 堤防工程专业承包范围

第一，一级企业：可承担各类堤防的堤身填筑、堤身整险加固、防渗导渗、填塘固基、堤防水下工程、护坡护岸、堤顶硬化、堤防绿化、生物防治和穿堤、跨堤建筑物（不含单独立项的分洪闸、进水闸、排水闸、挡潮闸等）工程的施工。

第二，二级企业：可承担单项合同额不超过企业注册资本金 5 倍的 2 级及以下堤防的堤身填筑、堤身整险加固、防渗导渗、填塘固基、堤防水下工程、护坡护岸、堤顶硬化、堤防绿化、生物防治和穿堤、跨堤建筑物（不含单独立项的分洪闸、进水闸、排水闸、挡潮闸等）工程的施工。

第三，三级企业：可承担单项合同额不超过企业注册资本金 5 倍的 3 级及以下堤防的堤身填筑、堤身整险加固、防渗导渗、填塘固基、堤防水下工程、护坡护岸、堤顶硬化、堤防绿化、生物防治和穿堤、跨堤建筑物（不含单独立项的分洪闸、进水闸、排水闸、挡潮闸等）工程的施工。

6. 水工大坝工程专业承包范围

第一，一级企业：可承担各类坝型的坝基处理、永久和临时水工建筑物及其辅助生产设施的施工。

第二，二级企业：可承担单项合同额不超过企业注册资本金 5 倍、70 m 及以下各类坝型坝基处理、永久和临时水工建筑物及其辅助生产设施的施工。

第三，三级企业：可承担单项合同额不超过企业注册资本金 5 倍、50 m 及以下各类坝型坝基处理、永久和临时水工建筑物及其辅助生产设施的施工。

7. 水工隧洞工程专业承包范围

第一，一级企业：可承担各类有压或明流隧洞和与其相应的进出口开挖、临时和永久支护、回填与固结灌浆、金属结构预埋件等工程，以及其辅助生产设施的施工。

第二，二级企业：可承担单项合同额不超过企业注册资本金 5 倍的过流断面不大于 50 ㎡的各类有压或明流隧洞和与其相应的进出口开挖、临时和永久支护、回填与固结灌浆、金属结构预埋件等工程，以及其辅助生产设施的施工。

第三，三级企业：可承担单项合同额不超过企业注册资本金 5 倍的过流断面不大于 28 ㎡的各类有压或明流隧洞和与其相应的进出口开挖、临时和永久支护、回填与固结灌浆、金属结构预埋件等工程，以及其辅助生产设施的施工。

第六章　水利工程质量管理

第一节　工程质量管理概述

一、基本概念

1. 产品

产品是指过程的结果。过程是指一组将输入转化为输出的相互关联和相互作用的活动。通用的产品分四大类，即硬件、软件、流程性材料和服务。许多产品由不同类别的产品构成，服务、软件、硬件或流程性材料的区分取决于其主导成分。

2. 质量

《质量管理体系基础和术语》将质量定义为：质量是指一组固有特性满足要求的程度。所谓固有的，是指在某事或某物中本来就有的，尤其是那种永久的特性。特性是指可区分的特征。特性可以是固有的或赋予的，也可以是定性的或定量的。特性又有不同的类别，如物理的（如机械的、电的、化学的或生物学的特性）、感官的（如嗅觉、触觉、味觉、视觉、听觉）、行为的（如礼貌、诚实、正直）、时间的（如准时性、可靠性、可用性）、人体工效的（如生理的特性或有关人身安全的特性）和功能的（如飞机的最高速度）。

所谓要求，是指明示的、通常隐含的或必须履行的需求或期望。“通常隐含”是指组织、顾客和其他相关方的惯例或一般做法，所考虑的需求或期望是不言而喻的。特定要求可使用修饰词表示，如产品要求、质量管理要求、顾客要求；规定要求是经明示的要求，如在文件中阐明；要求可由不同的相关方（顾客、所有者、员工、供方、银行、工会、合作伙伴或社会）提出。当然，要求是随时间变化的。这是因为人们对质量的要求不可能停留在一个水平上，它要受社会、政治、经济、技术、文化等条件的制约。这个定义，既包括有形的产品，也包括无形的产品；既包括满足现在规定的标准，也包括满足用户潜在的需求；既包括产品的外在特征，又包括产品的内在特性。

3. 质量管理

质量管理是指在质量方面指挥和控制组织的协调活动。

任何组织都要从事经营并要承担社会责任，因此，每个组织都要考虑自身的经营目标。为了实现这个目标，组织会对各个方面实行管理，如行政管理、物料管理、人力资源管理、财务管理、生产管理、技术管理和质量管理等。实施并保持一个通过考虑的相关方需求，从而持续改进组织业绩有效性和效率的管理体系可使组织获得成功。质量管理是组织各项管理内容中的一项，质量管理应与其他管理相结合。

4. 质量管理体系

质量管理体系：在质量方面指挥和控制组织的管理体系。

体系指的是“相互关联或相互作用的一组要素”。其中的要素指构成体系或系统的基本单元。管理体系指的是“建立方针和目标并实现这些目标的体系”。管理体系的建立首先应针对管理体系的内容建立相应的方针和目标，然后为实现该方针和目标设计一组相互关联或相互作用的要素（基本单元）。

对质量管理体系而言，首先要建立质量方针和质量目标，然后为实现这些质量目标确定相关的过程、活动和资源以建立一个管理体系，并对该管理体系实行管理。质量管理体系主要在质量方面能帮助组织提供持续满足要求的产品，增进顾客和相关方的满意。

5. 质量改进

质量改进是质量管理的一部分，致力于增强满足质量要求的能力。

6. 不合格

不合格是指未满足要求。

7. 缺陷

缺陷是指未满足与预期或规定用途有关的要求。

8. 工程质量

工程质量是指工程产品满足社会和用户需要所具有的特征和特性的总和。其不仅包括工程本身的质量，还包括生产量、交货期、成本和使用过程的服务质量，以及对环境和社会的影响等。

9. 工序质量

工序质量是指生产过程中，人、机器、材料、施工方法和环境等对施工作业技术和活动综合作用的过程，这个过程所体现的工程质量叫工序质量。

10. 工作质量

工作质量是指反映满足明确和隐含需要能力的特性的总和。

二、质量管理发展

质量管理的思想和做法自古就有。早在 2 400 多年以前，我国就已有了铜制刀枪武器的质量检验制度。但是真正把质量管理作为科学管理的一个组成部分，在企业中有专人负责质量管理工作，则是近百年的事情。

1. 质量管理的发展阶段

质量管理的发展按照解决质量问题所依据的手段和方式来划分，大致经历了三个阶段。

第一，质量检验阶段。质量检验阶段，大约是 20 世纪 20 ～ 40 年代。这个时期，随着社会和生产力的发展，机器工业生产逐步取代了手工作坊式生产，劳动者集中到一个工厂共同进行批量生产劳动。为了保证零部件的更换及装配的方便，只有通过严格检验来控制和保证出厂或转入下道工序的产品质量，就必须要有专门人员从事质量检验，产品的质量检验被逐步独立出来，出现了专门从事质量检验的部门和人员。

质量检验对提高生产、促进企业发展发挥着一定的作用。但从管理角度看，这个阶段还说不上什么管理，因为它是事后检验，是采取在产品中剔除不合格品的办法来进行质量管理，因此它的管理效能有限。按现在观点来看，它只是质量管理中的一个必不可少的环节。

第二，统计质量管理阶段。统计质量管理阶段大约是在 20 世纪 40 ～ 50 年代。这一时期，由于第二次世界大战，需要大量的军需物品，质量检验工作立刻显现出其弱点，检验部门成了生产中最薄弱环节，一度出现了产品质量控制不了的问题，造成废品率大，耽误了交货期，甚至因军火质量差而发生事故，这使企业家开始注意数理统计方法。因此，美国政府和国防部组织专家制定战时质量控制标准。这些标准以休哈特的质量控制图为基础，运用数理统计中的正态分布方法来预防不合格品生产，并对军需品进行科学的抽样检验，以提高抽样检验的准确度。

第三，全面质量管理阶段。现代质量管理阶段，大约是 20 世纪 60 年代开始至今。这一时期，由于生产力迅速发展，科学技术日新月异，市场竞争加剧，管理理论的发展等，对质量管理提出了一系列新的要求。不仅要求证产品的一般性能，而且要求保证产品的可靠性、安全性、经济性。特别是国防工业、航天工业的发展，更要求各种零部件除达到规定的性能外，还必须保证有足够的可靠性和安全性。

我国 1978 年开始推行全面质量管理，1979 年开始在建筑安装施工企业进行全面质量管理试点工作，现已被广大企事业单位普遍接受、采纳和运用，在提高工程（产品）质量，降低成本；提高经济效益，以丰富全面质量管理理论等方面都取得了丰硕成果。

2. 未来质量管理的特点与发展趋势

自 1987 年国际标准化组织（ISO）推出 ISO 9000 系列标准以来，质量管理已得到越来越多国家的普遍接受和重视。以 ISO 9000 标准为代表的先进的、科学的质量管理方法，已被越来越多的国家所采用，促进了经济快速、稳定、健康发展。

三、工程质量的影响因素

影响工程质量的原因很多，一般归纳为偶然性原因和异常性原因两类。

偶然性原因是对工程质量经常起作用的原因。如取自同一批合格的混凝土，尽管每组（个）试块的强度值在一定范围内有微小差异，但不易控制和掌握，只能从整体上用方差、离散系数和保证率等综合性指标来判断整体的质量状况。偶然性原因一般是不可避免的，是不易识别和预防的，所以在工程质量控制工作中，一般都不考虑偶然性原因对工程质量的波动影响。偶然性原因在质量标准中是通过规定保证率、离散系数、方差、允许偏差的范围来体现的。

异常性原因是那些人为可以避免的，凭借一定的手段或经验完全可以发现并消除的原因。如调查不充分，论证不彻底，导致项目选择失误；参数选择或计算错误，导致方案选择失误；材料、设备不合格，施工方法不合理，违反技术操作规程等都可能造成工程质量事故等，都是影响工程质量的异常性原因。异常性原因对工程质量影响比较大，对工程质量的稳定起着明显的作用，因此，在工程建设中，必须正确认识它，充分分析它，设法消除它，使工程质量各项指标都控制在规定的范围内。

异常性原因在工程质量上的表现是其结果导致某些质量指标偏离规定的标准。影响工程建设质量的异常性原因很多，概括起来有人（Man）、机（Machine）、料（Material）、法（Method）、环（Environment）等五大因素。

1.“人”的因素

任何工程建设都离不开人的活动，即使是先进的自动化设备，也需要人的操作和管理。这里的“人”不仅是操作者，也包括组织者和指挥者。由于工作质量是工程质量的一个组成部分，而工作质量则取决于与工程建设有关的所有部门和人员。每个工作岗位和每个工作人员的工作都直接或间接地影响着工程项目的质量。人们的知识结构、工作经验、质量意识以及技术能力、技术水平的发挥程度，思想情绪和心理状态，执行操作规程的认真程度，对技术要求、质量标准的理解、掌握程度，身体状况、疲劳程度与工作积极性等都对工程质量有不同程度的影响。为此，必须采取切实可行的措施提高人的素质，以确保工程建设质量。日本的企业管理很成功，其中很重要的一个方面就是日本企业把人的管理作为企业管理中最重要的战略因素，他们提倡用人的质量来保证工作质量，用工作质量来保证工程质量。

2.“机”的因素

“机”是指工程建设的机械设备，在工程施工阶段就是施工机械，它是形成工程实物质量的重要手段。随着科学技术和生产的不断发展，工程建设规模愈来愈大，施工机械已成为工程建设中不可缺少的设备，用来完成大量的土石料开采、运输、填筑和碾压，混凝土拌和、运输和浇筑等工作，代替了繁重的体力劳动，加快了施工进度。同时，施工机械设备的装备水平，在一定程度上也体现了对工程施工质量的控制水平。所以在施工机械设备形式和性能参数选择时，应根据工程的特点、施工条件，并考虑施工的适用性、技术的先进性、操作的方便性、使用的安全性、保证施工质量的可靠性和经济上的合理性，同时要加强对设备的维护、保养和管理，以保持设备的稳定性、精度和效率，从而保证工程质量。

3.“料”的因素

“料”是投入工程建设的材料、配件和生产用的设备等，是构成工程的实体。所以，工程建设中的材料、配件和生产用的设备的质量直接影响着工程实体的质量。因此，必须从组织上、制度上及试验方法和试验手段上采取必要的措施，对建筑材料在选购前一定要进行试验，确保其质量达到有关规定的要求；对采购的原材料不仅要有出厂合格证，还要按规定进行必要的试验或检验；生产用的配件、设备是使工程项目获得生产能力的保证，不仅其质量要符合有关规定，而且其型号、参数等的选择也要满足有关规定的要求，以便为最终形成工程实物质量打下良好的基础。

4.“法”的因素

“法”就是施工方法、施工方案和施工工艺。施工操作方法正确与否、施工方案选择是否得当、施工工艺是否先进可行都对工程项目质量有直接影响。为此，在严格遵守操作规程，尽可能选择先进可行的施工工艺的同时，还要针对施工的难点、重点，以及工程的关键部位或关键环节，进行认真研究，深入分析，制定出安全可靠、经济合理、技术可行的施工技术方案，并付诸实施，以保证工程的施工质量。

5.“环”的因素

“环”即是环境。影响工程项目建设质量的环境因素很多。主要有：自然环境，如地形、地质、气候、气象、水文等；劳动环境，如劳动组合、劳动工具、作业面、作业空间等；工程管理环境，如规章制度、质量保证体系等；社会环境，如周围群众的支持程度、社会治安等。环境的因素对工程质量的影响复杂而多变，对此要有足够的预见性和超前意识，采取必要的防范与保护措施，以确保工程项目质量目标的实现。

四、水利工程建设质量管理体系

水利水电工程建设项目，具有投资多、规模大、建设周期长、生产环节多、参与方多、影响质量形成的因素多等特点，不论哪个方面、哪个环节出了问题，都会导致质量缺陷，甚至造成重大质量事故。水利建设工程质量管理最基本的原则和方法就是建立健全质量责任制，使有关各方对其自身的工作负责。影响水利建设工程质量的责任主体主要有建设单位、勘察设计单位、监理单位、施工单位等。

1.建设单位的质量检查体系

建设单位或项目法人，对于水利经营性项目是工程建设的投资人，对于公益性项目是政府部门的委托代理人，是工程项目建设的总负责方，拥有确定建设项目的规模、功能、外观、选用材料设备、按照国家法律法规规定选择承包单位、支付工程价款等权力，在工程建设各个环节负责综合管理工作，在整个建设活动中居于主导地位。要确保建设工程的质量，首先就要对建设单位的行为进行规范和约束，国家和水利部都对建设单位的质量责任做了明确的规定。另一方面，建设单位为了维护自己或政府部门的利益，保证工程建设质量，充分发挥投资效益，也需要建立自己的质量检查体系，成立质量检查机构，对工程建设的各个工序、隐蔽工程和各个建设阶段的工程质量进行检查、复核和认可。在已实行建设监理的工程项目中，业主已把这部分工作的全部或部分委托给监理单位来承担。但建设单位仍要对工程建设的质量进行检查和管理，以担负起建设工程质量的全面责任。

2. 监理单位的质量控制体系

监理单位，受建设单位委托，按照监理合同，对工程建设参与者的行为进行监控和督导。它以工程建设活动为对象，以政令法规、技术标准、设计文件、工程合同为依据，以规范建设行为，提高经济效益为目的。监理的过程既可以包括项目评估、决策的监理，又可以包括项目实施阶段和保修期的监理。其任务是从组织和管理的角度来采取措施，以期达到合理地进行投资控制、质量控制和进度控制。在水利工程项目建设实施阶段，监理单位依据监理合同的授权，进行进度、投资和质量控制。监理单位对工程质量的控制，要有一套完整的、严密的组织机构、工作制度、控制程序和方法，从而构成了工程建设项目质量控制体系，是我国水利工程质量管理体系中一个重要的组成部分，对强化工程质量管理工作，保证工程建设质量发挥着越来越重要的作用。

3. 勘察、设计单位的质量保证体系

工程项目勘察、设计是工程建设最重要的阶段。其质量的优劣，直接影响建设项目的功能和使用价值，关系到国民经济及社会的发展和人民生命财产的安全。只有勘察、设计的工作做好了，才能为保证整个工程建设质量奠定基础。否则，后续工作的质量做得再好，也会因勘察设计的“先天不足”而不能保证工程建设的最终质量。要想取得较好的勘察设计质量，勘察设计单位就应顺应市场经济的发展要求，建立健全自己的质量保证体系，从组织上、制度上、工作程序和方法等方面来保证勘察设计质量，以此来赢得社会信誉，增强在市场经济中的竞争力。勘察设计单位，也只有通过建立为达到一定的质量目标而通过一定的规章制度、程序、方法、机构，把质量保证活动加以系统化、程序化、标准化和制度化的质量保证体系，才能保证勘察设计成果质量，从而担负起勘察设计单位的质量责任。

4. 施工单位的质量保证体系

施工阶段是建设工程质量形成阶段，是工程质量控制的重点，勘察、设计的思想和方案都要在这一阶段得以实现。施工单位应建立和运用系统工程的观点与方法，以保证工程质量为目的，将企业内部的各部门、各环节的生产、经营、管理等活动严密协调地组织起来，明确他们在保证工程质量方面的任务、责任、权限、工作程序和方法，形成一个有机的、整体的质量保证体系，并采取必要的措施，使其有效运行，从而保证工程施工的质量。

5. 政府质量监督体系

为了保证建设工程质量，保障公共安全，保护人民群众和生命财产安全，维护国家和人民群众的利益，政府必须加强建设工程质量的监督管理。国务院 279 号令《建设工程质量管理条例》的颁布，将政府质量监督作为一项制度，以法规的形式予以明确，强调了建设工程的质量必须实行政府监督管理。国家对建设工程质量的监督管理主要是以保证建设工程使用安全和环境质量为主要目的，以法律、法规和强制性标准为依据，以工程建设实物质量和有关的工程建设单位、勘察设计单位、监理单位及材料、配件和设备供应单位的质量行为为主要内容，以监督认与质量核验为主要手段。政府质量监督体现的是国家的意志，工程项目接受政府质量监督的程度是由国家的强制力来保证的。政府质量监督并不局限于某一个阶段或某一个方面，而是贯穿于建设活动的全过程，并适用于建设单位、勘察设计单位、监理单位、施工单位及材料、配件和设备供应单位等。

五、施工质量控制的任务

施工质量控制是施工管理的中心内容之一。施工技术组织措施的实施与改进，施工规程的制定与贯彻，施工过程的安排与控制，都是以保证工程质量为主要前提，也是最终形成工程产品质量和工程项目使用价值的保证。

施工质量控制的中心任务，是要通过建立健全有效的质量监督工作体系来确保工程质量达到合同规定的标准和等级要求。根据工程质量形成的时间阶段，施工质量控制可分为质量的事前控制、事中控制和事后控制。其中，工作的重点应是质量的事前控制。

1. 质量的事前控制

第一，确定质量标准，明确质量要求。

第二，建立本项目的质量监督控制体系。

第三，施工场地质检验收。

第四，建立完善质量保证体系。

第五，检查工程使用的原材料、半成品。

第六，施工机械的质量控制。

第七，审查施工组织设计或施工方案。

2. 质量的事中控制

第一，施工工艺过程质量控制：现场检查、旁站、量测、试验。

第二，工序交接检查：坚持上道工序不经检查验收不准进行下道工序的原则，检验合格后签署认可才能进行下道工序。

第三，隐蔽工程检查验收。

第四，做好设计变更及技术核定的处理工作。

第五，工程质量事故处理：分析质量事故的原因、责任；审核、批准处理工程质量事故的技术措施或方案；检查处理措施的效果。

第六，进行质量、技术鉴定。

第七，建立质量检查日志。

第八，组织现场质量协调会。

3. 质量的事后控制

第一，组织试车运转。

第二，组织单位、单项工程竣工验收。

第三，组织对工程项目进行质量评定。

第四，审核竣工图及其他技术文件资料，搞好工程竣工验收。

第五，整理工程技术文件资料并编目建档。

六、质量控制的基本方法

1. 施工质量控制的工作程序

工程项目施工过程中，为了保证工程施工质量，应对工程建设对象的施工生产进行全过程、全面的质量监督、检查与控制，即包括事前的各项施工准备工作质量控制，施工过程中的控制，以及各单项工程及整个工程项目完成后，对建筑施工及安装产品质量的事后控制。

2. 施工质量控制的途径

在施工过程中，质量控制主要是通过审核有关文件、报表，以及进行现场检查、试验这两条途径来实现的。

第一，审核有关技术文件、报告或报表。

这是对工程质量进行全面监督、检查与控制的重要途径。其具体内容包括以下几方面：

①审查施工单位的资质证明文件。

②审查开工申请书，检查、核实与控制其施工准备工作质量。

③审查施工方案、施工组织设计或施工计划，保证工程施工质量的技术组织措施。

④审查有关材料、半成品和构配件质量证明文件（出厂合格证、质量检验或试验报告等），确保工程质量有可靠的物质基础。

⑤审核反映工序施工质量的动态统计资料或管理图表。

⑥审核有关工序产品质量的证明文件（检验记录及试验报告）、工序交接检查（自检）、隐蔽工程检查、分部分项工程质量检查报告等文件、资料，以确保和控制施工过程的质量。

⑦审查有关设计变更、修改设计图纸等，确保设计及施工图纸的质量。

⑧审核有关新技术、新工艺、新材料、新结构等的应用申请报告，确保它们的应用质量。

⑨审查有关工程质量缺陷或质量事故的处理报告，确保质量缺陷或事故处理的质量。

⑩审查现场有关质量技术签证、文件等。

第二，质量监督与检查。

现场监督检查的主要内容有：

①开工前的检查。主要是检查开工前准备工作的质量，能否保证正常施工及工程施工质量。

②工序施工的跟踪监督、检查与控制。主要是监督、检查在工序施工过程中，人员、施工机械设备、材料、施工方法、操作工艺以及施工环境条件等是否均处于良好的状态，是否符合保证工程质量的要求，若发现有问题应及时纠偏和加以控制。

③对于重要的、对工程质量有重大影响的工序，还应在现场进行施工过程的旁站监督与控制，确保使用材料及工艺过程质量。

④工序检查、工序交接检查及隐蔽工程检查。隐蔽工程应在施工单位自检与互检的基础上，经监理人员检查确认其质量合格后，才允许加以覆盖。

⑤复工前的检查。当工程因质量问题或其他原因停工后，在复工前应经检查认可后，下达复工指令，方可复工。

⑥分项、分部工程完成后，应检查认可后，签署中间交工证书。

第三，质量检验。

现场质量检验工作的作用是要保证和提高工程施工质量，质量检验与控制是施工单位保证施工质量的十分重要的、必不可少的手段。质量检验的主要作用如下：

①这是质量保证与质量控制的重要手段。为了保证工程质量，在质量控制中需将工程产品或材料、半成品等的实际质量状况（质量特性等）与规定的标准进行比较，以便判断其质量状况是否符合要求，这就需要通过质量检验手段来进行检测。

②质量检验为质量分析与质量控制提供了所需的技术数据和信息，这是质量分析、质量控制与质量保证的基础。

③通过对进场使用的材料、半成品、构配件及其他器材、物资进行全面的质量检验，保证质量合格的材料与物资，避免因材料、物资的质量问题而导致工程质量事故的发生。

④在施工过程中，通过对施工工序的检验，取得数据，可以及时判断质量，采取措施，防止质量问题的延续与积累。

⑤在某些工序施工过程中，通过旁站监督，及时检验，依据所显示的数据，可以判断其施工质量。

第四，现场质量控制的方法。

施工现场质量控制的有效方法就是采用全面质量管理。所谓全面质量管理，就质量的含义来说，除了一般理解的“产品质量”“施工质量”方面的含义外，还包括工作质量、如期完工交付使用的质量、质量成本以及投入运行的质量等更为广泛的含义。就管理的内容和范围来说，要采用各种科学方法，如专业技术、数理统计以及行为科学等，对工作全过程各个环节进行管理和控制，实行全员管理，即专业人员管理和非专业人员管理互相结合起来。

全面质量管理的基本方法，可以概括为：四个阶段、八个步骤和七种工具。

①四个阶段：质量管理过程可分成四个阶段，即计划（Plan）、执行（Do）、检查（Check）和措施（Action），简称 PDCA 循环。这是管理职能循环在质量管理中的具体体现。PDCA 循环的特点有三个：一是各级质量管理都有一个 PDCA 循环，形成一个大环套小环，一环扣一环，互相制约，互为补充的有机整体。在 PDCA 循环中，一般来说，上一级的循环是下一级循环的依据，下一级的循环是上一级循环的落实和具体化。二是每个 PDCA 循环，都不是在原地周而复始运转，而是像爬楼梯那样，每一循环都有新的目标和内容，这意味着质量管理经过一次循环，解决了一批问题，质量水平有了新的提高。三是在 PDCA 循环中，A 是一个循环的关键，这是因为在一个循环中，从质量目标计划的制定，质量目标的实施和检查，到找出差距和原因，只有通过采取一定措施，使这些措施形成标准和制度，才能在下一个循环中贯彻落实，质量水平才能步步高升。

②八个步骤。为了保证 PDCA 循环有效地运转，有必要把循环的工作进一步具体化，一般细分为以下八个步骤：

• 分析现状，找出存在的质量问题。

• 分析产生质量问题的原因或影响因素。

• 找出影响质量的主要因素。

• 针对影响质量的主要因素，制订措施，提出行动计划，并预计改进的效果。所提出的措施和计划必须明确具体，且能回答下列问题：为什么要制订这一措施和计划？预期能达到什么质量目标？在什么范围内、由哪个部门、由谁去执行？什么时候开始？什么时候完成？如何去执行？

• 质量目标措施或计划的实施，这是“执行”阶段。在执行阶段，应该按上一步所确定的行动计划组织实施，并给以人力、物力、财力等保证。

• 调查采取改进措施以后的效果，这是“检查”阶段。

• 总结经验，把成功和失败的原因系统化、条例化，使之形成标准或制度，纳入有关质量管理的规定中去。

• 提出尚未解决的问题，转入到下一个循环。

前四个步骤是计划阶段的具体化，最后两个步骤属于措施阶段。

③七种工具。在以上八个步骤中，需要调查、分析大量的数据和资料，才能做出科学的分析和判断。为此，要根据数理统计的原理，针对分析研究的目的，灵活运用七种统计分析图表作为工具，使每个阶段各个步骤都有科学的依据。常用的七种工具是：排列图、直方图、因果分析图、分层法、控制图、散布图、统计分析表等。实际使用的当然不只这

七种，还可以根据质量管理工作的需要，依据数理统计或运筹学、系统分析的基本原理，制订一些简便易行的新方法、新工具。

第五，施工质量监督控制手段。

施工质量监督控制，一般可采用以下几种手段：

①旁站监督。这是驻地质量监督人员经常采用的一种主要的现场检查形式。即在施工过程中进行现场观察、监督与检查，注意并及时发现质量事故的苗头和影响质量因素的不利发展变化、潜在的质量隐患以及出现的质量问题等，以便及时进行控制，对于隐蔽工程的施工，进行旁站监督更为重要。

②测量。这是对建筑安装尺寸、方位等进行控制的主要手段。施工质检人员应对施工放线及高程控制进行检查，严格控制；在施工中应注意控制，发现偏差及时纠正；中间验收时，对几何尺寸不合要求者，责令施工单位处理。

③试验。试验数据是工程师判断和确认公众材料和工程部位内在质量的主要依据。

每道工序中如材料性能、拌和料配合比、成品的强度等物理力学性能以及桩体的承载力等，常通过试验手段取得数据来判断其质量。

④指令文件。所谓指令文件是表达工程质量工程师对工程项目提出要求的书面文件，用以指出施工中存在的问题，提出要求或指示其做什么或不做什么等。质量工程师的各项指令都应是书面的或文字记载方为有效，并作为技术文件资料存档。如因时间紧迫，来不及做出正式的书面指令，也可以用口头指令方式下达，但随即应补充书面文件对口头指令予以确认。

⑤规定质量监控程序。按规定的程序进行施工，是进行质量控制的必要手段和依据。

第二节　依法行政与政府质量监督

一、依法行政

依法行政是指各级行政机关在行使国家行政权力和管理国家公共事务的过程中，必须严格执政与依法办事的制度。依法行政是法治原则的体现和要求，是现代法治国家政府行使权力时普通奉行的基本准则，是人类社会文明发展的趋势。它要解决的核心问题是在行政立法、执法、守法和法律监督中的权力和权利的分工与制衡，使法律授权与限权、职权与职责相统一，落实政府建设目标。如果说依法治国和建设社会主义法治国家反应的是新时期执政党的执政方式和领导方式的基本特征，是从全局上、长远上统管一切的治国方略的话，依法行政则是反映行政及其运作方式的基本特征，是从全局上、长远上统管一切行政管理的基本准则。

1. 依法行政的提出

依法行政是特定历史时期的产物。在封建君主体制下，封建君主拥有不受法律限制的至高无上的权力，可以任意侵害公民的人身、财产各项权利自由，因而不可能产生依法行政的要求。

依法行政是随着资产阶级革命成功而逐步发展起来的，其理论基础是早期资产阶级思想家提出的分权论和天赋人权、主权在民的理论学说。1689 年英国的洛克在其《论政府》一书中提出分权学说，认为国家权力应分为立法权和执法权，分设立法机关和执法机关来执掌，执行机关只能依据立法机关制定的法律来行使权力，执行权必须受立法权制约。1748 年法国的孟德斯鸠出版《论法的精神》，发展了洛克的分权学说，认为国家权力应由立法、行政、司法三部分组成，相应分设三种机关掌管和相互制约，立法机关不得行使行政权和司法审判权，行政机关和司法审判机关不能自行立法，只能执行立法机关制定的法律，但司法审判机关对议会法律和行政行为具有司法审判权，三种权力相互制约，以防止国家权力集中于一个机关而出现专制，侵害人民的自由。

依法行政首先在西方资产阶级国家付诸实践。1776 年《美国独立宣言》阐述了资产阶级的自然权和人民主权的思想。美国 1780 年马萨诸塞州宪法规定实行三权分立，“旨在实现法治政府而非人治政府”。美国独立战争胜利后制定的第一部宪法即《1787 年宪法》，规定建立联邦制和总统制共和政体，实行三权分立，依法行政最先在美国得到推行。法国资产阶级 1789 年制定的《人权宣言》宣称实行“天赋人权”“主权在民”和资产阶级法治原则，革命胜利后制定的宪法也宣布实行三权分立原则，规定行政权力只能依据法律治理国家，并且只有依据法律才得要求服从。随后西方各资产阶级民主制国家纷纷推行依法行政但各国的提法不尽相同。

随着时代的进步与发展，依法行政已成为现代法治国家所普遍奉行的准则。

2. 我国依法行政的发展历程

在我国，依法行政也是历史发展到一定阶段的产物，它是随着我国民主与法制建设的发展逐步提出的。我国依法行政原则的形成，大体可以分为三个阶段：

第一，基本理论形成阶段。

建国前夕，毛泽东曾提出，新中国要跳出中国社会历代王朝兴衰存亡的周期率，要靠两件法宝：一是民主；二是法制。新中国成立之初，我国社会主义民主与法制建设得到较大发展。但是由于历史原因，自 1957 年开始，特别是“十年动乱”，我国社会主义法制遭到极为严重的破坏，依法行政无从谈起。为避免历史悲剧重演，邓小平在党的十一届三中全会召开前的工作会议上提出：“为了保障人民民主必须加强法制，做到有法可依、有法必依、执法必严、违法必究。”这段重要讲话为依法行政的提出做出了政治上和思想上的准备，奠定了基本理论基础。

第二，初步实践阶段。

1982年第五届全国人大常委会第二十二次会议通过了《中华人民共和国民事诉讼法(试行)》。该法第三条第二款规定："法律规定由人民法院审理的行政案件适用本规定。"由此建立了我国人民法院可以审查行政机关的具体行政行为这一行政诉讼制度的雏形。1982年第五届全国人大代表大会第五次会议通过了《中华人民共和国宪法》。该法第五条规定："一切国家机关和武装力量、各政党和各社会团体、各企业事业组织都必须遵守宪法和法律。一切违反法律和法律的行为，都必须予以追究。任何组织和个人都不得有超越宪法和法律的特权。"这一规定为我国实行依法行政提供了国家根本大法的依据。1989年4月1日第七届全国人民代表大会第二次会议通过了《中华人民共和国行政诉讼法》，首次提出了行政合法性的标准，标志着我国行政诉讼制度正式、全面建立，为实行依法行政从行政机关外部提供了重要的法律保障制度。随后又陆续颁布了《行政复议条例》《中华人民共和国国家赔偿法》等。

第三，正式提出并全面推行依法行政阶段。

1995年修订的《中华人民共和国地方各级人民代表大会和地方各级人民政府组织法》第五十五条第三款规定："地方各级人民政府必须依法行政行使职权。"1999年3月15日，第九届全国人民代表大会第二次会议通过的宪法修正案规定："中华人民共和国实行依法治国，建立社会主义法治国家。"1999年国务院召开全国依法行政工作会议，出台了《国务院关于全面推进依法行政的决定》。自此依法行政的观念在我国得到普遍认同，依法行政原则在我国开始得到全面推行。

3. 依法行政的含义

第一，国外依法行政的含义。

依法行政在国外的最初的主要含义是在人民主权国家，由民意机关制定法律，而由政府机关执行法律，非依实体法和程序法的规定，政府不得限制人民的权利、加重人民的负担。对行政机关的行政行为，行政管理相对人认为违法或不当时，有权提起诉讼，造成损害的，还有权请求赔偿。但依法行政原则在西方各国的确立和实行过程及做法千差万别，对依法行政概念的理解也存在很大差异。

第二，我国依法行政的含义。

依法行政是指行政机关依据法律取得并行使行政权力、管理公共事务，行政相对人如认为行政机关侵害其权益，有权通过法律途径请求纠正行政机关的错误行为，获得法律救济，并要求行政机关承担责任，以切实保障公民的权利。行政所依之法以体现人民意志的法律为最高标准。可从以下两方面理解我国依法行政的含义，行政权力依据法律取得。首先，行政机关的设立应当依据法律。其次，行政机关的行政权力只能来源于法律的授予，行政机关不能从其他来源获得行政权力。

4. 依法行政的原则

第一，职权法定。

行政机关的职权，在我国主要是指中央政府及其所属部门和地方各级政府的职权，必须由法律规定。行政机关必须在法定的职权范围内活动，非经法律授权，不能享有某项职权。

第二，法律保留。

这一原则是指，宪法和法律将某些事项保留在立法机关，只能由立法机关通过法律加以规定，或者由法律明确授权行政机关才可以制定有关的行政规范：法律没有规定的，行政机关不得为之，法律没有明确授权的，行政机关不得制定行政法规范。

第三，法律优先。

法律优先主要包括两层含义：一是在法律制度系统内，在已有法律规定的情况下，任何其他法律规范，包括行政法规、地方性法规和规章，都不得与法律相抵触，都以法律为准；二是法律与法律系统外其他事物相比，具有优越地位。

第四，依据法律。

行政机关的行政行为必须依据法律，或者说必须有法律依据。行政机关的行政行为以其内容与所涉及的对象为标准，可以分为具体行政行为和抽象行政行为。依据法律不仅要求行政机关在做出其行政行为时必须依据法律，还要求行政机关根据法律和法律的授权制定规范。

第五，权责统一。

行政机关的职权与职责是统一的。职权，就是宪法和法律授予行政机关管理经济和管理社会事务的权力。它与公民的权利不同，公民的权利是私权利，私权利可以行使，也可以放弃或让渡，但行政机关的职权是公权力，公权力是必须行使的。法律授予行政机关职权，实际上也就是赋予行政机关以义务和责任，因此，行政机关的职权从另一角度来讲就是职责，职权与这是一个问题的两个方面。

5. 依法行政基本要求

第一，合法行政。行政机关实施行政管理，应当依照法律、法规、规章的规定进行；没有法律、法规、规章的规定，行政机关不得做出影响公民、法人和其他组织合法权益或者增加公民、法人和其他组织义务的决定。

第二，合理行政。行政机关实施行政管理，应当遵循公平、公正的原则。

第三，程序正当。行政机关实施行政管理，除涉及国家秘密和依法受到保护的商业秘密、个人隐私的除外，应当公开，注意听取公民、法人和其他组织的意见；要严格遵循法定程序，依法保障行政管理相对人、利害系人的知情权、参与权和救济权。行政机关工作人员履行职责，与行政管理相对人存在利害关系时，应当回避。

第四，高效便民。行政机关实施行政管理，应当遵守法定时限，积极履行法定职责，提高办事效率，提供优质服务，方便公民、法人和其他组织。

第五，诚实守信。行政机关公布的信息应当全面、准确、真实。非因法定事由并经法定程序，行政机关不得撤销、变更已经生效的行政决定；因国家利益、公共利益或者其他法定事由需要撤回或者变更行政决定的，应当依照法定权限和程序进行，并对行政管理相对人因此而受到的财产损失依法予以补充。

第六，权责统一。行政机关依法履行经济、社会和文化事务管理职责，要由法律、法规赋予其相应的执法手段。依法做到执法有保障、有权必有责、用权受监督、违法受追究、侵权须赔偿。

6. 依法行政条件下的政府对建设工程的质量监督

第一，建设工程质量监督管理是政府重要职责。

工程建设一旦失事将危及公众生命和财产安全，影响国民经济发展和社会稳定，关系每个人的利益。百年大计，质量第一，责任重于泰山，为保证工程建设质量，政府必须进行建设工程质量监督。

第二，高度重视、严格控制工程质量是政府维护国家和公众利益职能的主要体现。

无论古代、现代，不同社会制度和政治体制，发达国家或发展中国家，无限政府、任性政府、法治政府均对工程质量进行必要监督管理。中国至少从隋朝起，政府就设有主管工程事务机关。

第三，工程质量监督是政府公共管理职能重要的、不可或缺的内容。

现代大多数发达国家政府都把制定并执行工程质量管理的法规作为主要任务，把大型项目和政府投资项目作为监督重点，政府对工程质量进行必要的监督检查，是国际惯例。

第四，工程质量监督是政府加强市场管理、规范市场秩序的重要手段。

市场经济体制下，政府重视推行专业人士注册许可、市场准入、设计文件审核、质量体系认证、竣工验收制度，注重全方位、全过程管理质量是政府加强市场管理、规范市场秩序的重要手段。

第五，质量监督是我国政府法定职责。

《中华人民共和国建筑法》未直接提出“建筑工程实行政府质量监督制度”，但其释义指出有关条款包含政府质量监督内容，政府质量监督制度仍是该法所确定的一项基本法律制度。

《建设工程质量管理条例》第四十三条明确规定：“国家实行建设工程质量监督管理制度。”可见，质量监督是以法律、法规为准绳，以强制性技术标准为依据；以严格法定建设程序，强制动态全过程监督抽查为手段；以落实工程各参建主体质量责任，确保结构使用安全和环境质量，保护人民生命财产安全，维护社会公共利益为目的的一系列政府公共管理活动。

第六，全面推行依法行政，建立和强化行政责任追究机制，必然要求加强政府质量监督全面履行好政府职责，提高政府质量监督管理水平，保证工程质量，确保公共生命财产安全；建设工程质量监督管理工作必须不断加强，监管工作质量和水平也还需得到不断提高。

二、发达国家政府监督概况

政府有关部门对建设工程的质量进行必要的监督检查，也是遵循国际惯例。世界上经济发达国家的政府，对建筑安装工程质量都是十分重视的。这些国家从勘察设计、工程材料及制品生产、施工全过程乃至使用，每一阶段都实行质量监督。一般采取政府设专职机构，或由政府与民间相结合以及由政府认可并执行官方意志的民间机构等监督方式。归纳起来，大体有三种做法：

1. **直接监督**

政府主管部门直接参与工程项目质量的监督和检查。例如美国、瑞典和新加坡等。在美国，各个城市市政当局都设有建筑工程质量监督部门，对辖区内各类公共投资工程和私人投资工程进行强制性监督检查。政府参加工程项目质量监督检查的人员分为两类：一类是政府自己的检查人员；另一类是政府临时聘请或要求业主聘请的，属于政府认可的外部专业人员。在瑞典，从中央到地方建立了一个完整而协调的监督体系，中央设立国家规划与建筑局，地方设郡、市建筑委员会，负责工程质量监督。国家规划与建筑局，负责建筑立法和质量监督。其任务除质量监督立法外，负责对定型产品进行全面技术审核、鉴定和发放合格证书，负责审核施工现场责任工程师的资格，收集质量信息，掌握质量动态等。地方建筑委员会，其任务是负责城市规划，审核工程设计，发放施工许可证，制定地方性技术规章，并对其区域内的工程建设质量进行监督检查。在新加坡，则由其主管部门建筑发展局在每个工地均派有建筑师和结构工程师（称为工程监督员）负责对工程质量进行监督。这类监督检查人员都直接参与每道重要工序和每个分项工程的检查验收，由他们确认合格后，方进行下一道工序。对工程材料、制品质量的检验，都由相对独立的法定检测机构检测。在所有监督检查中，又以地基基础和主体结构的隐蔽工程作为重点。

2. **间接管理**

政府主管部门对工程项目的质量监督实行间接管理。比较典型的是德国模式。德国为加强对建筑工程质量控制，国家制定有建筑法，规定了监督部门要按国家标准化协会制定的工程建设标准监督施工及验收工作，并建了完善的质量监督工程师制度。政府对工程质量的监督管理，主要采取由州政府建设主要部门委托或授权，由国家认可的质量监督工程师组成的质量监督审查公司，代表政府对所有新建工程和涉及结构安全的改建工程的质量实行强制性监督审查。在工程质量检查中，对工程材料的检测，一般由承包商负责送到国家认可的工程质量检测机构检测。当发生工程质量事故或业主与承包商对工程材料、施工质量发生争议时，由质量监督工程师委托国家认可的工程质量检测机构进行检测，检测费用由承包商、业主或质量监督公司中的责任方负担。

3. 运用法律和经济手段

政府主管部门不直接参与工程项目的质量监督检查，而是主要运用法律和经济手段促使建筑企业提高工程质量。例如法国实行强制性的工程保险制度。按照法国的建筑法规《建筑职责与保险》的规定：凡涉及工程建设活动的所有单位，包括业主、总承包商、设计、施工、质检等单位，均须向保险公司投保，而保险公司则要求每项工程在建设过程中，必须委托一个质量检查公司进行质量检查，并给予投保单位可少付保险费的优惠。法国全国设有五个质量检查公司，都是经政府认可的、执行官方意志的、独立性很强的民间组织。它的任务是在设计阶段、施工阶段直至工程验收，确保工程质量达到设计及技术规范要求，保证业主不受经济损失。法国政府规定，凡具有一定规模和特殊要求的建筑工程都必须委托质量检查公司进行强制性监督检查。其他工程虽未做此规定，但要求每项新建的工程都必须投保，而保险公司一般也要求投保的工程，必须经质量检查公司进行监督检查。法国的质量检查公司在营业前，必须取得由政府有关部门组成的委员会审批颁发的证书。

三、我国政府监督的发展历程

第一阶段，建国初期，政府直接组织并参与工程建设，投资下拨，材料设备供给，任务指派，质量由施工单位自行控制和评定。物是政府的，人是政府的，质量是政府控制的，政府与各方利益一致，施工单位内部控制等于政府监督，全国没有统一的水利工程质量检验评定标准。

第二阶段，20世纪60～80年代建设规模逐步增大，施工单位内部约束机制不断减弱，不能有效约束工程质量。颁布了《建筑安装工程监督工作条例》，对工程质量检查，改由施工单位负责自控，建设单位负责以隐蔽工程为主的质量监督，形成建设单位和施工企业相互制约、联手控制的局面，称为建设单位质量验收检查制度。

传统计划经济体制下，建设体制为行政指挥部下的施工单位自营体制，指挥部是临时机构，施工单位是行政机构的附属物。政府监督目标分解为建设、施工单位的工作目标。

第三阶段，改革开放，以市场化为取向的经济体制改革，建设单位实体化，工程建设活动发生一系列重大变化，投资有偿使用，强调经济利益，建设任务逐步实行招标承包制，施工单位开始摆脱行政附属地位，向独立的商品生产者转化，建设各方之间的经济关系得到强化。

建设规模急剧扩大，单位性质、利益主体多元化，原有的工程建设质量管理体制越来越不适应发展的要求，单一的施工单位内部质量检查制度与建设单位质量验收制度，无法保证政府工程建设质量监督需要，质量事故频频发生。

《建设工程质量监督条例》和《关于改革建筑业和基本建设管理体制若干问题的暂行办法》决定改革工程质量监督办法，提出“按城市建立有权威的工程质量监督机构，根据有关法规和技术标准，对本地区的工程质量进行监督检查”。大中型工业交通项目，由建设单位负责监督检查。

各地及有关部门都相继成立机构，下发文件规定工作范围、程序、性质、费用和机构人员编制，构成了工程质量监督制度，形成企业内部保证和政府外部监督的双控体制。

工程质量监督制度的确立，在我国的建筑工程史上有着里程碑式的意义，标志工程质量监督由政府单向行政管理向政府专业技术监督转变，对遏制工程质量事故，促进工程质量水平提高，发挥了极其重要的作用。

四、政府质量监督特性

1. 执法性

行政执法行为，主体资格合法，严格按法定依据和程序进行监督。

2. 权威性

国家实行建设工程质量监督管理的制度，是国务院依据《中华人民共和国建筑法》，以法规的形式在国务院第 279 号政府令中予以明确。表明了从事建设工程质量监督工作体现的是国家的意志，在我国境内的任何单位和个人都应当在这种制度管理之下从事工程建设活动。任何单位和个人从事工程建设活动都应当服从这种监督。

3. 强制性

《建设工程质量管理条例》中明确规定了实行建设工程质量监督管理是政府各部门的职责，规定了建设行政主管部门或者其他有关部门及其委托的工程质量监督机构依法执行监督检查公务活动，受到法律保护。也就是说，在我国境内的任何单位和个人都必须服从建设工程质量监督管理，否则将受到法律制裁。这体现了国家政权的强制力。

4. 公正性

对建设工程质量进行监督管理是政府部门的职责，体现的是国家的意志，其行为必须公正、客观，在对建设工程实物质量及参与各方的质量行为进行监督管理的同时，也要维护建设各方的合法权益。这就要求工程质量监督必须坚持公正立场。

5. 综合性

政府对建设工程质量进行监督管理，就其管理范围来说应当贯穿于建设活动的全过程，而不局限于建设过程中的某一阶段或某一个方面。对于参与工程建设的建设单位、勘察设计单位、施工单位、监理单位和材料、配件及设备供应单位等都应当置于这种监督管理之中。

五、政府质量监督的程序

工程质量监督工作同基本建设一样，也遵从一定的规律。对某一工程项目的质量监督从办理质量监督手续、施工前监督、施工过程监督、竣工验收到质量保修期监督的过程，称为质量监督程序。

1. **办理质量监督手续**

在申办施工许可证或申请开工报告之前，建设单位应当到工程质量监督部门申请办理质量监督手续，同时提交全套地质勘查报告、施工图及其他有关设计文件，施工图设计文件审查报告，施工总承包、承包及分包合同副本，工程监理合同副本、资质证书和初步设计批准文件等有关资料（必要时应提供有关证书的原件），并填报《水利工程质量监督申请表》。

对提供各类证书原件的，监督站应及时安排有关人员，将原件与相应复印件进行核对、验证，以便及时将其退还给报送单位，并按《水利工程质量监督申请核查表》的内容，对收到的资料进行核查，并尽快给予答复（一般要求在5个工作日内）。如审查合格，办理工程质量监督注册手续，签发监督通知书。如不合格，补充资料重新申请。

水利工程质量监督书的内容通常包括项目名称、建设地点、项目主管部门、项目法人单位、建设单位、质量监督单位及其负责人与联系电话；初步设计批准文号，工程建设规模，计划开竣工时间；设计、施工、监理单位的资质等级及证书编号、法人代表、项目负责人的姓名及联系电话；工程质量监督费及准备委派的质量监督员等。

建设单位在办理质量手续的同时，按照国家有关规定缴纳建设工程质量监督费。

按照《建设工程质量管理条例》的规定，办理质量监督手续是法定程序，不办理质量监督手续的，建设行政主管部门和其他有关专业部门不签发施工许可证或批准工程开工报告，工程不准开工。

质量监督手续办好后，就应安排拟承担该工程质量监督工作任务的工程质量监督员，熟悉设计图纸，查阅地质勘查资料和设计文件。

2. **施工准备质量监督**

第一，编制质量监督计划。

工程质量监督书下达后，受指派的质量监督员要根据工程概况、设计意图、工程特点和关键部位编制质量监督计划。监督计划的繁简程度主要取决于工程规模的大小、建设内容多寡、工程本身的复杂程度和工程所处的地理位置等因素，一般包括如下内容：编制目的；参建各方主体的质量责任；确定质量监督的组织形式，明确质量监督人员及证书号；联系方式；质量监督的到位计划；工程项目划分；质量体系审查；明确重要隐蔽工程、关键部位单元工程、主要分部，工程等质量监督到位点；工程外观质量评定；质量事故处理；工程质量等级核验和需要建设、监理、设计、施工等单位配合的内容等。

第二，建设单位质量检查体系核查。

水利部在《堤防工程建设管理暂行办法》中规定项目法人、建设单位的组成必须具有一定的条件，在机构设置、技术力量、主要负责人的管理能力、技术负责人的工程经验等方面都做了统一的规定，这些也是质量监督员审查项目法人（建设单位）资质的主要依据，尤其是必须具有质量管理机构和相应的规章制度，以便其能够履行质量检查的职责，担负起对工程质量全面负责的重任。

第三，监理单位质量控制体系核查。

水利部1996年在《水利工程建设监理单位管理办法》中从技术力量、监理经历、管理能力、质量控制手段、人员配备、注册资金等方面将水利工程监理单位资格划分为甲、乙、丙三个等级，并规定了各资质等级监理单位的业务范围。对监理单位的资质审查不仅局限于查验监理单位的资质证书，同时还要审查监理单位的技术力量、质量控制措施、质量控制手段、单位信誉与财务状况等。

第四，施工单位质量保证体系核查。

由于水利工程项目的质量监督期是从开工前办理质量监督手续开始的，这时有的工程项目已经招标选择了施工单位，但也有一些工程项目还未选择施工承包单位，且鉴于目前绝大部分水利工程质量监督站都参与施工招标评标工作的实际情况，对施工单位的资质审查不应拘泥于仅查验一下施工单位的资质等级证书，还应对施工单位的施工业绩、技术实力、可投入本工程的施工人力（包括主要负责人和技术负责人）和机械设备、经营管理水平、近期财务状况及企业信誉等方面进行审查。

①施工单位资质等级核查。为了保证水利水电工程施工的顺利进行和工程质量、工期与工程费用的控制实现预期的目标，建设部颁发的《建筑企业资质等级标准（试行）》中对从事水利水电工程建设的施工企业，根据其施工的经历，技术队伍的状况，工程机械设备和质量控制检测手段，固定资产和流动资金状况，以及施工能力，将原来按照水利水电建筑施工、河海疏浚、水利水电设备安装和水利水电基础处理的四类不同的专业范围，统一归并为水利水电工程施工企业。将水利水电工程施工企业的资质等级标准分为一、二、三、四级，并规定了各级水利水电工程施工企业承包的工程范围。

②施工承包商的业绩和技术力量核查。承包商近期（一般指3 ~ 5年）施工业绩能比较综合地反映出承包商的施工经历、整体实力、技术水平、组织管理能力，以及工程施工的经验。

承包商的技术实力，包括主要负责人和技术负责人，主要的技术人员和管理人员的资历和实际工作能力，以及机械设备的数量、性能和质量等。

在核查时，不仅要审查施工承包商的施工机械设备，还要核查投入本工程的质量检测与试验设备，它是进行施工质量控制的重要手段。不仅要审查施工承包商整体的业绩和技术力量，更要核查拟担任本工程的项目经理和技术负责人的组织管理能力、技术水平和工作业绩，尤其是担任过规模相同或相近的工程中的类似职务，并有良好的工作业绩。

③承包商经营管理水平和近期财务状况核查。承包商经营管理水平，不仅反映承包商的主要负责人在组织工程施工，协调各管理部门和施工人员、施工机械，提高企业的工作效率和经济效益方面的能力，更重要的是反映承包商的质量体系的建立和运行状况。一个企业，如果真正建立了一个比较完善的质量体系如ISO 9000标准的质量体系，并能很好

地加以维持，使之有效运行，则每一个施工工序的质量就有了保证，从而整个工程的施工质量也就有了保证。合同的总目标以及对于投资、进度和质量的控制，应能得以实现。

④承包商企业信誉核查。承包商的企业信誉，主要反映在承包商信守合同，按合同办事，全心全意为用户服务，对用户负责的企业精神。一个信守合同的承包商，往往能严格按照合同要求，千方百计地克服困难，比较圆满地完成合同规定的各项任务。即使在执行合同过程中发生一些纠纷，也能以比较合作的态度，通过协商求得妥善解决，使工程项目的建设得以顺利进行。事实上，建设、监理单位与承包商之间建立相互信任、相互理解、相互合作的融洽关系，是顺利履行合同、搞好工程建设的重要外部条件。

第五，勘察设计单位资质核查。

对勘察设计的质量监督，目前一般只能做到对勘察设计单位的资格和其勘察设计成果质量的监督。

第六，施工组织设计及重要施工技术方案核查。

质量监督部门对施工组织设计的检查，主要是检查施工单位编制的施工组织设计。一方面检查和了解监理单位对施工单位提出的施工组织设计有无明确的审查意见，同时在以下几方面予以关注，以便了解和掌握施工质量控制的难点和关键环节。

①工程项目经理班子是否健全、真实、可靠；

②施工总平面布置是否合理；

③认真审查工程地质特征和场区环境状况；

④主要组织措施是否得力，针对性是否很强。

第七，特殊岗位人员资格核查。

特殊岗位是指凡与质量、安全效果发生重要影响的管理或操作人员。有的又将其分为关键岗位和特殊工种。关键岗位是指关系着工程建设的经营管理、工程质量、生产安全、经济效益和人民生命财产安全的重要管理岗位。在水利水电工程中涉及的主要有：总监理工程师、监理工程师、监理员、项目经理、工长、施工员、预算员、质检员、安全员、材料员、机械管理员、统计员、计划员、财会员、劳资员、定额员等岗位的管理人员。特殊工种是指关系着工程质量、生产安全和人民生命财产安全的工种，如机动车驾驶员、吊车司机、司炉工、焊工、电工、起重工、架子工、探伤工、试验员、化验员、测量工等。对这些特殊岗位的人员，国家和有关部门对其工作资格都做了一定的要求，必须经有关部门考试或考核合格，取得岗位证书后才准上岗。对于上述人员，未取得资质证书的应具有培训合格证，并经水利建设行政主管部门审查通过，才准上岗。

质量监督员核查特殊岗位人员的任务主要是核验那些与建设工程的质量和安全有重要影响的管理、检查和试验人员的岗位证书。主要核验的对象有：总监理工程师、监理工程师、监理员；项目经理、质量检查人员；以及监理单位和施工单位从事各种试验、理化人员。对于其他特殊岗位如施工员、工长、安全员、材料员、焊工、电工等可根据各工程的具体情况进行必要的审查。质量监督员在核验特殊岗位人员资格证书时，务必将证书与其人员进行核对，防止有弄虚作假行为。另外，还要考虑各种岗位人员的数量和其搭配比例，能否满足工程建设的需要。对于特殊岗位工种的人员严重缺乏和不足，又不能采取可靠措施保证其工程质量时，可不准其开工，已经开工的可提请有关部门责成其停工整顿，并下发质量监督整改通知书。

第八，工艺评定试验结果核查。

对于工程质量中的主要性能指标，不能通过其后的检验或试验完全判断，或施工后无法检测，只能通过破坏性检验才能判断其质量的施工作业过程，必须采取特殊的控制措施。对于这些作业过程，应预先进行工艺评定试验，取得可靠的技术参数，在施工作业过程中再由具备相应资格的人员进行连续监控和对主要技术参数加以控制，以确保这些施工作业过程中的工程质量。

第九，计量器具审查。

施工过程中从原材料进场到工程竣工交验都包括动力力量、物资量的消耗，都需要检测、测量各项有关参数。计量对工程施工质量具有技术保证作用在于：统一计量单位制、组织量值传递、保证量值统一。没有单位制和量值统一，工艺过程就不能控制，生产过程就无法进行，进行检验和试验所取得的数据也没有比较的价值，提高工程质量也就失去依据。通过计量和检测仪器所获取质量检验数据，是控制工程施工质量的重要手段，是保证和提高工程施工质量的基础条件。

质量监督员应着重对监理抽检和施工承包商自检控制手段进行审查。

第十，主要原材料质量核查。

质量监督员核查材料的质量时，主要是审查监理工程师签发的材料采购单、进场材料质量检验报告单、抽查材质证明书和试验报告单，并赴施工现场和材料存贮地进行现场检查，主要检查外形、颜色、尺寸、形状、气味，并从其包装、标识等方面检查其型号、品种、数量、性能等指标。若对某种材料的质量有怀疑时，可要求建设单位委托有资格的检测单位进行复检。

3. **施工过程质量监督**

施工过程的质量监督是质量监督工作的重点，也是难点。不仅要监督建设单位质量检查体系、监理单位质量控制体系、设计单位现场服务体系和施工单位的质量管理体系的运行情况，还要通过施工过程实物质量的检查来检验其质量体系的运行效果。如果工程施工质量不好，还要从制度上体系上找原因，以防止质量问题的发生，保证后续工程施工的质量。因而这一阶段的质量监督工作既有事后检查验收的作用，也有事先预防的作用。其任务是监督参加建设各方主体质量体系的运行情况，监督其质量行为和工程实物质量。对于质量监督计划中明确的到位点，一方面施工过程中有关方面应及时通知质量监督部门到场，另一方面，质量监督部门也要随时掌握和了解工程建设的进展情况，便于提前进行工作安排，做好足够的思想准备。施工过程质量监督的重点是重要隐蔽工程、关键部位的单元工程、质量检验资料、中间验收和质量事故处理等内容。

第一，重要隐蔽工程和关键部位单元工程验收签证。

隐蔽工程一般是指地基开挖、地基处理、基础工程、地下防渗工程、地基排水工程、地下建筑物工程等所有完工后被覆盖，而无法或很难对其再进行检查的工程。严重影响工程安全和使用功能的隐蔽工程，称之为重要隐蔽工程。对工程的安全和效益有显著影响的部位称为工程的关键部位。重要隐蔽工程和工程关键部位由于其特别重要，是工程施工中质量控制的关键和重点，同时也是质量控制的难点。为此必须做好事前预防，事中控制，事后验收的工作。

第二，质量检验资料审查。

质量检验是保证工程施工质量的重要手段，质量检验资料是评定工程质量等级的依据。质量监督员对建设、监理和施工单位的质量检验、测试记录进行检查，及时发现漏检、错检和错评的现象，以便保证质量检验资料能真实反映工程质量或状况。审查的内容大体是：检验项目、数量是否有漏、缺、少的现象，是否符合有关规定；检验人员是否有必要的资格证书，质量检验员是否专职，尤其是终检的质检员应是专职的；检验用的仪器、仪表是否在规定的检定周期范围内。对施工单位的质量检验程序也要进行审查，施工单位是否执行了“三检制”，检验是否及时，内容是否完整、真实，填写是否规范，签字是否完整、及时，评定结论是否正确等。对监理单位的质量抽检记录也要进行审查。为了进一步验证检验数据的可靠性，必要时可对有关方面的检验、测试过程进行跟踪检查，看其操作是否熟练、程序是否合法、方法是否得当，等等。

第三，中间验收审查。

对于原材料、配件和设备的监督抽查主要是审查合格证和出厂试验报告，商标与产品是否相符，是否按规定进行了复检，复检项目、结果是否符合有关要求，存放条件如何，材料的发放、领取是否有完善的制度，执行情况如何，等等；单元工程监督抽查，抽查单元工程质量检验评定记录，检查各工序之间的交接手续是否齐全；检验数据是否真实完整；对质量的描述是否真实、准确、客观；内容是否完整、规范；签字是否齐全；如有试验项目，审查试验报告；建设、监理单位审验是否认真、及时，等等。

4. 竣工验收质量监督

水利水电工程的单位工程完工之后，质量监督部门可要求建设、监理单位组织进行外观质量评定，与此同时，施工单位应将单元工程、分部工程和单位工程的质量检测资料提交给建设、监理单位进行审查，然后质量监督部门再根据建设、监理单位的审查结果，结合外观质量评定结果和原加工料、中间产品、金属结构及启闭机、机电设备安装质量及质量检测资料的核查情况，核定单位工程的质量等级。

第一，工程外观质量评定。

按照水利行业现行的规定，水利水电建筑物工程外观质量评定工作要求由质量监督部门主持进行。单位工程完工之后，就应着手进行外观质量评定。水利水电工程外观质量评定一般由质量监督、建设、监理、设计和施工单位的人员参加，参加人员的数量和技术水平都应满足有关规定。

第二，审查竣工验收资料。

由于水利水电工程单位工程的质量评定结果是由分部工程的质量评定情况，原材料、中间产品、金属结构及启闭机、机电设备安装质量情况，质量检测资料和外观质量评定的结果来综合反映的。质量监督审查单位工程竣工验收资料，主要是对其完整性、真实性和客观性进行认真审查，必要时对混凝土强度的检验评定情况，砌筑砂浆强度的检验评定情况，土方填筑的干容重检验评定情况等方面的质量进行审查和复核，不仅要审查施工单位的资料，也要审查监理单位的抽检资料。对于堤防工程，质量监督站还应要求建设单位委托有关部门进行必要的检测，对原材料、中间产品、金属结构及启闭机、机电设备安装质量检测资料的审查都要进行详细记录。

第三，工程质量等级核验。

验收委员会最终为确定工程质量等级提供可靠的依据。这就要求质量监督员在监督活动中注意收集和积累有关方面的资料和信息，按工程项目及时记录监督日志。在进行外观质量评定，核查原材料、中间产品、金属结构及启闭机、机电设备安装质量检测资料时，还要对该单位工程中的各分部工程的质量检验评定资料进行认真核验，并形成《单位工程质量评定表》。对于由多个单位工程组成的工程项目，建设、监理单位还应认真填写《工程项目施工质量评定表》，连同其他有关材料一起报质量监督部门核验整个工程项目的质量等级。

第四，编写质量评定报告。

水利水电工程质量评定报告，是质量监督部门全面综合反映其质量监督工作的过程、质量监督工作的主要内容、表明质量监督工作方式、阐述质量等级核定理由的重要文件，是验收委员会确定工程质量等级的主要依据。因此，质量监督部门必须慎重地编写好质量评定报告，并经质量监督站站长签发，单位签章后才能正式对外发布。

第五，竣工验收。

水利水电工程项目如已按批准的工程建设内容完建，并经质量监督部门核定工程质量达到合格及其以上等级，有关部门就可以着手组织工程的竣工验收。质量监督部门参与竣工验收工作，提出正式的工程质量监督报告，并对竣工验收的过程进行监督检查。

5. 质量保修期监督

水利工程在保修期间，质量监督的主要任务是监督设计单位、施工单位进行质量回访；检查、了解工程运行中的质量状况；参与和监督质量问题的调查、分析和处理工作；监督施工单位进行质量保修；监督和参与质量责任的鉴定和处理工作。

第三节　水利工程质量管理的基本要求

根据《水利工程质量管理规定》，水利工程质量是指在国家和水利行业现行的有关法律、法规、技术标准和批准的设计文件及工程合同中，对建设的水利工程的安全、适用、经济、美观等特性的综合要求。

一、质量管理的主要内容

1. 管理职责

根据《水利工程质量管理规定》，水利部负责全国水利工程质量管理工作。各流域机构受水利部的委托负责本流域由流域机构管辖的水利工程的质量管理工作，指导地方水行政主管部门的质量管理工作。各省、自治区、直辖市水行政主管部门负责本行政区域内水利工程质量管理工作。

水利工程质量实行项目法人（建设单位）负责、监理单位控制、施工单位保证和政府监督相结合的质量管理体制。

水利工程质量由项目法人（建设单位）负全面责任。监理、施工、设计单位按照合同及有关规定对各自承担的工作负责。质量监督机构履行政府部门监督职能，不代替项目法人（建设单位）、监理、设计、施工单位的质量管理工作。水利工程建设各方均有责任和权利向有关部门和质量监督机构反映工程质量问题。

水利工程项目法人（建设单位）、监理、设计、施工等单位的负责人，对本单位的质量工作负领导责任。各单位在工程现场的项目负责人对本单位在工程现场的质量工作负直接领导责任。各单位的工程技术负责人对质量工作负技术责任。具体工作人员为直接责任人。

2. 项目法人（建设单位）质量管理的主要内容

根据《水利工程质量管理规定》，项目法人（建设单位）质量管理的主要内容是：

第一，项目法人（建设单位）要加强工程质量管理，建立健全施工质量检查体系，根据工程特点建立质量管理机构和质量管理制度。

第二，项目法人（建设单位）在工程开工前，应按规定向水利工程质量监督机构申请办理工程质量监督手续。在工程施工过程中，应主动接受质量监督机构对工程质量的监督检查。

第三，项目法人（建设单位）应组织设计和施工单位进行设计交底；施工中应对工程质量进行检查，工程完工后，应及时组织有关单位进行工程质量验收、签证。

第四，项目法人应根据工程规模和工程特点，按照水利部有关规定，通过资格审查招标选择勘察设计、施工、监理单位并实行合同管理。在合同文件中，必须有工程质量条款，明确图纸、资料、工程、材料、设备等的质量标准及合同双方的质量责任。

3. 监理单位质量管理的主要内容

根据《水利工程质量管理规定》，监理单位必须持有水利部颁发的监理单位资格等级证书，依据核定的监理范围承担相应水利工程监理任务。监理单位必须接受水利工程质量监督单位对其监理资格、质量检查体系以及质量监理工作的监督检查。监理单位质量管理的主要内容是：

第一，监理单位必须严格执行国家法律、水利行业法规、技术标准，严格履行合同。

第二，监理单位根据所承担的监理任务向水利工程施工现场派出相应的监理机构，人员配备必须满足项目要求。监理工程师上岗必须持有水利部颁发的监理工程师岗位证书，一般监理人员上岗要经过岗前培训。

第三，监理单位应根据监理合同参与招标工作，从保证工程质量全面履行工程承建合同出发，签发施工图纸。

第四，审查施工单位的施工组织设计和技术措施。

第五，指导监督合同中有关质量标准、要求的实施。

第六，参加工程质量检查、工程质量事故调查处理和工程验收工作。

4. 设计单位质量管理的主要内容

根据《水利工程质量管理规定》，设计单位必须按其资质等级及业务范围承担相应水利工程设计任务。设计单位必须接受水利工程质量监督单位对其设计资质等级以及质量体系的监督检查。设计单位质量管理的主要内容是：

第一，必须建立健全设计质量保证体系，加强设计过程质量控制，健全设计文件的审核、会签批准制度，做好设计文件的技术交底工作。

第二，设计文件必须符合下列基本要求：设计文件应当符合国家、水利行业有关工程建设法规、工程勘测设计技术规程、标准和合同的要求。设计依据的基本资料应完整、准确、可靠，设计论证充分，计算成果可靠。设计文件的深度应满足相应设计阶段有关规定要求，设计质量必须满足工程质量、安全需要，并符合设计规范的要求。

第三，设计单位应按合同规定及时提供设计文件及施工图纸，在施工过程中要随时掌握施工现场情况，优化设计，解决有关设计问题。对大中型工程，设计单位应按合同规定在施工现场设立设计代表机构或派驻设计代表。

第四，设计单位应按水利部有关规定在阶段验收、单位工程验收和竣工验收中，对施工质量是否满足设计要求提出评价意见。

5. 施工单位质量管理的主要内容

根据《水利工程质量管理规定》，施工单位必须按其资质等级及业务范围承担相应水利工程施工任务。施工单位必须接受水利工程质量监督单位对其施工资质等级以及质量保证体系的监督检查。施工单位质量管理的主要内容是：

第一，施工单位必须依据国家、水利行业有关工程建设法规、技术规程、技术标准的规定以及设计文件和施工合同的要求进行施工，并对其施工的工程质量负责。

第二，施工单位不得将其承接的水利建设项目的主体工程进行转包。对工程的分包，分包单位必须具备相应资质等级，并对其分包工程的施工质量向总包单位负责，总包单位对全部工程质量向项目法人（建设单位）负责。

第三，施工单位要推行全面质量管理，建立健全质量保证体系，制定和完善岗位质量规范、质量责任及考核办法，落实质量责任制。在施工过程中要加强质量检验工作，认真执行“三检制”，切实做好工程质量的全过程控制。

第四，工程发生质量事故，施工单位必须按照有关规定向监理单位、项目法人（建设单位）及有关部门报告，并保护好现场，接受工程质量事故调查，认真进行事故处理。

第五，竣工工程质量必须符合国家和水利行业现行的工程标准及设计文件要求，并应向项目法人（建设单位）提交完整的技术档案、试验成果及有关资料。

6. 建筑材料、设备采购质量管理和工程保修的主要内容

第一，建筑材料、设备采购质量管理的主要内容。

根据《水利工程质量管理规定》，建筑材料和工程设备的质量由采购单位承担相应责任。凡进入施工现场的建筑材料和工程设备均应按有关规定进行检验。经检验不合格的产品不得用于工程。建筑材料或工程设备采购质量管理的主要内容是：

①建筑材料或工程设备有产品质量检验合格证明；

②建筑材料或工程设备有中文标明的产品名称、生产厂名和厂址；

③建筑材料或工程设备包装和商标式样符合国家有关规定和标准要求；

④工程设备应有产品详细的使用说明书，电气设备还应附有线路图；

⑤实施生产许可证或实行质量认证的产品，应当具有相应的许可证或认证证书。

第二，水利工程质量保修的主要内容。

根据《水利工程质量管理规定》，水利工程质量保修的主要内容是：

①水利工程保修期从工程移交证书写明的工程完工日起一般不少于 1 年。有特殊要求的工程，其保修期限在合同中规定。

②工程质量，出现永久性缺陷的，承担责任的期限不受以上保修期限制。

③水利工程在规定的保修期内，出现工程质量问题，一般由原施工单位承担保修，所需费用由责任方承担。

7. 罚则

水利工程发生重大工程质量事故，应严肃处理。对责任单位予以通报批评、降低资质等级或收缴资质证书；对责任人给予行政纪律处分，构成犯罪的，移交司法机关进行处理。

因水利工程质量事故造成人身伤亡及财产损失的，责任单位应按有关规定，给予受损方经济赔偿。

第一，项目法人（建设单位）有下列行为之一的，由其主管部门予以通报批评或其他纪律处理。

①未按规定选择相应资质等级的勘测设计、施工、监理单位的；

②未按规定办理工程质量监督手续的；

③未按规定及时进行已完工程验收就进行下一阶段施工和未经竣工或阶段验收而将工程交付使用的；

④发生重大工程质量事故没有按有关规定及时向有关部门报告的。

第二，勘测设计、施工、监理单位有下列行为之一的，根据情节轻重，予以通报批评，降低资质等级直至收缴资质证书，经济处理按合同规定办理，触犯法律的，按国家有关法律处理。

①无证或超越资质等级承接任务的；

②不接受水利工程质量监督机构监督的；

③设计文件不符合本规定第二十七条要求的；

④竣工交付使用的工程不符合本规定第三十五条要求的；

⑤未按规定实行质量保修的；

⑥使用未经检验或检验不合格的建筑材料和工程设备，或在工程施工中粗制滥造、偷工减料、伪造记录的；

⑦发生重大工程质量事故没有及时按有关规定向有关部门报告的；

⑧经水利工程质量监督机构核定工程质量等级为不合格或工程需加固或拆除的。

第三，检测单位伪造检验数据或伪造检验结论的，根据情节轻重，予以通报批评、降低资质等级直至收缴资质证书。因伪造行为造成严重后果的，按国家有关规定处理。

第四，对不认真履行水利工程质量监督职责的质量监督机构，由相应水行政主管部门或其上一级水利工程质量监督机构给予通报批评、撤换负责人或撤销授权并进行机构改组。从事工程质量监督的工作人员执法不严，违法不究或者滥用职权，贪污受贿，由其所在单位或上级主管部门给予行政处分，构成犯罪的，依法追究刑事责任。

二、质量监督的主要内容

为了加强水行政主管部门对水利工程质量的监督管理，保证工程质量，确保工程安全，发挥投资效益，水利部发布施行《水利工程质量监督管理规定》。该规定分为总则、机构与人员、机构职责、质量监督、质量检测、工程质量监督费、奖惩、附则共八章计 38 条。与之配套使用的文件包括《水利工程质量检测管理规定》。

根据《水利工程质量监督管理规定》，在我国境内新建、扩建、改建、加固各类水利水电工程和城镇供水、滩涂围垦等工程（以下简称水利工程）及其技术改造，包括配套与附属工程，均必须由水利工程质量监督机构负责质量监督。工程建设、监理、设计和施工单位在工程建设阶段，必须接受质量监督机构的监督。

1. 监督依据

水行政主管部门主管质量监督工作。水利工程质量监督机构是水行政主管部门对工程质量进行监督管理的专职机构，对水利工程质量进行强制性的监督管理。工程质量监督的依据是：

①国家有关的法律、法规；

②水利水电行业有关技术规程、规范，质量标准；

③经批准的设计文件等。

2. 机构与人员

第一，监督机构

水利部主管全国水利工程质量监督工作，水利工程质量监督机构按总站、中心站、站三级设置。

①水利部设置全国水利工程质量监督总站，办事机构设在建管司。水利水电规划设计管理局设置水利工程设计质量监督分站，各流域机构设置流域水利工程质量监督分站作为总站的派出机构。

②各省、自治区、直辖市水利（水电）厅（局），新疆生产建设兵团水利局设置水利工程质量监督中心。

③各地（市）水利（水电）局设置水利工程质量监督站。各级质量监督机构隶属于同级水行政主管部门，业务上接受上一级质量监督机构的指导。

水利工程质量监督项目站（组），是相应质量监督机构的派出单位。

第二，监督人员。

各级质量监督机构的站长一般应由同级水行政主管部门主管工程建设的领导兼任，有条件的可配备相应级别的专职副站长。各级质量监督机构的正副站长由其主管部门任命，并报上一级质量监督机构备案。

各级质量监督机构应配备一定数量的专职质量监督员。质量监督员的数量由同级水行政主管部门根据工作需要和专业配套的原则确定。

水利工程质量监督员必须具备以下条件：

①取得工程师职称，或具有大专以上学历并有5年以上从事水利水电工程设计、施工、监理、咨询或建设管理工作的经历；

②坚持原则，秉公办事，认真执法，责任心强；

③经过培训并通过考核取得“水利工程质量监督员证”。

质量监督机构可聘任符合条件的工程技术人员作为工程项目的兼职质量监督员。为保证质量监督工作的公正性、权威性，凡从事该工程监理、设计、施工、设备制造的人员不得担任该工程的兼职质量监督员。

第三，监督资格。

各质量监督分站、中心站、地（市）站和质量监督员必须经上一级质量监督机构考核、认证，取得合格证书后，方可从事质量监督工作。质量监督机构资质每四年复核一次，质量监督员证有效期为四年。

3. **职责**

水利工程按照分级管理的原则由相应水行政主管部门授权的质量监督机构实施质量监督。水利部主管全国水利工程质量监督工作，水利工程质量监督机构按总站、中心站、分站三级设置。

第一，监督总站职责。

水利部设置全国水利工程质量监督总站，其主要职责是：

①贯彻执行国家和水利部有关工程建设质量管理的方针和政策；

②制定水利工程质量监督、检测有关规定和办法，并监督实施；

③归口管理全国水利工程质量监督工作，指导各分站、中心站的质量监督工作；

④对水利部直属重点工程组织实施质量监督，参加工程阶段验收和竣工验收；

⑤监督有争议的重大工程质量事故的处理；

⑥掌握全国水利工程质量动态，组织交流全国水利工程质量监督工作经验，组织培训质量监督人员，开展全国水利工程质量检查活动。

第二，监督分站职责。

水利水电规划设计管理局设置水利工程设计质量监督分站。水利工程设计质量监督分站接受总站委托承担的主要任务：

①归口管理全国水利工程的设计质量监督工作；

②负责设计全面管理工作；

③掌握全国水利工程的设计质量动态，定期向总站报告设计质量监督情况。

各流域机构设置水利工程质量监督分站作为总站的派出机构。其主要职责是：

①对本流域内总站委托监督的部属水利工程、中央与地方合资项目（监督方式由分站和中心站协商确定）、省（自治区、直辖市）界及国际边界河流上的水利工程实施监督；

②监督受监督水利工程质量事故的处理；

③参加受监督水利工程的阶段验收和竣工验收；

④掌握本流域水利工程质量动态，及时上报质量监督工作中发现的重大问题，开展水利工程质量检查活动，组织交流本流域内的质量监督工作经验。

第三，中心站职责。

各省、自治区、直辖市，新疆生产建设兵团设置水利工程质量监督中心站，其主要职责是：

①贯彻执行国家、水利部和省、自治区、直辖市有关工程建设质量管理的方针和政策；

②管理辖区内水利工程质量监督工作，指导本省、自治区、直辖市的市（地）质量监督站的质量监督工作；

③对辖区内除总站以及分站已经监督的水利工程外的其他水利工程实施质量监督；

④参加受监督工程阶段验收和竣工验收；

⑤掌握辖区内水利工程质量动态和质量监督情况，定期向总站报告，同时抄送流域分站；组织培训质量监督人员，开展水利工程质量检查活动，组织交流质量监督工作经验。

根据《水利工程质量监督规定》，水利工程建设项目质量监督方式以抽查为主。大型水利工程应设置项目站，中小型水利工程可根据需要建立质量监督项目站（组），或进行巡回监督。从工程开工前办理质量监督手续始，到工程竣工验收委员会同意工程交付使用止，为水利工程建设项目的质量监督期（含合同质量保修期）。

各级质量监督机构的质量监督人员由专职质量监督员和兼职质量监督员组成。其中，兼职质量监督员为工程技术人员，凡从事该工程监理、设计、施工、设备制造的人员不得担任该工程的兼职质量监督员。

4. 监督内容

根据《水利工程质量监督规定》，工程质量监督的主要内容为：

①对监理、设计、施工和有关产品制作单位的资质进行复核。

②对建设、监理单位的质量检查体系和施工单位的质量保证体系以及设计单位现场服务等实施监督检查。

③对工程项目的单位工程、分部工程、单元工程的划分进行监督检查。

④监督检查技术规程、规范和质量标准的执行情况。

⑤检查施工单位和建设、监理单位对工程质量检验和质量评定情况。

⑥在工程竣工验收前，对工程质量进行等级核定，编制工程质量评定报告，并向工程竣工验收委员会提出工程质量等级的建议。

5. 监督权限

根据《水利工程质量监督规定》，工程质量监督机构的质量监督权限如下：

①对监理、设计、施工等单位的资质等级、经营范围进行核查，发现越级承包工程等不符合规定要求的，责成建设单位限期改正，并向水行政主管部门报告。

②质量监督人员需持“水利工程质量监督员证”进入施工现场执行质量监督。对工程有关部位进行检查，调阅建设、监理单位和施工单位的检测试验成果、检查记录和施工记录。

③对违反技术规程、规范、质量标准或设计文件的施工单位，通知建设、监理单位采取纠正措施。问题严重时，可向水行政主管部门提出整顿的建议。

④对使用未经检验或检验不合格的建筑材料、构配件及设备等，责成建设单位采取措施纠正。

⑤提请有关部门奖励先进质量管理单位及个人。

⑥提请有关部门或司法机关追究造成重大工程质量事故的单位和个人的行政、经济、刑事责任。

三、水利工程质量检测的基本要求

根据《水利工程质量监督规定》和《水利工程质量检测管理规定》，工程质量检测是工程质量监督和质量检查的重要手段。水利工程质量检测是指水利工程质量检测单位对水利工程施工质量或用于水利工程建设的原材料、中间产品、金属结构、机电设备等进行的测量、检查、试验或度量，并将结果与规定要求进行比较以确定质量是否合格所进行的活动。有关水利工程质量检测的基本要求是：

1. 检测资质

水利工程质量检测单位应依据《水利水电工程与产品的安全、质量检验测试机构管理办法》的有关规定设立，通过省级以上计量行政主管部门计量认证，并经省级以上水行政主管部门或流域机构批准，方可承担水利工程质量检测工作。

2. 检测效力

水利部批准的水利工程质量检测单位出具的检测结果是水利工程质量的最终检测。流域机构或省级水行政主管部门应明确本流域、本辖区水利工程质量的最高检测单位。仲裁检测由最后岗位检测单位或最终检测单位承担。

3. 检测人员要求

水利工程质量检测人员应具备以下条件：

①经省级以上水行政主管部门或流域机构指定的培训机构进行专业技术知识培训并取得结业证书；

②具有所检测内容的专业知识、能力；

熟悉国家、水利行业的相关技术标准；

④具有省级以上水行政主管部门或流域机构颁发的“水利工程质量检测员证”岗位证书。

4. 检测依据

水利工程质量检测的依据：

①法律、法规、规章的规定；

②国家标准、水利水电行业标准；

③工程承包合同认定的其他标准和文件；

④批准的设计文件，金属结构、机电设备安装等技术说明书；

⑤其他特定要求。

5. 检测、方法

水利工程质量检测的主要方法和抽样方式：

①国家、水利行业标准有规定的，从其规定；

②国家、水利行业标准没有规定的，由检测单位提出方案，委托方予以确认；

③仲裁检测，有国家、水利行业规定的，从其规定；没有规定的，按争议各方的共同约定进行。

6. 委托检测

监督机构根据工作需要，可委托水利工程质量检测单位承担以下主要任务：

①核查受监督工程参建单位的实验室装备、人员资质、试验方法及成果等；

②根据需要对工程质量进行抽样检测，提出检测报告；

③参与工程质量事故分析和研究处理方案；

④质量监督机构委托的其他任务。

水利工程质量检测的成果是水利工程质量检测报告。检测单位对其出具的检测报告承担相应法律和经济责任。报告内容应客观、数据可靠、结论准确、签名齐全。如需补充或更正，应写明具体原因。

第四节　水利工程质量事故处理的基本要求

一、事故分类与事故报告的主要内容

1. 质量事故的概念

根据《水利工程质量事故处理暂行规定》，水利工程质量事故是指在水利工程建设过程中，由于建设管理、监理、勘测、设计、咨询、施工、材料、设备等原因造成工程质量不符合规程规范和合同规定的质量标准，影响工程使用寿命和对工程安全运行造成隐患和危害的事件。

工程建设中，原则上是不允许出现质量事故的。但由于工程建设过程中各种因素综合作用又很难完全避免，工程如出现质量事故后，有关方面应及时对事故现场进行保护，防止遭到破坏，影响今后对事故的调查和原因分析。在有些情况下，如不采取防护措施，事故有可能进一步扩大时，应及时采取可靠的临时性防护措施，防止事故发展，以免造成更大的损失。

2. 事故的分类

工程质量事故的分类方法很多，有按事故发生的时间进行分类，有按事故产生原因进行分类，有按事故造成的后果或影响程度进行分类，有按事故处理的方式进行分类，有按事故的性质进行分类。根据《水利工程质量事故处理暂行规定》，工程质量事故按直接经济损失的大小，检查、处理事故对工期的影响时间长短和对工程正常使用的影响，分为一般质量事故、较大质量事故、重大质量事故和特大质量事故。

3. 水利工程质量事故的特点

由于工程建设项目不同于一般的工业生产活动，其项目实施的一次性，建设工程特有的流动性、综合性，劳动的密集性及协同作业关系的复杂性，构成了建设工程质量事故具有复杂性、严重性、可变性和多样性的特点。

第一，复杂性。

为了满足各种特定使用功能的需要，适应各种自然环境，水利水电工程品种繁多，类型各异，即使是同类型同级别的水工建筑物，也会因其所处的地理位置不同，地质、水文及气象条件的变化，带来施工环境和施工条件的变化。尤其需要注意的是，造成质量事故的原因错综复杂，同一性质、同一形态的质量事故，其原因有时截然不同。同时水利水电工程在使用过程中也会出现各种各样的问题。所有这些复杂的因素，必然导致工程质量事故的性质、危害程度以及处理方法的复杂性。

第二，严重性。

水利水电工程一旦发生工程质量事故，不仅影响工程建设的进程，造成一定的经济损失，还可能会给工程留下隐患，降低工程的使用寿命，严重威胁着人民生命财产的安全。在水利水电工程建设中；最为严重、影响最恶劣的是垮坝或溃堤事故，不仅造成严重的人员伤亡和巨大的经济损失，还会影响国民经济和社会的发展。

第三，可变性。

水利水电工程中相当多的质量问题是随着时间、条件和环境的变化而发展的。因此，一旦发生质量问题，就应及时进行调查和分析，针对不同情况采取相应的措施。对于那些可能要进一步发展，甚至会酿成质量事故的，要及时采取应急补救措施，进行必要的防护和处理；对于那些表面问题，也要进一步查清内部结构情况，确定问题性质是否会转化；对于那些随着时间、水位、温度或湿度等条件的变化可能会进一步加剧的质量问题，要注意观测，做好记录，认真分析，找出其发展变化的特征或规律，以便于采取必要有效的处理措施，使问题得到妥善处理。

4. 质量事故报告的主要内容

根据《水利工程质量事故处理暂行规定》，事故发生后，事故单位要严格保护现场，采取有效措施抢救人员和财产，防止事故扩大。因抢救人员、疏导交通等原因需移动现场物件时，应做出标志、绘制现场简图并作出书面记录，妥善保管现场重要痕迹、物证，并进行拍照或录像。

发生质量事故后，项目法人必须将事故的简要情况向项目主管部门报告。项目主管部门接到事故报告后，按照管理权限向上级水行政主管部门报告。较大质量事故逐级向省级水行政主管部门或流域机构报告；重大质量事故逐级向省级水行政主管部门或流域机构报告并抄报水利部；特大质量事故逐级向水利部和有关部门报告。

发生（发现）较大质量事故、重大质量事故、特大质量事故要在 48 h 内向有关单位提出书面报告；突发性事故，事故单位要在 4 h 内向有关单位报告。

有关事故报告应包括以下主要内容：

第一，工程名称、建设地点、工期，项目法人、主管部门及负责人电话；

第二，事故发生的时间、地点、工程部位以及相应的参建单位名称；

第三，事故发生的简要经过，伤亡人数和直接经济损失的初步估计；

第四，事故发生原因初步分析；

第五，事故发生后采取的措施及事故控制情况；

第六，事故报告单位、负责人以及联络方式。

二、事故处理的基本要求

根据《水利工程质量事故处理暂行规定》，因质量事故造成人员伤亡的，还应遵从国家和水利部伤亡事故处理的有关规定。其中质量事故处理的基本要求是：

1. 质量事故处理的原则

第一，根据《水利工程质量事故处理暂行规定》发生质量事故必须坚持“事故原因不查清不放过、主要事故责任者和职工未受到教育不放过、补救和防范措施不落实不放过”的原则，认真调查事故原因，研究处理补救措施，查明事故责任者，做好事故处理工作。

第二，事故调查应及时、全面、准确、客观，并认真做好记录。

第三，事故处理要建立在调查的基础上。

第四，根据调查情况，及时确定是否采取临时，防护措施。

第五，事故处理要建立在原因分析的基础上，既要避免无根据地蛮干，又要防治谨小慎微地把问题复杂化。

第六，事故处理方案既要满足工程安全和使用功能的要求，又要经济合理、技术可行、施工方便。

第七，事故处理过程要有检查记录，处理后进行质量评定和验收，方可投入使用或下一阶段施工。

第八，对每一个工程事故，不论是否需要进行处理，都要经过分析，明确做出结论。

第九，根据质量事故造成的经济损失，坚持谁承担事故责任谁负责的原则。质量事故的责任者大致有：业主、监理单位、设计单位、施工单位和设备材料供应单位等。

2. 水利工程质量事故分级管理制度

第一，水利部负责全国水利工程质量事故处理管理工作，并负责部属重点工程质量事故处理工作。

第二，各流域机构负责本流域水利工程质量事故处理管理工作，并负责本流域中央投资为主的、省（自治区、直辖市）界及国际边界河流上的水利工程质量事故处理工作。

第三，各省、自治区、直辖市水利（水电）厅（局）负责本辖区水利工程质量事故处理管理工作和所属水利工程质量事故处理工作。

3. 质量事故处理的一般程序

第一，发现质量事故。

第二，报告质量事故。发生质量事故，不论谁发现质量事故均应立即报告。

第三，调查质量事故。为了弄清事故的性质、危害程度，查明其原因，为分析和处理事故提供依据，有关方面应根据事故的严重程度组织专门的调查组，对发生的事故进行详细的调查。事故调查一般应从以下几方面入手：工程情况调查，事故情况调查，地质水文资料，中间产品、构件和设备的质量情况，设计情况、施工情况，施工期观测情况，运行情况等。

第四，分析事故原因。

第五，研究处理方案。

第六，确定方案设计。

第七，处理方案实施。

第八，检查验收。

第九，结论。

4. 质量事故的调查

根据《水利工程质量事故处理暂行规定》，发生质量事故，要按照规定的管理权限组织调查组进行调查，查明事故原因，提出处理意见，提交事故调查报告。

事故调查组成员由主管部门根据需要确定并实行回避制度。

第一，一般事故由项目法人组织设计、施工、监理等单位进行调查，调查结果报项目主管部门核备。

第二，较大质量事故由项目主管部门组织调查组进行调查，调查结果报上级主管部门批准并报省级水行政主管部门核备。

第三，重大质量事故由省级以上水行政主管部门组织调查组进行调查，调查结果报水利部核备。

第四，特大质量事故由水利部组织调查。

第五，调查组有权向事故单位、各有关单位和个人了解事故的有关情况。有关单位和个人必须实事求是地提供有关文件或材料，不得以任何方式阻碍或干扰调查组正常工作。

第六，事故调查组提交的调查报告经主持单位同意后，调查工作即告结束。

第七，事故调查费用暂由项目法人垫付，待查清责任后，由责任方负担。

第八，事故调查组的主要任务。

①查明事故发生的原因、过程、财产损失情况和对后续工程的影响；

②组织专家进行技术鉴定；

③查明事故的责任单位和主要责任者应负的责任；

④提出工程处理和采取措施的建议；

⑤提出对责任单位和责任者的处理建议；

⑥提交事故调查报告。

5. 工程处理

根据《水利工程质量事故处理暂行规定》，发生质量事故，必须针对事故原因提出工程处理方案，经有关单位审定后实施。

第一，一般事故，由项目法人负责组织有关单位制定处理方案并实施，报上级主管部门备案。

第二，较大质量事故，由项目法人负责组织有关单位制定处理方案，经上级主管部门审定后实施，报省级水行政主管部门或流域机构备案。

第三，重大质量事故，由项目法人负责组织有关单位提出处理方案，征得事故调查组意见后，报省级水行政主管部门或流域机构审定后实施。

第四，特大质量事故，由项目法人负责组织有关单位提出处理方案，征得事故调查组意见后，报省级水行政主管部门或流域机构审定后实施，并报水利部备案。

第五，事故处理需要进行设计变更的，需原设计单位或有资质的单位提出设计变更方案。需要进行重大设计变更的，必须经原设计审批部门审定后实施。

第六，事故部位处理完成后，必须按照管理权限经过质量评定与验收后，方可投入使用或进入下一阶段施工。

6. 事故处罚

第一，对工程事故责任人和单位需进行行政处罚的，由县以上水行政主管部门或经授权的流域机构按照第五条规定的权限和《水行政处罚实施办法》进行处罚。

特大质量事故和降低或吊销有关设计、施工、监理、咨询等单位资质的处罚，由水利部或水利部会同有关部门进行处罚。

第二，由于项目法人责任酿成质量事故，令其立即整改；造成较大以上质量事故的，进行通报批评、调整项目法人；对有关责任人处以行政处分；构成犯罪的，移送司法机关依法处理。

第三，由于监理单位责任造成质量事故，令其立即整改并可处以罚款；造成较大以上质量事故的，处以罚款、通报批评、停业整顿、降低资质等级，直至吊销水利工程监理资质证书；对主要责任人处以行政处分，取消监理从业资格，收缴监理工程师资格证书、监理岗位证书；构成犯罪的，移送司法机关依法处理。

第四，由于咨询、勘测、设计单位责任造成质量事故，令其立即整改并可处以罚款；造成较大以上质量事故的，处以通报批评，停业整顿，降低资质等级，吊销水利工程勘测、设计资格；对主要责任人处以行政处分，取消水利工程勘测、设计执业资格；构成犯罪的，移送司法机关依法处理。

第五，由于施工单位责任造成质量事故，令其立即自筹资金进行事故处理，并处以罚款；造成较大以上质量事故的，处以通报批评、停业整顿、降低资质等级直至吊销资质证书；对主要责任人处以行政处分、取消水利工程施工执业资格；构成犯罪的；移送司法机关依法处理。

第六，由于设备、原材料等供应单位责任造成质量事故，对其进行通报批评、罚款；构成犯罪的，移送司法机关依法处理。

第七，对监督不到位或只收费不监督的质量监督单位处以通报批评、限期整顿、重新组建质量监督机构；对有关责任人处以行政处分、取消质量监督资格；构成犯罪的，移送司法机关依法处理。

第八，对隐情不报或阻碍调查组进行调查工作的单位或个人，由主管部门视情节给予行政处分；构成犯罪的，移送司法机关依法处理。

第九，对不按本规定进行事故的报告、调查和处理而造成事故进一步扩大或贻误处理时机的单位和个人，由上级水行政主管部门给予通报批评，情节严重的，追究其责任人的责任；构成犯罪的，移送司法机关依法处理。

第十，因设备质量引发的质量事故，按照《中华人民共和国产品质量法》的规定进行处理。

第十一，工程建设中未执行国家和水利部有关建设程序、质量管理、技术标准的有关规定，或违反国家和水利部项目法人责任制、招标投标制、建设监理制和合同管理制及其他有关规定而发生质量事故的，对有关单位或个人从严从重处罚。

7. 质量缺陷的处理

根据《水利工程质量事故处理暂行规定》，小于一般质量事故的质量问题称为质量缺陷。水利工程应当实行质量缺陷备案制度。

第一，对因特殊原因，使得工程个别部位或局部达不到规范和设计要求（不影响使用），且未能及时进行处理的工程质量缺陷问题（质量评定仍为合格），必须以工程质量缺陷备案形式进行记录备案。

第二，质量缺陷备案的内容包括：质量缺陷产生的部位、原因，对质量缺陷是否处理和如何处理以及对建筑物使用的影响等。内容必须真实、全面、完整，参建单位（人员）必须在质量缺陷备案表上签字，有不同意见应明确记载。

第三，质量缺陷备案资料必须按竣工验收的标准制备，作为工程竣工验收备查资料存档。质量缺陷备案表由监理单位组织填写。

第四，工程项目竣工验收时，项目法人必须向验收委员会汇报并提交历次质量缺陷的备案资料。

第七章　水利工程安全管理

第一节　安全管理基本知识

一、基本概念术语

1. 安全

对于安全的定义，人们从不同侧面对安全进行了描述。归纳起来有以下几种：

第一，安全是指没有危险、不受威胁、不出事故的一种过程和状态。

第二，安全是指免除了不可接受的损害风险的状态。

安全是不发生不可接受的风险的一种状态。当风险的程度是合理的，在经济、身体、心理上是可承受的，即可认为处在安全状态。当风险达到不可接受的程度时，则形成不安全状态。不可接受的损害风险指：超出了法律法规的要求；超出了方针、目标和企业规定的其他要求；超出了人们普遍接受程度要求等。安全与否要对照风险的接受程度来判定。随着时间、空间的变化，可接受的程度会发生变化，从而使安全状态也产生变化。因此，安全是一个相对性的概念。例如，汽车交通事故每天都会发生，也会造成一定的人员伤亡和财产损失，这就是定义中的"风险"。但相对于每天的交通总流量、总人次和总的价值来说，伤亡和损失是较小的，是社会和人们可以接受的，即整体上看来没有出现"不可接受的损害风险"，因而大家还是普遍认为现代的汽车运输是"安全"的。

2. 风险

风险是指某一特定危险情况发生的可能性及其后果的组合。

风险是对某种可预见的危险情况发生的概率及其后果严重程度这两项指标的综合描述。危险情况可能导致人员伤害和疾病、财产损失、环境破坏等。对危险情况的描述和控制主要通过其两个主要特性来实现，即可能性和严重性。可能性是指危险情况发生的难易程度，通常使用概率来描述。严重性是指危险情况一旦发生后，将造成的人员伤害和经济损失的程度和大小。两个特性中任意一个过高都会使风险变大。如果其中一个特性不存在，或为零，则这种风险不存在。

3. 事故

事故是指造成死亡、疾病、伤害、损坏或其他损失的意外情况。

事故是造成不良结果的非预期的情况。健康安全管理体系在主观上关注的是活动、过程的非预期的结果，在客观上这些非预期的结果的性质是负面的、不良的，甚至是恶性的。对于人员来说，这种不良结果可能是死亡、疾病和伤害。我国的劳动安全部门通常将上述情况称为“伤亡事故”和“职业病”。对于物质财产来说，事故会造成损毁、破坏或其他形式的价值损失。

4. 事件

事件是指导致或可能导致事故的情况。

事件是引发事故或可能引发事故的情况，主要是指活动、过程本身的情况，其结果尚不确定。如果造成不良结果则形成事故，如果侥幸未造成事故也应引起关注。

5. 可容许风险

可容许风险是指根据组织的法律义务和职业健康安全方针，已降至组织可接受程度的风险。

可容许的风险是指经过组织的努力将原来危害程度较大的风险变成危害程度较小、可以被组织接受的风险。国家的职业健康安全法律法规对组织提出了健康安全方面的最基本的要求，组织必须遵守。组织还应根据自身的情况制定职业健康安全方针，阐明组织职业健康安全总目标和改进职业健康安全绩效的承诺。根据这两方面的要求，组织对存在的职业健康安全风险进行评价，判定其程度是否为组织所接受。

6. 危险源

危险源是指可能导致伤害或疾病、财产损失、工作环境破坏或这些情况组合的根源或状态。

危险源是指可能导致人员伤害或疾病、物质财产损失、工作环境破坏的根源或情况及其他的组合。可将危险源分为六类：物理性危险和有害因素、化学性危险和有害因素、生物性危险和有害因素、心理生理性危险和有害因素、行为性危险和有害因素、其他危险和有害因素。根据研究的侧重点不同，危险源还有其他多种分类方法，但从造成伤害、损失和破坏的本质上分析，可归结为能量、有害物质的存在和能量、有害物质的失控这两大方面。

7. 危险源辨识

危险源辨识是指识别危险源的存在并确定其特性的过程。

危险源辨识就是从组织的活动中识别出可能造成人员伤害、财产损失和环境破坏的因素，并判定其可能导致的事故类别和导致事故发生的直接原因的过程。能量和物质的运用是人类社会存在的基础。每个组织在运作过程中不可避免地存在这两方面的因素，因此危险源是不可能完全排除的。危险源的存在形式多样，有的显而易见，有的则因果关系不明显。因此，需要采用一些特定的方法和手段对其进行识别，并进行严密的分析，找出因果关系。危险源辨识是安全管理的最基本的活动。

8. 风险评价

风险评价是指评估风险大小以及确定风险是否可容许的全过程。

风险评价主要包括两个阶段：一是对风险进行分析评估，确定其大小或严重程度；二是将风险与安全要求进行比较，判定其是否可接受。风险分析评估主要针对危险情况的可能性和严重性进行。安全要求，即判定风险是否可接受的依据，需要根据法律法规要求、组织方针目标等要求和社会、大众的普遍要求综合确定。

9. 安全生产

安全生产是指国家和企业为了预防生产过程中发生人身和设备事故、形成良好的劳动环境和工作秩序而采取的一系列措施和开展的各种活动。

10. 安全管理体系

总的管理体系的一个部分，便于组织对与其业务相关的安全风险的管理。它包括为制定、实施、实现、评审和保持安全方针所需的组织结构、策划活动、职责、惯例、程序、过程和资源。

管理体系是建立方针和目标并实现这些目标的相互关联或相互作用的一组要素。一个组织的总的管理体系可包括若干个具有特定目标的组成部分，如职业健康安全管理体系、质量管理体系、环境管理体系等。职业健康安全管理体系是组织总的管理体系的一部分，或理解为组织若干管理体系中的一个，便于组织对职业健康安全风险的管理。

11. 绩效

“绩效”也可称为“业绩”。绩效是指基于职业健康安全方针和目标，与组织的职业健康安全风险控制有关的，职业健康安全管理体系的可测量结果。

绩效测量包括职业健康安全管理活动和结果的测量。绩效是组织在职业健康安全管理方面、在危险风险控制方面表现出的实际业绩和效果的综合描述。职业健康安全管理体系的结果综合反映了体系的符合性、有效性和适宜性，对其结果的测量应依据组织的方针和目标进行，可用对组织方针、目标的实现程度来表示，也可具体体现在某一或某类危险危害因素的控制上。

12. 持续改进

为改进职业健康安全总体绩效，根据职业健康安全方针，组织强化职业健康安全管理体系的过程。

持续改进是组织对其职业健康安全管理体系进行不断完善的过程。持续改进活动将使组织的职业健康安全总体绩效得到改进，实现组织的职业健康安全方针和目标。

二、施工项目安全管理范围

安全管理的中心问题，是保护生产活动中人的安全与健康，保证生产顺利进行。

宏观的安全管理包括：

第一，劳动保护。侧重于政策、规程、条例、制度等形式的操作或管理行为，从而使劳动者的安全与身体健康等得到应有的法律保障。

第二，安全技术。侧重于对“劳动手段和劳动对象”的管理。包括预防伤亡事故的工程技术和安全技术规范、技术规定、标准、条例等，以规范物的状态，减少或消除对人、对物的危害。

第三，工业卫生。着重工业生产中高温、振动、噪声、毒物的管理。通过防护、医疗、保健等措施，防止劳动者的安全与健康受到有害因素的危害。

从生产管理的角度，安全管理可以概括为，在进行生产管理的同时，通过采用计划、组织、技术等手段，依据并适应生产中的人、物、环境因素的运动规律，使其积极方面得到充分发挥，而又利于控制事故不致发生的一切管理活动。

施工现场中直接从事生产作业的人密集，机、料集中，存在多种危险因素。因此，施工现场属于事故多发的作业现场。控制人的不安全行为和物的不安全状态，是施工现场安全管理的重点，也是预防与避免伤害事故、保证生产处于最佳安全状态的根本环节。

施工现场安全管理的内容大体可归纳为安全组织管理、场地与设备管理、行为控制和安全技术管理四个方面，分别对生产中的人、物、环境的行为与状态，进行具体的管理与控制。

三、安全管理的基本原则

为有效地将生产因素的状态控制好，在实施安全管理过程中，必须正确处理好五种关系，坚持六项管理原则。

1. 正确处理五种关系

第一，安全与危险的并存。

有危险才要进行安全管理。保持生产的安全状态，必须采取多种措施，以预防为主，危险因素就可以得到控制。

第二，安全与生产的统一。

安全是生产的客观要求。生产有了安全保障，才能持续稳定地进行。生产活动中事故不断，势必使生产陷于混乱甚至瘫痪状态。

第三，安全与质量的包含。

从广义上看，质量包含安全工作质量，安全概念也内含着质量，二者交互作用，互为因果。

第四，安全与速度的互保。

安全与速度成反比例关系，速度应以安全作保障。一味强调速度，置安全于不顾的做法是极其有害的，一旦酿成不幸，反而会延误时间。

第五，安全与效益的兼顾。

安全技术措施的实施，定会改善劳动条件，调动职工积极性，由此带来的经济效益足以使原来的投入得以补偿。

2. 坚持安全管理六项基本原则

第一，管生产的同时管安全。

安全管理是生产管理的重要组成部分，各级领导在管理生产的同时，必须负责管理安全工作。企业中各有关专职机构，都应在各自的业务范围内，对实现安全生产的要求负责。

第二，坚持安全管理的目的性。

没有明确目的安全管理就是一种盲目行为，既劳民伤财，又不能消除危险因素的存在。只有有针对性地控制人的不安全行为和物的不安全状态，消除或避免事故，才能达到保护劳动者安全与健康的目的。

第三，必须贯彻预防为主的方针。

安全管理不是事故处理，而是在生产活动中，针对生产的特点，对生产因素采取鼓励措施，有效地控制不安全因素的发展与扩大，把可能发生的事故消灭在萌芽状态。

第四，坚持“四全”动态管理。

安全管理涉及生产活动的方方面面，涉及从开工到竣工交付使用的全部生产过程，涉及全部的生产时间和一切变化着的生产因素，是一切与生产有关的人员共同的工作。因此，在生产过程中，必须坚持全员、全过程、全方位、全天候的动态安全管理。

第五，安全管理重在控制。

在安全管理的四项工作内容中，对生产因素状态的控制，与安全管理目的关系更直接，作用更突出。因此，必须将对生产中人的不安全行为和物的不安全状态的控制，作为动态的安全管理的重点。

第六，在管理中发展、提高。

要不间断地摸索新的规律，总结管理、控制的办法和经验，指导新的变化后的管理，从而使安全管理不断上升到新的高度。

四、安全事故的成因

实际生产中存在的危险源有很多种，造成安全事故的原因也有许多方面，但归纳起来人的不安全行为和物的不安全状态是导致事故的直接原因。人的不安全行为或物的不安全状态使得能量或危险物质失去控制，是事故发生的导火线。

1. **人的不安全行为**

人的不安全行为是人表现出来的与人的个性心理特征相违背的非正常行为。人在生产活动中，曾引起或可能引起事故的行为，必然是不安全行为。

人的个性心理特征，是指个体人经常、稳定表现的能力、性格、气质等心理特点的总和。这是在人先天条件基础上，受到社会条件和具体实践活动以及接受教育等影响而逐渐形成、发展的。人的性格是个性心理的核心，因此，性格能决定人对某种情况的态度和行为。鲁莽、草率、懒惰等性格，往往成为生产不安全行为的原因。

非理智行为在引发为事的不安全行为中，所占的比例相当大，在生产中出现的违章、违纪现象，都是非理智行为的表现，冒险蛮干则表现得尤为突出。非理智行为的产生，多由于侥幸、逞能、逆反、凑巧等心理所支配。在安全管理过程中，控制非理性行为的任务相当重要，也是非常严肃、非常细致的一项工作。

2. **人失误**

人失误指人的行为结果，偏离了规定的目标或超出可接受的界限，并产生了不良影响的行为。在生产作业中，人失误往往是不可避免的副产品。人失误有以下两种类型：

第一，随机失误。指由人的行为、动作的随机性质引起的人的失误。随机失误与人的心理、生理原因有关，往往是不可预测，也不重复出现的。

第二，系统失误。指由系统设计不足或人的不正常状态引发的人的失误。系统失误与工作条件有关，类似的条件可能引发失误再出或者重复发生。

从事各种性质、类型生产活动的操作人员，都可能发生失误。而操作者的不安全行为，则能导致失误而发生事故。造成人失误的原因是多方面的，有人的自身因素对超负的不适应原因，也有与外界刺激要求不一致时，要求与行为出现偏差的原因。在这种情况下，可能出现信息处理故障和决策错误。此外，还由于对正确的方法不清楚，有意采取不恰当的行为等，出现完全错误的行为。

3. **物的不安全状态**

在生产过程中发挥作用的机械、物料、生产对象以及其他生产要素统称为物。物都具有不同形式、性质的能量，有出现意外释放能量，引发事故的可能性。由于物的能量可能释放引起事故的状态，称为物的不安全状态。从发生事故的角度，也可把物的不安全状态看作曾引起或可能引起事故的物的状态。在生产过程中，物的不安全状态极易出现。所有的物的不安全状态，都与人的不安全行为、人的操作或管理失误有关。往往在物的不安全状态背后，隐藏着人的不安全行为或人的失误。物的不安全状态既反映了物的自身特性，又反映了人的素质和人的决策水平。

物的不安全状态的运动轨迹，一旦与人的不安全行为的运动轨迹交叉，就是发生事故的时间与空间。所以，物的不安全状态是事故发生的直接原因。

五、施工安全管理

施工安全管理是施工企业全体职工及各部门同心协力，把专业技术、生产管理、数理统计和安全教育结合起来，为达到安全生产目的而采取各种措施的管理。建立施工技术组织全过程的安全保证体系，实现安全生产、文明施工。安全管理的基本要求是以预防为主，依靠科学的安全管理理论、程序和方法，使施工生产全过程中潜伏的危险因素处于受控状态，消除事故隐患，确保施工生产安全。

1. 施工安全管理的内容

第一，建立安全生产制度。

安全生产制度必须符合国家和地区的有关政策、法规、条例和规程，并结合施工项目的特点，明确各级各类人员安全生产责任制，要求全体人员必须认真贯彻执行。

第二，贯彻安全技术管理。

编制施工组织设计时必须结合工程实际，编制切实可行的安全技术措施，要求全体人员必须认真贯彻执行。执行过程中若发现问题，应及时采取妥善的安全防护措施。要不断积累安全技术措施在执行过程中的技术资料，进行研究分析、总结提高，以利于以后工程的借鉴。

第三，坚持安全教育和安全技术培训。

组织全体人员认真学习国家：地方和本企业的安全生产责任制、安全技术规程、安全操作规程和劳动保护条例等。新工人进入岗位之前要进行安全纪律教育，特种专业作业人员要进行专业安全技术培训，考核合格后，方能上岗。要使全体职工经常保持高度的安全生产意识，牢固树立“安全第一”的思想。

第四，组织安全检查。

为了确保安全生产，必须严格安全检查，建立健全安全检查制度。安全检查员要经常查看现场，及时排除施工中的不安全因素，纠正违章作业现象，监督安全技术措施的执行，不断改善劳动条件，防止工伤事故的发生。

第五，进行事故处理。

人身伤亡和各种安全事故发生后，应立即进行调查，了解事故产生的原因、过程和后果，提出鉴定意见。在总结经验教训的基础上，有针对性地制定防止事故再次发生的可靠措施。

2. 安全生产责任制

第一，安全生产责任制的要求。

安全生产责任制，是根据“管生产必须管安全”“安全工作、人人有责”的原则，以制度的形式，明确规定各级领导和各类人员在生产活动中应负的安全职责。它是施工企业岗位责任制的一个重要组成部分，是企业安全管理中最基本的制度，是所有安全规章制度的核心。

①施工企业各级领导人员的安全职责

明确规定施工企业各级领导在各自职责范围内做好安全工作，要将安全工作纳入自己的日常生产管理工作之中，做到在计划、布置、检查、总结、评比生产的同时，计划、布置、检查、总结、评比安全工作。

②各有关职能部门的安全生产职责

它包括施工企业中生产部门、技术部门、机械动力部门、材料部门、财务部门、教育部门、劳动工资部门、卫生部门等，各职能机构都应在各自业务范围内，对实现安全生产的要求，负责。

③生产工人的安全职责

生产工人做好本岗位的安全工作是搞好企业安全工作的基础，企业中的一切安全生产制度都要通过生产工人来落实。因此，企业要求它的每一名职工都能自觉地遵守各项安全生产规章制度，不违章作业，并劝阻他人违章操作。

第二，安全生产责任制的制定和考核。

施工现场项目经理是项目安全生产第一责任人，对安全生产负全面的领导责任。施工现场从事与安全有关的管理、执行和检查人员，特别是独立行使权力开展工作的人员，应规定其职责、权限和相互关系，定期考核。

各项经济承包合同中要有明确的安全指标和包括奖惩办法在内的安全保证措施。承发包或联营各方之间依照有关法规，签订安全生产协议书，做到主体合法、内容合法和程序合法，明确各自的权利和义务。

实行施工总承包的单位，施工现场安全由总承包单位负责，总承包单位要统一领导和管理分包单位的安全生产。分包单位应对其分包工程的施工现场安全向总承包单位负责，认真履行承包合同规定的安全生产职责。

为了使安全生产责任制能够得到严格贯彻执行，就必须与经济责任制挂起钩来。对违章指挥、违章操作造成事故的责任者，必须给予一定的经济制裁，情节严重的还要给予行政纪律处分，触犯法律的，还要追究其法律责任。对一贯遵章守纪、重视安全生产、成绩显著或者在预防事故等方面做出贡献的，要给予奖励，做到奖罚分明，充分调动广大职工的积极性。

第三，安全生产的目标管理。

施工现场应实行安全生产目标管理，制定总的安全目标，如伤亡事故控制目标、安全达标、文明施工目标等。制定达标计划，责任落实，将目标分解到人，考核到人。

第四，安全施工技术操作规程。

施工现场要建立健全各种规章制度，除安全生产责任制，还有安全技术交底制度、安全宣传教育制度、安全检查制度、安全设施验收制度、伤亡事故报告制度等。施工现场应制定与本工地有关的各工序、工种和各类机械作业的施工安全技术操作规程和施工安全要求，做到人人知晓，熟练掌握。

第五，施工现场安全管理网络。

施工现场应该设安全专（兼）职人员或安全机构，主要任务是负责施工现场的安全检查。安全员应按建设部的规定，每年集中培训，经考试合格才能上岗。施工现场要建立以项目经理为组长、由各职能机构和分包单位负责人和安全管理人员参加的安全生产管理小组，小组自上而下覆盖各单位、各部门、各班组的安全生产管理网络。

要建立由工地领导参加的包括施工员、安全员在内的轮流值班制度，检查监督施工现场及班组安全制度的贯彻执行，并做好安全值班记录。

3. 安全生产检查

第一，安全检查的内容。

施工现场应建立各级安全检查制度，工程项目部在施工过程中应组织定期和不定期的安全检查。主要是查思想、查制度、查教育培训、查机械设备、查安全设施、查操作行为、查劳保用品的作用、查伤亡事故处理等。

第二，安全检查的要求。

①各种安全检查都应该根据检查要求配备力量。特别是大范围、全面性安全检查，要明确检查负责人，抽调专业人员参加检查，并进行分工，明确检查内容、标准及要求。

②每种安全检查都应有明确的检查目的和检查项目、内容及标准。重点、关键部位要重点检查。对大面积或数量多，内容相同的项目，可采取系统观感和一定数量测点相结合的检查方法。对现场管理人员和操作工人不仅要检查是否有违章作业行为，还应进行应知、应会知识的抽查，以便了解管理人员及操作工人的安全素质。

③检查记录是安全评价的依据，要认真、详细填写。特别是对隐患的记录必须具体，如隐患的部位、危险性程度及处理意见等。采用安全检查评分表的，应记录每项扣分的原因。

④安全检查需要认真、全面地进行系统分析，定性定量进行安全评价。哪些检查项目已达标，哪些检查项目虽然基本达标，但还有哪些方面需要进行完善，哪些项目没有达标，存在哪些问题需要整改。受检单位根据安全评价可以进行整改和加强管理，即使本单位自检也需要安全评价。

⑤整改是安全检查工作重要的组成部分，是检查结果的归宿。整改工作包括隐患登记、整改、复查、销案等。

第三，施工安全文件的编制要求。

施工安全管理的有效方法，是按照水利水电工程施工安全管理的相关标准、法规和规章，编制安全管理体系文件。编制的要有：

①安全管理目标应与企业的安全管理总目标协调一致。

②安全保证计划应围绕安全管理目标，将其要素用矩阵图的形式，按职能部门（岗位）进行安全职能各项活动的展开和分解，依据安全生产策划的要求和结果，对各要素在本现

场的实施提出具体方案。

③体系文件应经过自上而下，自下而上的多次反复讨论与协调，以提高编制工作的质量，并按标准规定，由上报机构对安全生产责任制、安全保证计划的完整性和可行性、工程项目部满足安全生产的保证能力等进行确认，建立并保存确认记录。

④安全保证计划应送上级主管部门备案。

⑤配备必要的资源和人员，首先应保证工作需要的人力资源，适宜而充分的设施、设备，以及综合考虑成本、效益和风险的财务预算。

⑥加强信息管理，日常安全监控和组织协调。通过全面、准确、及时地掌握安全管理信息，对安全活动过程及结果进行连续的监视和验证，对涉及体系的问题与矛盾进行协调，促进安全生产保证体系的正常运行和不断完善，形成体系的良性循环运行机制。

⑦由企业按规定对施工现场安全生产保证体系运行进行内部审核，验证和确认安全生产保证体系的完整性、有效性和适合性。

为了有效准确及时地掌握安全管理信息，可以根据项目施工的对象特点，编制安全检查表。

第四，检查和处理。

①检查中发现隐患应该进行登记，作为整改备查依据，提供安全动态分析信息。根据隐患记录的信息流，可以制定出指导安全管理的决策。

②安全检查中查出的隐患除进行登记外，还应发出隐患整改通知单，引起整改单位重视。凡是有即将发生事故危险的隐患，检查人员应责令停工，被查单位必须立即整改。

③对于违章指挥、违章作业行为，检查人员可以当场指出，进行纠正。

④被检查单位领导对查出的隐患，应立即研究整改方案，按照“三定”原则（即定人、定期限、定措施）立即进行整改。

⑤整改完成后，要及时报告有关部门。有关部门要立即派员进行复查，经复查整改合格后，进行销案。

4. 安全生产教育

第一，安全教育的内容。

①新工人（包括合同工、临时工、学徒工、实习和代培人员）必须进行公司、工地和班组的三级安全教育。教育内容包括安全生产方针、政策、法规、标准及安全技术知识、设备性能、操作规程、安全制度、严禁事项等。

②电工、焊工、架工、司炉工、爆破工、起重工、打桩机司机和各种机动车辆司机等特殊工种工人，除进行一般安全教育外，还要经过本工种的专业安全技术教育。

③采用新工艺、新技术、新设备施工和调换工作岗位时，对操作人员要进行新技术、新岗位的安全教育。

第二，安全教育的种类。

①安全法制教育。对职工进行安全生产、劳动保护方面的法律、法规的宣传教育，从法制角度认识安全生产的重要性，要通过学法、知法来守法。

②安全思想教育。对职工进行深入细致的思想政治工作，使职工认识到，安全生产是一项关系到国家发展、社会稳定、企业兴旺、家庭幸福的大事。

③安全知识教育。安全知识也是生产知识的重要组成部分，可以结合起来交叉进行教育。教育内容包括企业的生产基本情况、施工流程、施工方法，、设备性能、各种不安全因素、预防措施等多方面内容。

④安全技能教育。教育的侧重点是安全操作技术，结合本工种特点、要求，为培养安全操作能力而进行的一种专业安全技术教育。

⑤事故案例教育。通过对一些典型事故进行原因分析、事故教训及预防事故发生所采取的措施来教育职工。

第三，特种作业人员的培训。

根据国家经济贸易委员会发布的《特种作业人员安全技术培训考核管理办法》的规定，特种作业是指容易发生人员伤亡事故，对操作者本人、他人及周围设施的，安全有重大危害的作业。从事这些作业的人员必须进行专门培训和考核。

与建筑业有关的特种作业的主要种类有：电工作业；金属焊接切割作业；起重机械（含电梯）作业；企业内机动车辆驾驶；登高架设作业；压力容器操作；爆破作业。

第四，安全生产的经常性教育。

施工企业在做好新工人入场教育、特种作业人员安全生产教育和各级领导干部、安全管理干部的安全生产培训的同时，还必须把经常性的安全教育贯穿于管理工作的全过程，并根据接受教育对象的不同特点，采取多层次、多渠道和多种方法进行。

第五，班前的安全活动。

班组长在班前进行上岗交底，上岗教育，做上岗记录。

①上岗交底。对当天的作业环境、气候情况、主要工作内容和各个环节的操作安全要求以及特殊工种的配合等进行交底。

②岗检查。查上岗人员的劳动防护情况，每个岗位周围作业环境是否安全无患，机械设备的安全保险装置是否完好有效，以及各类安全技术措施的落实情况等。

第二节　我国安全卫生管理体制

我国建筑安全生产管理的模式为统一管理，分级负责。即国务院建设行政主管部门负责对全国建筑安全生产进行监督指导，县级以上人民政府建设行政主管部门分级负责本辖区内的建筑安全生产管理。2003 年国务院机构改革后，国家安全生产监督管理局成为国务院的直属机构，成为国务院主管安全生产综合监督管理的部门。

国务院办公厅发出《关于成立国务院安全生产委员会的通知》。国务院安全生产委员会，作为国务院议事协调机构，负责研究协调安全生产监督管理中的重大问题，目的是为了加强对全国安全生产工作的统一领导，促进安全生产形势的稳定好转，保护国家财产和人民生命安全。国务院安全生产委员会人员构成：主任委员由国务院主管安全生产的副总理担任，副主任委员由国务院秘书长、国家安全生产监督管理总局局长等担任，成员是由来自建设部、发改委、教育部、科技部、公安部、财政部等34个部门的34位人士组成。

一、安全生产委员会职责

1. 安全生产委员会主要职责

第一，在国务院领导下，负责研究部署、指导协调全国安全生产工作；

第二，研究提出全国安全生产工作的重大方针政策；

第三，分析全国安全生产形势，研究解决安全生产工作中的重大问题；

第四，必要时，协调总参谋部和武警总部调集部队参加特大生产安全事故应急救援工作；

第五，完成国务院交办的其他安全生产工作。

2. 安委会工作机构设置和主要职责

设立国务院安全生产委员会办公室（简称安委会办公室），作为安委会的办事机构。安委会办公室设在国家安全生产监督管理总局，办公室主任由国家安全生产监督管理总局局长兼任。

安委会办公室主要职责是：

第一，研究提出安全生产重大方针政策和重要措施的建议；

第二，监督检查、指导协调国务院有关部门和各省、自治区、直辖市人民政府的安全生产工作；

第三，组织国务院安全生产大检查和专项督查；参与研究有关部门在产业政策、资金投入、科技发展等工作中涉及安全生产的相关工作；

第四，负责组织国务院特别重大事故调查处理和办理结案工作；

第五，组织协调特别重大事故应急救援工作；

第六，指导协调全国安全生产行政执法工作；

第七，承办安委会召开的会议和重要活动，督促、检查安委会会议决定事项的贯彻落实情况；

第八，承办安委会交办的其他事项。

二、安全生产监督管理机构

安全生产监督管理机构是国家实施安全生产综合监督管理的机构。安全生产综合监管是一个具有丰富内涵的范畴。各级政府的安全生产监督管理部门依照法律法规所赋予的权限，对辖区范围内的安全生产工作进行宏观管理和指导，代表政府履行督促指导、监督管理、综合协调、行政执法等方面的职责，从而保证党和国家的各项方针政策与安全生产法律法规在各地区、各部门、各行业、各领域、各单位得到全面的贯彻落实。

概括起来说，综合监管就是“较宏观的、高层次的、全局性的、全面的、全方位的监管，其功能和内涵应当是运筹谋划、导向促进、立规执法、组织部署、监督检查、指导协调、宣传教育、统计分析、通达反馈、调度综合”。

安全生产监督管理机构分为国家安全生产监督管理机构（即国家安全生产监督管理总局）和地方各级安全生产监督管理机构。

1. 国家安全生产监督管理总局

根据《国务院关于国家安全生产监督管理局（国家煤矿安全监察局）机构调整的通知》，国家安全生产监督管理局调整为国家安全生产监督管理总局。

国家安全生产监督管理总局是国务院主管安全生产综合监督管理的直属机构，也是国务院安全生产委员会的办事机构。

第一，职业安全监督管理主要职责。

国务院办公厅印发了《国家安全生产监督管理总局主要职责商设机构和人员编制规定的通知》，其中规定了职业安全监督管理主要职责：

①承担国务院安全生产委员会办公室的工作。

②综合监督管理全国安全生产工作。

③依法行使国家安全生产综合监督管理职权，按照分级、属地原则，指导、协调和监督有关部门安全生产监督管理工作，对地方安全生产监督管理部门进行业务指导；制定全国安全生产发展规划；定期分析和预测全国安全生产形势，研究、协调和解决安全生产中的重大问题。

④负责发布全国安全生产信息，综合管理全国生产安全伤亡事故调度统计和安全生产行政执法分析工作；依法组织、协调特大和特别重大事故的调查处理工作，并监督事故查处的落实情况；组织、指挥和协调安全生产应急救援工作。

⑤负责综合监督管理危险化学品和烟花爆竹安全生产工作。

⑥指导、协调全国和各省、自治区、直辖市安全生产检测检验工作；组织实施对工矿商贸生产经营单位安全生产条件和有关设备（特种设备除外）进行检测检验、安全评价、安全培训、安全咨询等社会中介组织的资质管理工作，并进行监督检查。

⑦组织、指导全国和各省、自治区、直辖市安全生产宣传教育工作，负责安全生产监

督管理人员的安全培训、考核工作，依法组织、指导并监督特种作业人员（煤矿特种作业人员、特种设备作业人员除外）的考核工作和工矿商贸生产经营单位主要经营管理者、安全生产管理人员的安全资格考核工作（煤矿矿长安全资格除外）；监督检查工矿商贸生产经营单位的安全培训工作。

⑧负责监督管理中央管理的工矿商贸生产经营单位的安全生产工作，依法监督工矿商贸生产经营单位贯彻执行安全生产法律、法规情况及其安全生产条件和有关设备（特种设备除外）、材料、劳动防护用品的安全生产管理工作。

⑨依法监督检查职责范围内新建、改建、扩建工程项目的安全设施与主体工程同时设计、同时施工、同时投产使用情况；依法监督检查工矿商贸生产经营单位作业场所（煤矿作业场所除外）职业卫生情况，负责职业卫生安全许可证的颁发管理工作；监督检查重大危险源监控、重大事故隐患的整改工作，依法查处不具备安全生产条件的工矿商贸生产经营单位。

⑩组织拟订安全生产科技规划，组织、指导和协调相关部门和单位开展安全生产重大科学技术研究和技术示范工作。

⑪组织实施注册安全工程师执业资格制度，监督和指导注册安全工程师执业资格考试和注册工作。

⑫组织开展与外国政府、国际组织及民间组织安全生产方面的国际交流与合作。

⑬承办国务院、国务院安全生产委员会交办的其他事项。

第二，职业卫生（健康）监督管理职责。

根据卫生部、国家安全生产监督管理局《关于职业卫生监督管理职责分工意见的通知》的规定，安全生产监督管理机构的职业卫生监督管理职责如下：

①负责制定作业场所职业卫生监督检查、职业危害事故调查和有关违法、违规行为处罚的法规、标准，并监督实施。

②负责作业场所职业卫生的监督检查，依照《使用有毒物品作业场所劳动保护条例》发放职业卫生安全许可证；负责职业危害申报，依法监督生产经营单位贯彻执行国家有关职业卫生法律、法规、规定和标准情况。

③组织查处职业危害事故和有关违法、违规行为。

④组织指导、监督检查生产经营单位职业安全培训工作。

2. 地方安全生产监督管理机构

各地市应国务院机构改革的要求，先后根据各自的实际情况，组建地方安全生产监督管理机构，接受地方政府的领导和监督，按职能配置，统一对地方的安全生产进行综合监督管理。地方各级安全生产监督管理机构的主要工作职责包括：

①贯彻执行党和国家关于安全生产工作的一系列方针政策及重大举措，研究本行政区域内贯彻落实的具体措施和办法。

②根据国家有关安全生产发展规划，研究拟定本行政区域安全生产工作的中长期发展规划及年度工作计划，并纳入同级政府经济与社会发展的中长期规划和年度工作计划。

③分析研究安全生产工作总体形势，针对安全生产工作中存在的突出问题和薄弱环节，提出相应的对策建议，为有关重大决策提供依据。

④研究制定地方性安全生产法律法规、规章及重要规范性文件，并组织实施。

⑤研究制定明确各有关部门的安全生产职责分工，推进安全生产责任制的贯彻落实，对各专项监管部门依法履行安全生产法定职责及安全生产工作情况进行指导、协调及监督检查。

⑥对生产经营单位贯彻执行《安全生产法》等有关法律法规规定的安全生产基本条件及安全生产各项保障制度的情况进行监察，并对有关违法行为进行查处。

⑦根据本行政区域内的安全生产状况，牵头组织有关部门进行安全生产综合大检查或监督活动，并向政府报告情况，同时督促有关政府部门就监督检查中发现的问题与隐患进行整改。

⑧牵头协调解决安全生产工作中的重大问题，对有关重大问题的解决进行跟踪与监督检查。

⑨就本行政区域内的安全生产情况及事故情况进行统计、分析。

⑩统筹考虑国家安全生产思想和方针政策的宣传教育工作，抓好安全生产技术支撑体系及中介服务体系的培育并对中介组织的执行情况进行监督检查。

⑪牵头组织对生产安全中特大责任事故的调查处理，依照有关法律法规的规定和“四不放过”，即严格按照事故原因未查明不放过、责任人未处理不放过，整改措施未落实不放过、有关人员未受教育不放过的原则提出对有关责任人责任追究的建议等。

⑫承担同级人民政府安全生产委员会的日常工作

此外，地方各级安全生产监督管理机构根据卫生部、国家安全生产监督管理局《关于职业卫生监督管理职责分工意见的通知》的规定，履行有关职业卫生监督管理职责。

3. 建设行政主管部门

建设部作为国务院的直属机构，是建筑行业安全管理的最高行政机构，对全国的建筑安全生产实施统一的行政管理。建设部为了加强对建筑安全生产的管理，不仅成立了建筑专家生产委员会、建设部安全生产管理委员会，同时还对各个部门的安全生产工作职责做出了规定。

第一，建设部。

根据建设部《建筑安全生产监督管理规定》(建设部令第13号)的规定，其主要职责是:

①安全执法权和行业安全立法权。贯彻执行国家有关安全生产的法律法规和方针；政策，起草或者指定建筑安全生产管理的法规、标准。

②行业安全监管。统一监督管理全国工程建设方面的安全生产工作，完善建筑安全生

产的组织保证体系。

③安全规划制定和技术开发与推广。制定建筑安全生产管理的中、长期规划和近期目标，组织建筑安全生产技术的开发与推广应用。

④管理下级安全监管活动。指导和监督检查省、自治区、直辖市人民政府建设行政主管部门开展建筑安全生产的行业监督管理工作。

⑤行业安全统计和信息发布。统计全国建筑职工因工伤亡人数，掌握并发布全国建筑安全生产动态。

⑥重点建筑企业安全资格审查或审批。负责对申报资质等级的一级企业和国家，一、二级企业以及国家和部级先进建筑企业进行安全资格审查或者审批，行使安全生产否决权。

⑦组织安全检查，交流经验、表彰先进。组织全国建筑安全生产检查，总结交流建筑安全生产管理经验，并表彰先进。

⑧行业安全事故调查检查和监督。工程建设重大事故的调查处理，组织或者参与工程建筑特别重大事故的调查。

4. 水行政主管部门

水行政主管部门和流域管理机构按照分级管理权限，负责水利工程建设安全生产的监督管理。水行政主管部门或者流域管理机构委托的安全生产监督机构，负责水利工程施工现场的具体监督检查工作。

第一，水利部。

水利部负责全国水利工程建设安全生产的监督管理工作，其主要职责是：

①贯彻、执行国家有关安全生产的法律、法规和政策，制定有关水利工程建设安全生产的规章、规范性文件和技术标准；

②监督、指导全国水利工程建设安全生产工作，组织开展对全国水利工程建设安全生产情况的监督检查；

③组织、指导全国水利工程建设安全生产监督机构的建设、考核和安全生产监督人员的考核工作以及水利水电工程施工单位的主要负责人、项目负责人和专职安全生产管理人员的安全生产考核工作。

第二，流域管理机构。

流域管理机构负责所管辖的水利工程建设项目的安全生产监督工作。

第三，省、自治区、直辖市人民政府水行政主管部门。

省、自治区、直辖市人民政府水行政主管部门负责本行政区域内所管辖的水利工程建设安全生产的监督管理工作，其主要职责是：

①贯彻、执行有关安全生产的法律、法规、规章、政策和技术标准，制定地方有关水利工程建设安全生产的规范性文件。

②监督、指导本行政区域内所管辖的水利工程建设安全生产工作，组织开展对本行政

区域内所管辖的水利工程建设安全生产情况的监督检查。

③组织、指导本行政区域内水利工程建设安全生产监督机构的建设工作，组织有关的水利水电工程施工单位的主要负责人、项目负责人和专职安全生产管理人员的安全生产考核工作。

第四，市、县级人民政府水行政主管部。

市、县级人民政府水行政主管部门水利工程建设安全生产的监督管理职责，由省、自治区、直辖市人民政府水行政主管部门规定。

5. 建筑安全生产监督管理

建筑安全生产监督管理机构的主要职责是：

①贯彻执行党和国家的安全生产方针、政策和决议。

②监察各工地对国家、省，、市政府公布的安全法律、法规、标准、规章制度、办法和安全技术措施的执行情况。

③总结、推广建筑施工安全科学管理、先进安全装置、措施等经验，并及时给以奖励。

④负责建筑意外伤害保险制度的执行和监督。

⑤制止违章指挥和违章作业行为，对情节严重者依法给以经济处罚，对隐患严重的现场或机械、电气设备等，及时签发停工指令，并提出改进措施。

⑥参加建筑行业重大伤亡事故的调查处理，对造成死亡 1 人、重伤 3 人，直接经济损失 5 万元以上的重大事故主要负责者，有权向检察机关、法院提出控诉，追究刑事责任。

⑦对建筑施工队伍负责人、安全检查员、特种代业人员，组织安全教育培训、考核发证工作。

⑧参加建筑施工企业新建、扩建、改建和挖潜、革新、改造工程项目设计和竣工验收工作，负责安全卫生设施“三同时”（安全卫生设施同时设计、同时验收、同时使用）的审查工作。

⑨及时召开安全施工或重大伤亡事故现场会议。

6. 职业卫生监督管理机构

职业卫生监督管理和安全生产监督管理本为一体，在我国一直以来却是分开实施的，职业卫生监督管理归口卫生部负责，安全生产监督管理归口安全生产监督管理部门负责。卫生部、国家安全生产监督管理局印发的《关于职业卫生监督管理职责分工意见的通知》，为我国卫生监督管理部门与安全生产监督管理部门的协作沟通，为建立职业安全与职业卫生相互促进的机制创造了一个良好的开端，也为我国在职业安全与卫生监督管理领域建立有效的部门协调机制奠定了基础。

第一，卫生部门的职责。

①拟订职业卫生法律、法规和标准。

②负责对用人单位职业健康监护情况进行监督检查，规范职业病的预防、保健，并查

处违法行为。

③负责对职业卫生技术服务机构资质认定和监督管理；审批承担职业健康检查、职业病诊断的医疗卫生机构并进行监督管理，规范职业病的检查和救治；负责化学品毒性鉴定管理工作。

④负责对建设项目进行职业病危害预评价审核、职业病防护设施、设计卫生审查和竣工验收。

第二，部门间的协调工作机制。

①卫生部制定或发布涉及作业场所的法规应与国家安全生产监督管理局共同研究、协商。

②两个部门每年召开一次协调会，通报有关情况，协调有关工作。卫生部门对健康监护监督检查工作中发现的重要问题要及时向安全监管部门通报，安全监管部门要将作业场所职业危害申报情况、职业卫生安全许可证发放情况及监督检查中发现的重要问题及时向卫生部门通报。

③卫生部门认定的职业卫生技术服务机构承担作业场所的检测、出证和评价等技术工作时，应及时就有关情况向当地安全监管部门汇报，安全监管部门如发现违法行为应及时通报卫生部门予以查处。

④各地应尽快理顺工作关系，切实履行职责。卫生部门和安全监管部门在职能划转期间，要做好协调工作，防止出现工作上的缺位和越位。

第三节　水利工程安全生产管理

一、水利工程建设安全生产法律体系

1. 基本法律

《中华人民共和国安全生产法》，2002 年 6 月 29 日第九届全国人民代表大会常务委员会第二十八次会议通过，2002 年 11 月 1 日起施行。

《中华人民共和国道路交通安全法》，2003 年 10 月 28 日第十届全国人民代表大会常务委员会第五次会议通过，2007 年 12 月 29 日第十届全国人民代表大会常务委员会第三十一次会议修正，2008 年 5 月 1 日起施行。

2. 国务院管理条例

《安全生产许可证条例》，2004 年，1 月 13 日国务院令第 397 号公布，自公布之日起施行。

《特种设备安全监察条例》，2003 年 3 月 11 日国务院令第 373 号公布，自 2003 年 6

月1日起施行。

《国务院关于特大安全事故行政责任追究的规定》，2001年4月21日国务院令第302号公布，自公布之日起施行。

《生产安全事故报告和调查处理条例》，2007年4月9日国务院令第493号公布，自2007年6月1日起施行。

《危险化学品安全管理条例》，2002年1月26日国务院令第344号公布，自2002年3月15日起施行。

《烟花爆竹安全管理条例》，2006年1月21日国务院令第455号公布，自公布之日起施行。

《关于进一步加强安全生产工作的决定》，国务院国发〔2004〕2号文印发。

3. 国家安全生产监督管理总局

《〈生产安全事故报告和调查处理条例〉罚款处罚暂行规定》，2007年7月12日国家安全生产监督管理总局令第13号公布，自公布之日起施行。

《安全生产领域违法违纪行为政纪处分暂行规定》，2006年11月22日国家监察部、国家安全生产监督管理总局令第11号公布，自公布之日起施行。

二、《中华人民共和国建筑法》的有关规定

《中华人民共和国建筑法》包括第一章总则、第二章建筑许可、第三章建筑工程发包与承包、第四章建筑工程监理、第五章建筑安全生产管理、第六章建筑工程质量管理、第七章法律责任和第八章附则，共85条。对建筑安全生产管理作了如下规定：

第一，建筑工程安全生产管理必须坚持安全第一、预防为主的方针，建立健全安全生产的责任制度和群防群治制度。

第二，建筑工程设计应当符合按照国家规定制定的建筑安全规程和技术规范，保证工程的安全性能。

第三，建筑施工企业在编制施工组织设计时，应当根据建筑工程的特点制定相应的安全技术措施；对专业性较强的工程项目，应当编制专项安全施工组织设计，并采取安全技术措施。

第四，建筑施工企业应当在施工现场采取维护安全、防范危险、预防火灾等措施；有条件的，应当对施工现场实行封闭管理。施工现场对毗邻的建筑物、构筑物和特殊作业环境可能造成损害的，建筑施工企业应当采取安全防护措施。

第五，建设行政主管部门负责建筑安全生产的管理，并依法接受劳动行政主管部门对建筑安全生产的指导和监督。

第六，建筑施工企业必须依法加强对建筑安全生产的管理，执行安全生产责任制度，采取有效措施，防止伤亡和其他安全生产事故的发生。建筑施工企业的法定代表人对本企

业的安全生产负责。

第七，施工现场安全由建筑施工企业负责。实行施工总承包的，由总承包单位负责。分包单位向总承包单位负责，服从总承包单位对施工现场的安全生产管理。

第八，建筑施工企业应当建立健全劳动安全生产教育培训制度，加强对职工安全生产的教育培训；未经安全生产教育培训的人员，不得上岗作业。

第九，建筑施工企业和作业人员在施工过程中，应当遵守有关安全生产的法律、法规和建筑行业安全规章、规程，不得违章指挥或者违章作业。作业人员有权对影响人身健康的作业程序和作业条件提出改进意见，有权获得安全生产所需的防护用品。作业人员对危及生命安全和人身健康的行为有权提出批评、检举和控告。

第十，建筑施工企业必须为从事危险作业的职工办理意外伤害保险，支付保险费。

第十一，涉及建筑主体和承重结构变动的装修工程，建设方应当在施工前委托原设计单位或者具有相应资质条件的设计单位提出设计方案；没有设计方案的，不得施工。

第十二，施工中发生事故时，建筑施工企业应当采取紧急措施减少人员伤亡和事故损失，并按照国家有关规定及时向有关部门报告。

三、《中华人民共和国安全生产法》的有关规定

《中华人民共和国安全生产法》包括第一章总则、第二章生产经营单位的安全生产保障、第三章从业人员的权利和义务、第四章安全生产的监督管理、第五章生产安全事故的应急救援与调查处理、第六章法律责任和第七章附则，共97条。对施工安全生产的主要内容包括：

第一，生产经营单位必须遵守本法和其他有关安全生产的法律、法规，加强安全生产管理，建立、健全安全生产责任制度，完善安全生产条件，确保安全生产。

第二，国务院负责安全生产监督管理的部门依照本法，对全国安全生产工作实施综合监督管理；县级以上地方各级人民政府负责安全生产监督管理的部门依照本法，对本行政区域内安全生产工作实施综合监督管理。国务院有关部门依照本法和其他有关法律、行政法规的规定，在各自的职责范围内对有关的安全生产工作实施监督管理；县级以上地方各级人民政府有关部门依照本法和其他有关法律、法规的规定，在各自的职责范围内对有关的安全生产工作实施监督管理。

第三，国家实行生产安全事故责任追究制度，依照本法和有关法律、法规的规定，追究生产安全事故责任人员的法律责任。

第四，生产经营单位的主要负责人对本单位安全生产工作负有下列职责：

①建立、健全本单位安全生产责任制；

②组织制定本单位安全生产规章制度和操作规程；

③保证单位安全生产投入的有效实施；

④督促、检查本单位的安全生产工作，及时消除生产安全事故隐患；

⑤组织制定并实施本单位的生产安全事故应急救援预案；

⑥及时、如实报告生产安全事故。

第五，矿山、建筑施工单位和危险物品的生产、经营、储存单位，应当设置安全生产管理机构或者配备专职安全生产管理人员。

第六，生产经营单位新建、改建、扩建工程项目（以下统称建设项目）的安全设施，必须与主体工程同时设计、同时施工、同时投入生产和使用。安全设施投资应当纳入建设项目概算。

第七，建设项目安全设施的设计人、设计单位应当对安全设施设计负责。

第八，生产经营单位使用的涉及生命安全、危险性较大的特种设备，以及危险物品的容器、运输工具，必须按照国家有关规定，由专业生产单位生产，并经取得专业资质的检测、检验机构检测、检验合格，取得安全使用证或者安全标志，方可投入使用。检测、检验机构对检测、检验结果负责。

第九，生产经营单位必须为从业人员提供符合国家标准或者行业标准的劳动防护用品，并监督、教育从业人员按照使用规则佩戴、使用。

第十，生产经营单位的安全生产管理人员应当根据本单位的生产经营特点，对安全生产状况进行经常性检查；对检查中发现的安全问题，应当立即处理；不能处理的，应当及时报告本单位有关负责人；检查及处理情况应当记录在案。

第十一，生产经营单位发生重大生产安全事故时，单位的主要负责人应当立即组织抢救，并不得在事故调查处理期间擅离职守。

第十二，负有安全生产监督管理职责的部门依法对生产经营单位执行有关安全生产的法律、法规和国家标准或者行业标准的情况进行监督检查，行使以下职权：

①进入生产经营单位进行检查，调阅有关资料，向有关单位和人员了解情况。

②对检查中发现的安全生产违法行为，当场予以纠正或者要求限期改正；对依法应当给予行政处罚的行为，依照本法和其他有关法律、行政法规的规定作出行政处罚决定。

③对检查中发现的事故隐患，应当责令立即排除；重大事故隐患排除前或者排除过程中无法保证安全的，应当责令从危险区域内撤出作业人员，责令暂时停产停业或者停止使用；重大事故隐患排除后，经审查同意，方可恢复生产经营和使用。

④对有根据认为不符合保障安全生产的国家标准或者行业标准的设施、设备、器材予以查封或者扣押，并应当在十五日内依法做出处理决定。监督检查不得影响被检查单位的正常生产经营活动。

第十三，生产经营单位发生生产安全事故后，事故现场有关人员应当立即报告本单位负责人。

单位负责人接到事故报告后，应当迅速采取有效措施，组织抢救，防止事故扩大，减少人员伤亡和财产损失，并按照国家有关规定立即如实报告当地负有安全生产监督管理职责的部门，不得隐瞒不报、谎报或者拖延不报，不得故意破坏事故现场、毁灭有关证据。

第十四，事故调查处理应当按照实事求是、尊重科学的原则，及时、准确地查清事故原因，查明事故性质和责任，总结事故教训，提出整改措施，并对事故责任者提出处理意见。事故调查和处理的具体办法由国务院制定。

四、《安全生产许可证条例》对施工安全生产的规定

《安全生产许可证条例》共 24 条，对施工安全生产的主要规定包括：

第一，国家对矿山企业、建筑施工企业和危险化学品、烟花爆竹、民用爆破器材生产企业（以下统称企业）实行安全生产许可制度。企业未取得安全生产许可证的，不得从事生产活动。

第二，国务院建设主管部门负责中央管理的建筑施工企业安全生产许可证的颁发和管理。

省、自治区、直辖市人民政府建设主管部门负责前款规定以外的建筑施工企业安全生产许可证的颁发和管理，并接受国务院建设主管部门的指导和监督。

第三，企业取得安全生产许可证，应当具备下列安全生产条件：

①建立、健全安全生产责任制，制定完备的安全生产规章制度和操作规程；

②安全投入符合安全生产要求；

③设置安全生产管理机构，配备专职安全生产管理人员；

④主要负责人和安全生产管理人员经考核合格；

⑤特种作业人员经有关业务主管部门考核合格，取得特种作业操作资格证书；

⑥从业人员经安全生产教育和培训合格；

⑦依法参加工伤保险，为从业人员缴纳保险费；

⑧厂房、作业场所和安全设施、设备、工艺符合有关安全生产法律法规、标准和规程的要求；

⑨有职业危害防治措施，并为从业人员配备符合国家标准或者行业标准的劳动防护用品；

⑩依法进行安全评价；

⑪有重大危险源检测、评估、监控措施和应急预案；

⑫有生产安全事故应急救援预案、应急救援组织或者应急救援人员，配备必要的应急救援器材、设备；

⑬法律、法规规定的其他条件。

国务院安全生产监督管理部门和省，自治区、直辖市人民政府安全生产监督管理部门对建筑施工企业、民用爆破器材生产企业、煤矿企业取得安全生产许可证的情况进行生产。

第五，企业不得转让、冒用安全生产许可证或者使用伪造的安全生产许可证。

第六，企业取得安全生产许可证后，不得降低安全生产条件，并应当加强日常安全生

产管理，接受安全生产许可证颁发管理机关的监督检查。

第七，违反本条例规定，安全生产许可证有效期满未办理延期手续，继续进行生产的，责令停止生产，限期补办延期手续，没收违法所得，并处5万元以上10万元以下的罚款；逾期仍不办理延期手续，继续进行生产的，依照本条例的规定处罚。

第八，违反本条例规定，转让安全生产许可证的，没收违法所得，处10万元以上50万元以下的罚款，并吊销其安全生产许可证；构成犯罪的，依法追究刑事责任；接受转让的，依照本条例第十九条的规定处罚。

第九，冒用安全生产许可证或者使用伪造的安全生产许可证的，依照本条例第十九条的规定处罚。

五、《建设工程安全生产管理条例》对施工安全生产的规定

《建设工程安全生产管理条例》包括第一章总则、第二章建设单位的安全责任、第三章勘察、设计、工程监理及其他有关单位的安全责任、第四章施工单位的安全责任、第五章监督管理，第六章生产安全事故的应急救援和调查处理、第七章法，律责任和第八章附则，共71条。

1.建设单位的安全责任

第一，建设单位应当向施工单位提供施工现场及毗邻区域内供水、排水、供电、供气、供热、通信、广播电视等地下管线资料，气象和水文观测资料，相邻建筑物和构筑物、地下工程的有关资料，并保证资料的真实、准确、完整。

第二，建设单位不得对勘察、设计、施工、工程监理等单位提出不符合建设工程安全生产法律、法规和强制性标准规定的要求，不得压缩合同约定的工期。

第三，建设单位在编制工程概算时，应当确定建设工程安全作业环境及安全施工措施所需费用。

第四，建设单位不得明示或者暗示施工单位购买、租赁、使用不符合安全施工要求的安全防护用具、机械设备、施工机具及配件、消防设施和器材。

第五,建设单位在申请领取施工许可证时,应当提供建设工程有关安全施工措施的资料。

第六，依法批准开工报告的建设工程，建设单位应当自开工报告批准之日起15日内，将保证安全施工的措施报送建设工程所在地的县级以上地方人民政府建设行政主管部门或者其他有关部门备案。

第七，建设单位应当将拆除工程发包给具有相应资质等级的施工单位。

建设单位应当在拆除工程施工15日前，将下列资料报送建设工程所在地的县级以上地方人民政府建设行政主管部门或者相关部门备案：

①施工单位资质等级证明；

②拆除施工组织方案；

③堆放、清除废弃物的措施。

2. 勘察、设计、工程监理及其他有关单位的安全责任

第一，勘察单位应当按照法律、法规和工程建设强制性标准进行勘察；提供的勘察文件应当真实、准确，满足建设工程安全生产的需要。

第二，勘察单位在勘察作业时，应当严格执行操作规程，采取措施保证各类管线、设施和周边建筑物、构筑物的安全。

第三，设计单位应当按照法律、法规和工程建设强制性标准进行设计，防止因设计不合理导致生产安全事故的发生。

第四，设计单位应当考虑施工安全操作和防护的需要，对涉及施工安全的重点部位和环节在设计文件中注明，并对防范生产安全事故提出指导意见。

第五，采用新结构、新材料、新工艺的建设工程和特殊结构的建设工程，设计单位应当在设计中提出保障施工作业人员安全和预防生产安全事故的措施建议。

第六，工程监理单位应当审查施工组织设计中的安全技术措施或者专项施工方案是否符合工程建设强制性标准。

第七，工程监理单位在实施监理过程中，发现存在安全事故隐患的，应当要求施工单位整改；情况严重的，应当要求施工单位暂时停止施工，并及时报告建设单位。施工单位拒不整改或者不停止施工的，工程监理单位应当及时向有关主管部门报告。

第八，工程监理单位和监理工程师应当按照法律、法规和工程建设强制性标准实施监理，并对建设工程安全生产承担监理责任。

第九，为建设工程提供机械设备和配件的单位，应当按照安全施工的要求配备齐全有效的保险、限位等安全设施和装置。

第十，出租的机械设备和施工机具及配件，应当具有生产（制造）许可证、产品合格证。

第十一，出租单位应当对出租的机械设备和施工机具及配件的安全性能进行检测，在签订租赁协议时，应当出具检测合格证明。

第十二，在施工现场安装、拆卸施工起重机械和整体提升脚手架、模板等自升式架设设施，必须由具有相应资质的单位承担。

第十三，施工起重机械和整体提升脚手架、模板等自升式架设设施安装完毕后，安装单位应当自检，出具自检合格证明，并向施工单位进行安全使用说明，办理验收手续并签字。

第十四，施工起重机械和整体提升脚手架、模板等自升式架设设施的使用达到国家规定的检验检测期限的，必须经具有专业资质的检验检测机构检测。经检测不合格的，不得继续使用。

第十五，检验检测机构对检测合格的施工起重机械和整体提升脚手架、模板等自升式架设设施，应当出具安全合格证明文件，并对检测结果负责。

3. **施工单位的安全责任**

第一，施工单位从事建设工程的新建、扩建、改建和拆除等活动，应当具备国家规定的注册资本、专业技术人员、技术装备和安全生产等条件，依法取得相应等级的资质证书，并在其资质等级许可的范围内承揽工程。

第二，施工单位主要负责人依法对本单位的安全生产工作全面负责。施工单位应当建立健全安全生产责任制度和安全生产教育培训制度，制定安全生产规章制度和操作规程，保证本单位安全生产条件所需资金的投入，对所承担的建设工程进行定期和专项安全检查，并做好安全检查记录。

第三，施工单位的项目负责人应当由取得相应执业资格的人员担任，对建设工程项目的安全施工负责，落实安全生产责任制度、安全生产规章制度和操作规程，确保安全生产费用的有效使用，并根据工程的特点组织制定安全施工措施，消除安全事故隐患，及时、如实报告生产安全事故。

第四，施工单位应当设定安全生产管理机构，配备专职安全生产管理人员。

专职安全生产管理人员负责对安全生产进行现场监督检查。发现安全事故隐患应当及时向项目负责人和安全生产管理机构报告；对违章指挥、违章操作的，应当立即制止。

第五，建设工程实行施工总承包的，由总承包单位对施工现场的安全生产负总责。总承包单位应当自行完成建设工程主体结构的施工。总承包单位依法将建设工程分包给其他单位的，分包合同中应当明确各自的安全生产方面的权利、义务。总承包单位和分包单位对分包工程的安全生产承担连带责任。

分包单位应当服从总承包单位的安全生产管理，分包单位不服从管理导致生产安全事故的；由分包单位承担主要责任。

第六，垂直运输机械作业人员、安装拆卸工、爆破作业人员、起重信号工、登高架设作业人员等特种作业人员，必须按照国家有关规定经过专门的安全作业培训，并取得特种作业操作资格证书后，方可上岗作业。

第七，施工单位应当在施工组织设计中编制安全技术措施和施工现场临时用电方案，对达到一定规模的危险性较大的分部分项工程编制专项施工方案，并附具安全验算结果，经施工单位技术负责人、总监理工程师签字后实施，由专职安全生产管理人员进行现场监督。

第八，建设工程施工前，施工单位负责项目管理的技术人员应当对有关安全施工的技术要求向施工作业班组、作业人员做出详细说明，并由双方签字确认。

第九，施工单位应当在施工现场建立消防安全责任制度，确定消防安全责任人，制定用火、用电、使用易燃易爆材料等各项消防安全管理制度和操作规程，设置消防通道、消防水源，配备消防设施和灭火器材，并在施工现场入口处设置明显标志。

第十，施工单位应当向作业人员提供安全防护用具和安全防护服装，并书面告知危险岗位的操作规程和违章操作的危害。

第十一，施工单位采购、租赁的安全防护用具、机械设备、施工机具及配件，应当具有生产（制造）许可证、产品合格证，并在进入施工现场前进行查验。施工现场的安全防护用具、机械设备、施工机具及配件必须由专人管理，定期进行检查、维修和保养，建立相应的资料档案，并按照国家有关规定及时报废。

第十二，施工单位在使用施工起重机械和整体提升脚手架、模板等自升式架设设施前，应当组织有关单位进行验收，也可以委托具有相应资质的检验检测机构进行验收；使用承租的机械设备和施工机具及配件的，由施工总承包单位、分包单位、出租单位和安装单位共同进行验收。验收合格的方可使用。

第十三，《特种设备安全监察条例》规定的施工起重机械，在验收前应当经有相应资质的检验检测机构监督检验合格。

第十四，施工单位的主要负责人、项目负责人、专职安全生产管理人员应当经建设行政主管部门或者其他有关部门考核合格后方可任职。

第十五，施工单位应当对管理人员和作业人员每年至少进行一次安全生产教育培训，其教育培训情况记入个人工作档案。安全生产教育培训考核不合格的人员，不得上岗。

4. 监督管理

第一，国务院建设行政主管部门对全国的建设工程安全生产实施监督管理。国务院铁路、交通、水利等有关部门按照国务院规定的职责分工，负责有关专业建设工程安全生产的监督管理。

县级以上地方人民政府建设行政主管部门对本行政区域内的建设工程安全生产实施监督管理。县级以上地方人民政府交通、水利等有关部门在各自的职责范围内，负责本行政区域内的专业建设工程安全生产的监督管理。

第二，建设行政主管部门在审核发放施工许可证时，应当对建设工程是否有安全施工措施进行审查，对没有安全施工措施的，不得颁发施工许可证。

第三，县级以上政府负有建设工程安全生产监督管理职责的部门在各自的职责范围内履行安全监督检查职责时，有权采取下列措施：

①要求被检查单位提供有关建设工程安全生产的文件和资料；

②进入被检查单位施工现场进行检查；

③纠正施工中违反安全生产要求的行为；

④对检查中发现的安全事故隐患，责令立即排除；重大安全事故隐患排除前或者排除过程中无法保证安全的，责令从危险区域内撤出作业人员或者暂时停止施工。

第四，建设行政主管部门或者其他有关部门可以将施工现场的监督检查委托给建设工程安全监督机构具体实施。

第五，国家对严重危及施工安全的工艺、设备、材料实行淘汰制度。具体目录由国务院建设行政主管部门会同国务院其他有关部门制定并公布。

5. 生产安全事故的应急救援和调查处理

第一，施工单位应当制定本单位生产安全事故应急救援预案，建立应急救援组织或者配备应急救援人员，配备必要的应急救援器材、设备，并定期组织演练。

第二，施工单位应当根据建设工程施工的特点、范围，对施工现场易发生重大事故的部位、环节进行监控，制定施工现场生产安全事故应急救援预案。实行施工总承包的，由总承包单位统一组织编制建设工程生产安全事故应急救援预案，工程总承包单位和分包单位按照应急救援预案，各自建立应急救援组织或者配备应急救援人员，配备救援器材、设备，并定期组织演练。

第三，施工单位发生生产安全事故，应当按照国家有关伤亡事故报告和调查处理的规定，及时、如实地向负责安全生产监督管理的部门、建设行政主管部门或者其他有关部门报告；特种设备发生事故的，还应当同时向特种设备安全监督管理部门报告。接到报告的部门应当按照国家有关规定，如实上报。实行施工总承包的建设工程，由总承包单位负责上报事故。

第四，发生生产安全事故后，施工单位应当采取措施，防止事故扩大，保护事故现场。需要移动现场物品时，应当做出标记和书面记录，妥善保管有关证物。

第五，建设工程生产安全事故的调查、对事故责任单位和责任人的处罚与处理，按照有关法律、法规的规定执行。

6. 法律责任

从该条例五十三条到六十八条，分别对违反安全生产规定的行为，根据情节，轻重和所造成的危害程度，明确应承担的法律责任和应承受的处罚。

六、《水利工程建设安全生产管理规定》的有关规定

《水利工程建设安全生产管理规定》包括第一章总则、第二章项目法人的安全责任、第三章勘察（测）设计建设监理及其他有关单位的安全责任、第四章施工单位的安全责任、第五章监督管理，第六章生产安全事故的应急救援和调查处理和第七章附则，共42条。

1. 项目法人的安全责任

第一，项目法人在对施工投标单位进行资格审查时，应当对投标单位的主要负责人、项目负责人以及专职安全生产管理人员是否经水行政主管部门安全生产考核合格进行审查。有关人员未经考核合格的，不得认定投标单位的投标资格。

第二，项目法人应当向施工单位提供施工现场及施工可能影响的毗邻区域内供水、排水、供电、供气、供热、通信、广播电视等地下管线资料，气象和水文观测资料，拟建工程可能影响的相邻建筑物和构筑物、地下工程的有关资料，并保证有关资料的真实、准确、完整，满足有关技术规范的要求。对可能影响施工报价的资料，应当在招标时提供。

第三，项目法人不得调减或挪用批准概算中所确定的水利工程建设有关安全作业环境及安全施工措施等所需费用。工程承包合同中应当明确安全作业环境及安全施工措施所需费用。

第四，项目法人应当组织编制保证安全生产的措施方案，并自开工报告批准之日起15日内报有管辖权的水行政主管部门、流域管理机构或者其委托的水利工程建设安全生产监督机构（以下简称安全生产监督机构）备案。建设过程中安全生产的情况发生变化时，应当及时对保证安全生产的措施方案进行调整，并报原备案机关。

第五，保证安全生产的措施方案应当根据有关法律法规、强制性标准和技术规范的要求并结合工程的具体情况编制。

第六，项目法人在水利工程开工前，应当就落实保证安全生产的措施进行全面系统的布置，明确施工单位的安全生产责任。

第七，项目法人应当将水利工程中的拆除工程和爆破工程发包给具有相应水利水电工程施工资质等级的施工单位。

第八，项目法人应当在拆除工程或者爆破工程施工15日前，将下列资料报送水行政主管部门、流域管理机构或者其委托的安全生产监督机构备案：

①施工单位资质等级证明；

②拟拆除或拟爆破的工程及可能危及毗邻建筑物的说明；

③施工组织方案；

④堆放、清除废弃物的措施；

⑤生产安全事故的应急救援预案。

2. 勘察（测）、设计、建设监理及其他有关单位的安全责任

第一，勘察（测）单位应当按照法律、法规和工程建设强制性标准进行勘察（测），提供的勘察（测）文件必须真实、准确，满足水利工程建设安全生产的需要。

第二，勘察（测）单位在勘察（测）作业时，应当严格执行操作规程，采取措施保证各类管线、设施和周边建筑物、构筑物的安全。勘察（测）单位和有关勘察（测）人员应当对其勘察（测）成果负责。

第三，设计单位应当按照法律、法规和工程建设强制性标准进行设计，并考虑项目周边环境对施工安全的影响，防止因设计不合理导致生产安全事故的发生；设计单位应当考虑施工安全操作和防护的需要，对涉及施工安全的重点部位和环节在设计文件中注明，并对防范生产安全事故提出指导意见；采用新结构、新材料、新工艺以及特殊结构的水利工程，设计单位应当在设计中提出保障施工作业人员安全和预防生产安全事故的措施建议；设计单位和有关设计人员应当对其设计成果负责。设计单位应当参与与设计有关的生产安全事故分析，并承担相应的责任。

第四，建设监理单位和监理人员应当按照法律、法规和工程建设强制性标准实施监理，

并对水利工程建设安全生产承担监理责任；建设监理单位应当审查施工组织设计中的安全技术措施或者专项施工方案是否符合工程建设强制性标准；建设监理单位在实施监理过程中，发现存在生产安全事故隐患的，应当要求施工单位整改；对情况严重的，应当要求施工单位暂时停止施工，并及时向水行政主管部门、流域管理机构或者其委托的安全生产监督机构以及项目法人报告。

第五，为水利工程提供机械设备和配件的单位，应当按照安全施工的要求提供机械设备和配件，配备齐全有效的保险、限位等安全设施和装置，提供有关安全操作的说明，保证其提供的机械设备和配件等产品的质量和安全性能达到国家有关技术标准。

3. **施工单位的安全责任**

第一，施工单位从事水利工程的新建、扩建、改建、加固和拆除等活动，应当具备国家规定的注册资本、专业技术人员、技术装备和安全生产等条件，依法取得相应等级的资质证书，并在其资质等级许可的范围内承揽工程。

第二，施工单位应当依法取得安全生产许可证后，方可从事水利工程施工活动。

第三，施工单位主要负责人依法对本单位的安全生产工作全面负责。施工单位应当建立健全安全生产责任制度和安全生产教育培训制度，制定安全生产规章制度和操作规程，保证本单位建立和完善安全生产条件所需资金的投入，对所承担的水利工程进行定期和专项安全检查，并做好安全检查记录；施工单位的项目负责人应当由取得相应执业资格的人员担任，对水利工程建设项目的安全施工负责，落实安全生产责任制度、安全生产规章制度和操作规程，确保安全生产费用的有效使用，并根据工程的特点组织制定安全施工措施，消除安全事故隐患，及时、如实报告生产安全事故。

第四，施工单位在工程报价中应当包含工程施工的安全作业环境及安全施工措施所需费用。对列入建设工程概算的上述费用，应当用于施工安全防护用具及设施的采购和更新、安全施工措施的落实、安全生产条件的改善，不得挪作他用。

第五，施工单位应当设立安全生产管理机构，按照国家有关规定配备专职安全生产管理人员。施工现场必须有专职安全生产管理人员；专职安全生产管理人员负责对安全生产进行现场监督检查。发现生产安全事故隐患，应当及时向项目负责人和安全生产管理机构报告；对违章指挥、违章操作的，应当立即制止。

第六，施工单位在建设有度汛要求的水利工程时，应当根据项目法人编制的工程度汛方案、措施制定相应的度汛方案，报项目法人批准；涉及防汛调度或者影响其他工程、设施度汛安全的，由项目法人报有管辖权的防汛指挥机构批准。

第七，垂直运输机械作业人员、安装拆卸工、爆破作业人员、起重信号工、登高架设作业人员等特种作业人员，必须按照国家有关规定经过专门的安全作业培训，并取得特种作业操作资格证书后，方可上岗作业。

第八，施工单位应当在施工组织设计中编制安全技术措施和施工现场临时用电方案，对下列达到一定规模的危险性较大的工程应当编制专项施工方案，并附具安全验算结果，经施工单位技术负责人签字以及总监理工程师核签后实施，由专职安全生产管理人员进行现场监督：

①基坑支护与降水工程；

②土方和石方开挖工程；

③模板工程；

④起重吊装工程；

⑤脚手架工程；

⑥拆除、爆破工程；

⑦围堰工程；

⑧其他危险性较大的工程。

对前款所列工程中涉及高边坡、深基坑、地下暗挖工程、高大模板工程的专项施工方案，施工单位还应当组织专家进行论证、审查。

第九，施工单位在使用施工起重机械和整体提升脚手架、模板等自升式架设设施前，应当组织有关单位进行验收，也可以委托具有相应资质的检验、检测机构进行验收；使用承租的机械设备和施工机具及配件的，由施工总承包单位、分包单位、出租单位和安装单位共同进行验收。验收合格的方可使用。

第十，施工单位的主要负责人、项目负责人、专职安全生产管理人员应当经水行政主管部门安全生产考核合格后方可任职；施工单位应当对管理人员和作业人员每年至少进行一次安全生产教育培训，其教育培训情况记入个人工作档案。安全生产教育培训考核不合格的人员，不得上岗；施工单位在采用新技术、新工艺、新设备、新材料时，应当对作业人员进行相应的安全生产教育培训。

4. 监督管理

第一，水行政主管部门和流域管理机构按照分级管理权限，负责水利工程建设安全生产的监督管理。水行政主管部门或者流域管理机构委托的安全生产监督机构，负责水利工程施工现场的具体监督检查工作。

第二，水利部负责全国水利工程建设安全生产的监督管理工作，其主要职责是：

①贯彻、执行国家有关安全生产的法律、法规和政策，制定有关水利工程建设安全生产的规章、规范性文件和技术标准；

②监督、指导全国水利工程建设安全生产工作，组织开展对全国水利工程建设安全生产情况的监督检查；

③组织、指导全国水利工程建设安全生产监督机构的建设、考核和安全生产监督人员的考核工作以及水利水电工程施工单位的主要负责人、项目负责人和专职安全生产管理人员的安全生产考核工作。

第三，流域管理机构负责所管辖的水利工程建设项目的安全生产监督工作。

第四，省、自治区、直辖市人民政府水行政主管部门负责本行政区域内所管辖的水利工程建设安全生产的监督管理工作，其主要职责是：

①贯彻、执行有关安全生产的法律、法规、规章、政策和技术标准，制定地方有关水利工程建设安全生产的规范性文件；

②监督、指导本行政区域内所管辖的水利工程建设安全生产工作，组织开展对本行政区域内所管辖的水利工程建设安全生产情况的监督检查；

③组织、指导本行政区域内水利工程建设安全生产监督机构的建设工作以及有关的水利水电工程施工单位的主要负责人、项目负责人和专职安全生产管理人员的安全生产考核工作。

市、县级人民政府水行政主管部门水利工程建设安全生产的监督管理职责，由省、自治区、直辖市人民政府水行政主管部门规定。

第五，水行政主管部门或者流域管理机构委托的安全生产监督机构，应当严格按照有关安全生产的法律、法规、规章和技术标准，对水利工程施工现场实施监督检查；安全生产监督机构应当配备一定数量的专职安全生产监督人员。安全生产监督机构以及安全生产监督人员应当经水利部考核合格。

第六，水行政主管部门、流域管理机构或者其委托的安全生产监督机构依法履行安全生产监督检查职责时，有权采取下列措施：

①要求被检查单位提供有关安全生产的文件和资料；

②进入被检查单位施工现场进行检查；

③纠正施工中违反安全生产要求的行为；

④对检查中发现的安全事故隐患，责令立即排除；重大安全事故隐患排除前或者排除过程中无法保证安全的，责令从危险区域内撤出作业人员或者暂时停止施工。

5. 生产安全事故的应急救援和调查处理

第一，各级地方人民政府水行政主管部门应当根据本级人民政府的要求，制定本行政区域内水利工程建设特大生产安全事故应急救援预案，并报上一级人民政府水行政主管部门备案。流域管理机构应当编制所管辖的水利工程建设特大生产安全事故应急救援预案，并报水利部备案。

第二，项目法人应当组织制定本建设项目的生产安全事故应急救援预案，并定期组织演练。应急救援预案应当包括紧急救援的组织机构、人员配备、物资准备、人员财产救援措施、事故分析与报告等方面的方案。

第三，施工单位应当根据水利工程施工的特点和范围，对施工现场易发生重大事故的部位、环节进行监控，制定施工现场生产安全事故应急救援预案。实行施工总承包的，由总承包单位统一组织编制水利工程建设生产安全事故应急救援预案，工程总承包单位和分包单位按照应急救援预案，各自建立应急救援组织或者配备应急救援人员，配备救援器材、设备，并定期组织演练。

第四，施工单位发生生产安全事故，应当按照国家有关伤亡事故报告和调查处理的规定，及时、如实地向负责安全生产监督管理的部门以及水行政主管部门或者流域管理机构报告；特种设备发生事故的，还应当同时向特种设备安全监督管理部门报告。接到报告的部门应当按照国家有关规定，如实上报。

第五，实行施工总承包的建设工程，由总承包单位负责上报事故，发生生产安全事故，项目法人及其他有关单位应当及时、如实地向负责安全生产监督管理的部门以及水行政主管部门或者流域管理机构报告。

第六，发生生产安全事故后，有关单位应当采取措施防止事故扩大，保护事故现场。需要移动现场物品时，应当做出标记和书面记录，妥善保管有关证物。

第四节　水利工程安全事故处理

一、基本概念和术语

第一，伤亡事故，指企业职工在生产劳动过程中，发生的人身伤害、急性中毒。

第二，损失工作日，指被伤害者失能的工作时间。

第三，暂时性失能伤害，指伤害及中毒者暂时不能从事原岗位工作的伤害。

第四，永久性部分失能伤害，指伤害及中毒者肢体或某些器官部分功能不可逆的丧失的伤害。

第五，永久性全失能伤害，指除死亡外一次事故中，受伤者造成完全残废的伤害。

第六，轻伤，指损失工作日低于 105 日的失能伤害。

第七，重伤，指相当于损失工作日等于和超过 105 日的失能伤害。

第八，直接责任者，是指在事故发生中有必须因果关系的人。

第九，主要责任者，是指在事故发生中属于主要地位或起主要作用的人。

第十，重要责任者，是指在事故责任中，负一定责任，起一定作用，但不起主要作用的人。

第十一，领导责任者，是指忽视安全生产，管理混乱，规章制度不健全，违章指挥，冒险蛮干，对工人不认真进行安全教育、不认真消除事故隐患，或者出现事故以后仍不采取有力措施，致使同类事故重复发生的单位领导。

二、事故分类

《生产安全事故报告和调查处理条例》规定，根据生产安全事故造成的人员伤亡或者直接经济损失，事故分为特别重大事故、重大事故、较大事故和一般事故。

第一，特别重大事故，是指造成 30 人以上死亡，或者 100 人以上重伤（包括急性工业中毒），或者 1 亿元以上直接经济损失的事故；

第二，重大事故，是指造成 10 人以上 30 人以下死亡，或者 50 人以上 100 人以下重伤，或者 5000 万元以上 1 亿元以下直接经济损失的事故；

第三，较大事故，是指造成 3 人以上 10 人以下死亡，或者 10 人以上 50 人以下重伤，或者 1000 万元以上 5000 万元以下直接经济损失的事故；

第四，一般事故，是指造成 3 人以下死亡，或者 10 人以下重伤，或者 1 000 万元以下直接经济损失的事故。

所称的“以上”包括本数，所称的“以下”不包括本数。

三、工程安全事故的处理程序

施工生产场所发生安全事故后，负伤人员或最先发现事故的人应立即报告项目领导。项目安全技术人员根据事故的严重程度及现场情况立即上报上级业务系统，并及时填写伤亡事故表上报企业。企业发生重伤和重大伤亡事故，必须立即将事故概况（含伤亡人数、发生事故时间、地点、原因等），用最快的办法分别报告企业主管部门、行业安全管理部门和当地劳动部门、公安部门、检察院及工会。发生重大伤亡事故，各有关部门接到报告后应立即转告各自的上级管理部门。其处理程序如下：

1. 迅速抢救伤员、保护事故现场

事故发生后，现场人员切不可惊慌失措，要统一指挥，有组织地迅速抢救伤员和排除险情，尽量制止事故蔓延扩大。同时，为了事故调查分析的需要，应注意保护好事故现场。如因抢救伤员和排除险情而必须移动现场构件时，还应准确做出标记，最好拍出不同角度的照片，为事故调查提供可靠的原始事故现场。

2. 组织调查组

企业在接到事故报告后，主要负责人、业务部门领导和有关人员应立即赶赴现场组织抢救，并迅速组织调查组开展调查发生人员轻伤、重伤事故，由企业负责人或指定的人员组织施工生产、技术、安全、劳资、工会等有关人员组成事故调查组，进行调查。死亡事故由企业主管部门会同现场所在地的市（或区）劳动部门、公安部门、人民检察院、工会组成事故调查组，进行调查。重大死亡事故应按企业的隶属关系，由省、自治区、直辖制企业主管部门或国务院有关主管部门，公安、监察、检察部门、工会组成事故调查组，进

行调查。调查组也可邀请有关专家和技术人员参加，调查组成员中与发生事故有直接利害关系的人员不得参加调查工作。

3. 现场勘察

现场勘察必须及时、全面、细致、准确、客观地反映事故的原始面貌，其主要内容有：

第一，做出笔录。包括发生事故的时间、地点、气象等；现场勘察人员的姓名、单位、职务；现场勘察起止时间、勘察过程；能量逸散所造成的破坏情况、状态、程度；设施设备损坏情况及事故发生前后的位置；事故发生前的劳动组合，现场人员的具体位置和行动；重要物证的特征、位置及检验情况等。

第二，实物拍照。包括方位拍照：反映事故现场周围环境中的位置；全面拍照：反映事故现场各部位之间的联系；中心拍照：反映事故现场中心情况；细目拍照：揭示事故直接原因的痕迹物、致害物；人体拍照：反映伤亡者主要受伤和造成伤害的部位。

第三，现场绘图。根据事故的类别和规模以及调查工作的需要应绘制出下列示意图：建筑物平面图、剖面图；事故发生时人员位置及疏散（活动）图；破坏物立体图或展开图；涉及范围图；设备或工、器具构造图等。

4. 分析事故原因、确定事故性质

事故调查分析的目的，是为了通过调查研究，搞清事故原因，以便从中吸取教训，采取相应措施，防止类似事件发生，分析的步骤和要求是：

第一，通过详细的调查、查明事故发生的经过。

第二，整理和仔细阅读调查资料，对受伤部位、受伤性质、起因物、致害物、伤害方法、不安全行为和不安全状态等七项内容进行分析。

第三，根据调查所确认的事实，从直接原因入手，逐渐深入到间接原因。通过对原因的分析、确定出事故的直接责任者和领导责任者，根据在事故发生中的作用，找出主要责任者。

第四，确定事故的性质。如责任事故、非责任事故或破坏性事故。

第五，根据事故发生的原因，找出防止发生类似事故的具体措施，应定人、定时间、定标准，完成措施的全部内容。

5. 写出事故调查报告

事故调查组完成上述几项工作后，应立即把事故发生的经过、原因、责任分析、处理意见及本次事故的教训、估算和实际发生的损失、单位对本事故提出的改进安全生产工作的意见和建议等写成文字报告，经调查组成员会签后报有关部门审批。如组内意见不统一，应进一步弄清事实，对照政策法规反复研究，统一认识。不可强求一致，但报告中应言明情况，以便上级在必要时进行重点复查。

6. 事故的审理和结案

事故的审理和结案，同企业的隶属关系及干部管理权限一致。一般情况下，县办企业和县以下企业由县审批；地、市办的企业由地、市审批；省、直辖市企业发生的重大事故，由直属主管部门提出处理意见，征得劳动部门意见，报主管委、办、厅批复。建设部对事故的审批和结案有以下几点要求：

第一，事故调查处理结论报出后，须经当地有关审批权限的机关审批后方能结案。并要求伤亡事故处理工作在 90 日内结案、特殊情况也不得超过 180 日。

第二，对事故责任者的处理，应根据事故情节轻重、各种损失大小、责任轻重加以区分，予以严肃处理。

第三，清理资料进行专门存档。存档的主要内容有：职工伤亡事故登记表；职工重伤、死亡事故调查报告书、现场勘察资料记录、图纸、照片等；技术鉴定和实验报告；物证、人证调查材料；医疗部门对伤亡者的诊断及影印件；事故调查组的调查报告；企业或主管部门对其事故所做的结案申请报告；受理人员的检查材料；有关部门对事故的结案批复等。

四、事故报告

1. 事故报告的程序和时间限制

根据《生产安全事故报告和调查处理条例》和《水利工程建设安全生产管理规定》，发生安全事故应及时准确上报：

第一，事故发生后，事故现场有关人员应当立即向本单位负责人报告，单位负责人接到报告后，应当于 1 小时内向事故发生地县级以上人民政府安全生产监督管理部门和负有安全生产监督管理职责的有关部门报告；情况紧急时，事故现场有关人员可以直接向事故发生地县级以上人民政府安全生产监督管理部门和负有安全生产监督管理职责的有关部门报告。

第二，安全生产监督管理部门和负有安全生产监督管理职责的有关部门接到事故报告后，应当依照下列规定上报事故情况，并通知公安机关、劳动保障行政部门、工会和人民检察院：

①特别重大事故、重大事故逐级上报至国务院安全生产监督管理部门和负有安全生产监督管理职责的有关部门；

②较大事故逐级上报至省、自治区、直辖市人民政府安全生产监督管理部门和负有安全生产监督管理职责的有关部门；

③一般事故上报至设区的市级人民政府安全生产监督管理部门和负有安全生产监督管理职责的有关部门。

安全生产监督管理部门和负有安全生产监督管理职责的有关部门依照规定上报事故情况，应当同时报告本级人民政府。国务院安全生产监督管理部门和负有安全生产监督管理职责的有关部门以及省级人民政府接到发生特别重大事故、重大事故的报告后，应当立即报告国务院。

必要时，安全生产监督管理部门和负有安全生产监督管理职责的有关部门可以越级上报事故情况。

第三，安全生产监督管理部门和负有安全生产监督管理职责的有关部门逐级上报事故情况，每级上报的时间不得超过 2 小时。

第四，水利工程建设重大质量与安全事故发生后，事故现场有关人员应当立即报告本单位负责人。项目法人、施工等单位应当立即将事故情况按项目管理权限如实向流域机构或水行政主管部门和事故所在地人民政府报告，最迟不得超过 4 小时。流域机构或水行政主管部门接到事故报告后，应当立即报告上级水行政主管部门和水利部工程建设事故应急指挥部。水利工程建设过程中发生生产安全事故的，应当同时向事故所在地安全生产监督局报告；特种设备发生事故，应当同时向特种设备安全监督管理部门报告。接到报告的部门应当按照国家有关规定，如实上报。

报告的方式可先采用电话口头报告，随后递交正式书面报告。在法定工作日向水利部工程建设事故应急指挥部办公室报告，夜间和节假日向水利部总值班室报告，总值班室归口负责向国务院报告。

第五，各级水行政主管部门接到水利工程建设重大质量与安全事故报告后，应当遵循“迅速、准确”的原则，立即逐级报告同级人民政府及上级水行政主管部门。

第六，对于水利部直管的水利工程建设项目以及跨，省（自治区、直辖市）的水利工程项目，在报告水利部的同时应当报告有关流域机构。

特别紧急的情况下,项目法人和施工单位以及各级水行政主管部门可直接向水利部报告。

第七，事故报告后出现新情况的，应当及时补报。

自事故发生之日起 30 日内，事故造成的伤亡人数发生变化的，应当及时补报。

2. 事故报告的内容

第一，事故发生后及时报告以下内容：

①发生事故的工程名称、地点、建设规模和工期，事故发生的时间、地点、简要经过、事故类别和等级、人员伤亡及直接经济损失初步估算；

②有关项目法人、施工单位、主管部门名称及负责人联系电话，施工等单位的名称、资质等级；

③事故报告的单位、报告签发人及报告时间和联系电话等。

第二，根据事故处置情况及时续报以下内容：

①有关项目法人、勘察、设计、施工、监理等工程参建单位名称、资质等级情况，单位以及项目负责人的姓名以及相关执业资格；

②事故原因分析；

③事故发生后采取的应急处置措施及事故控制情况；

④抢险交通道路可使用情况；

⑤其他需要报告的有关事项等。

五、事故应急响应

水利部与国家有关部门和单位建立联络协调机制，在启动安全事故应急预案时统一行动、密切配合、提高应急效率。

1. 应急组织指挥体系

事故发生地有关地方人民政府、安全生产监督管理部门和负有安全生产监督管理职责的有关部门接到事故报告后，其负责人应当立即赶赴事故现场，组织事故救援。

水利工程建设重大质量与安全事故应急组织指挥体系由水利部及流域机构、各级水行政主管部门的水利工程建设重大质量与安全事故应急指挥部、地方各级人民政府、水利工程建设项目法人以及施工等工程参建单位的质量与安全事故应急指挥部组成。

第一，水利部应急指挥机构及职责。

①水利部设立水利工程建设重大质量与安全事故应急指挥部（以下简称“水利部工程建设事故应急指挥部”）。水利部工程建设事故应急指挥的组成如下：

指挥长：分管工程建设的副部长；

副指挥长：建设与管理司司长（兼水利部工程建设事故应急指挥部办公室主任），办公厅副主任，部安全生产领导小组办公室主任；

成员：规划计划司、人事劳动教育司、监察部驻水利部监察局、国家防汛抗旱总指挥部办公室、水利水电规划设计总院的主要负责同志（水利部工程建设事故应急指挥部成员未在京或有特殊情况时，由所在单位按职务排名先后递补）。

水利部工程建设事故应急指挥部在水利部安全生产领导小组的领导下开展工作，其主要职责为：

• 拟定水利工程建设重大质量与安全事故应急预案、工作制度和办法；

• 监督、指导和协调流域机构以及各级水行政主管部门制定和完善应急预案，落实预案措施，做好事故发生后的应急处置、信息上报和发布、善后处置等工作；

• 指导、协调和参与水利工程建设重大质量与安全事故应急处置；

• 及时了解和掌握水利工程建设重大质量与安全事故信息，根据事故情况需要，及时向国务院报告事故情况；

• 组织事故调查工作，或配合国务院以及应急管理部等职能部门进行事故调查、分析、处理及评估工作；

• 为地方提供事故处理的专家和技术支持，组织事故应急处置相关知识的宣传、培训和演练。

②水利部工程建设事故应急指挥部下设办公室，作为其日常办事机构

水利部工程建设事故应急指挥部办公室设在水利部建设与管理司，主要职责是：

• 在水利部工程建设事故应急指挥部和水利部安全生产领导小组的领导下，在水利部安全生产领导小组办公室的指导下，负责水利工程建设重大质量与安全事故应急的日常事务工作；

• 组织实施应急预案，传达水利部工程建设事故应急指挥部的各项指令，协调水利工程建设重大质量与安全事故应急处置工作；

• 汇总事故信息并报告（通报）事故情况，组织事故信息的发布工作；

• 负责水利部直管水利工程建设项目重大质量与安全事故的应急处置工作；

• 承办水利部工程建设事故应急指挥部召开的会议和重要活动；

• 承办水利部工程建设事故应急指挥部交办的其他事项。

③水利部工程建设事故应急指挥部下设专家技术组、事故调查组等若干个工作组，根据需要及时组建并开展工作。工作组的具体设置，由水利部工程建设事故应急指挥部根据具体情况确定。有关专家从水利部安全生产专家库中选择，特殊专业或有特殊要求的专家，由水利部工程建设事故应急指挥部办公室商请有关部门推荐。各工作组在水利部工程建设事故应急指挥部的组织协调下，为事故应急救援和处置提供专业支援和技术支撑，开展具体的应急处置工作。

第二，流域机构应急处置指挥机构及职责。

水利部流域机构应当制定流域机构水利工程建设重大质量与安全事故应急预案。有关重大质量与安全事故应急指挥部的组成以及职责，可参照水利部工程建设事故应急指挥部的组成与职责，结合流域机构的职责与水利工程项目管理的实际制定。应急预案需经水利部核准并抄送流域内省级水行政主管部门。

第三，各级水行政主管部门应急处置机构及职责。

各级水行政主管部门应当根据本级人民政府的统一部署和水利部的有关规定，制定本行政区域内水利工程建设重大质量与安全事故应急预案。有关重大质量与安全事故应急指挥部的组成以及职责，可参照水利部工程建设事故应急指挥部的组成与职责，结合本地实际制定。水利工程建设重大质量与安全事故应急预案应逐级上报备案，省级水行政主管部门应将其应急预案报水利部及所在流域机构备案。

第四，项目法人应急处置指挥机构及职责。

在本级水行政主管部门的指导下，水利工程建设项目法人应当组织制定本工程项目建设质量与安全事故应急预案，建立工程项目建设质量与安全事故应急处置指挥部。工程项目建设质量与安全事故应急处置指挥部的组成如下：

指挥：项目法人主要负责人；

副指挥：工程各参建单位主要负责人；

成员：工程各参建单位有关人员。

工程项目建设质量与安全事故应急处置指挥部的主要职责有：

• 制定工程项目质量与安全事故应急预案（包括专项应急预案），明确工程各参建单位的责任，落实应急救援的具体措施；

• 事故发生后，执行现场应急处置指挥机构的指令，及时报告并组织事故应急救援和处置，防止事故的扩大和后果的蔓延，尽力减少损失；

• 及时向地方人民政府、地方安全生产监督管理部门和有关水行政主管部门应急指挥机构报告事故情况；

• 配合工程所在地人民政府有关部门划定并控制事故现场的范围、实施必要的交通管制及其他强制性措施、组织人员和设备撤离危险区等；

• 按照应急预案，做好与工程项目所在地有关应急救援机构和人员的联系沟通；

• 配合有关水行政主管部门应急处置指挥机构及其他有关主管部门发布和通报有关信息；

• 组织事故善后工作，配合事故调查、分析和处理；

• 落实并定期检查应急救援器材、设备情况；

• 组织应急预案的宣传、培训和演练；

• 完成事故救援和处理的其他相关工作。

水利工程项目建设质量与安全事故应急预案应当报工程所在地县级以上水行政主管部门以及项目法人的主管部门备案。

第五，施工单位应急救援组织及职责。

承担水利工程施工的施工单位应当制定本单位施工质量与安全事故应急预案，建立应急救援组织或者配备应急救援人员，配备必要的应急救援器材、设备，并定期组织演练。水利工程施工企业应明确专人维护救援器材、设备等。

在工程项目开工前，施工单位应当根据所承担的工程项目施工特点和范围，制定施工现场施工质量与安全事故应急预案，建立应急救援组织或配备应急救援人员并明确职责。

在承包单位的统一组织下，工程施工分包单位（包括工程分包和劳务作业分包）应当按照施工现场施工质量与安全事故应急预案，建立应急救援组织或配备应急救援人员并明确其职责。

施工单位的施工质量与安全事故应急预案、应急救援组织或配备的应急救援人员和职责应当与项目法人制定的水利工程项目建设质量与安全事故应急预案协调一致，并将应急预案报项目法人备案。

第六，现场应急处置指挥机构及职责。

重大质量与安全事故发生后，在当地政府的统一领导下，应当迅速组建重大质量与安全事故现场应急处置指挥机构，负责事故现场应急救援和处置的统一领导与指挥。

2. 响应分级

按事故的严重程度和影响范围，将水利工程建设质量与安全事故分为四级。对应相应事故等级，采取应急响应行动。

第一，Ⅰ级（特别重大质量与安全事故）。

已经或者可能导致死亡（含失踪）30 人以上（含本数，下同），或重伤（中毒）100 人以上，或需要紧急转移安置 10 万人以上，或直接经济损失 1 亿元以上的事故。

第二，Ⅱ级（特大质量与安全事故）。

已经或者可能导致死亡（含失踪）10 人以上、30 人以下（不含本数，下同），或重伤（中毒）50 人以上、100 以下，或需要紧急转移安置 1 万人以上、10 万人以下，或直接经济损失 5000 万元以上、1 亿元以下的事故。

第三，Ⅲ级（重大质量与安全事故）。

已经或者可能导致死亡（含失踪）3 人以上、10 人以下，或重伤（中毒）30 以上、50 人以下，或直接经济损失 1000 万元以上、5000 万元以下的事故。

第四，Ⅳ级（较大质量与安全事故）。

已经或者可能导致死亡（含失踪）3 人以下，或重伤（中毒）30 以下，或直接经济损失 1000 万元以下的事故。

3. 应急响应

第一，事故发生单位负责人接到事故报告后，应当立即启动事故相应应急预案，或者采取有效措施，组织抢救，防止事故扩大，减少人员伤亡和财产损失。

第二，事故发生地有关地方人民政府、安全生产监督管理部门和负有安全生产监督管理职责的有关部门接到事故报告后，其负责人应当立即赶赴事故现场，组织事故救援。

第三，事故发生后，有关单位和人员应当妥善保护事故现场以及相关证据，任何单位和个人不得破坏事故现场、毁灭相关证据。

第四，因抢救人员、防止事故扩大以及疏通交通等原因，需要移动事故现场物件的，应当做出标志，绘制现场简图并做出书面记录，妥善保存现场重要痕迹、物证。

第五，事故发生地公安机关根据事故的情况，对涉嫌犯罪的，应当依法立案侦查，采取强制措施和侦查措施。犯罪嫌疑人逃匿的，公安机关应当迅速追捕归案。

第六，水利工程建设质量与安全事故发生后，各级应急指挥部应当根据项目管理权限立即启动应急预案，迅速赶赴事故现场。

第七，水利部直管水利工程建设项目发生质量与安全事故后，水利部工程建设事故发生单位负责人接到事故报告后，应当立即启动事故相应应急预案，或者采取有效措施，组织抢救，防止事故扩大，减少人员伤亡和财产损失。

六、事故调查

1. 事故调查权限

第一，特别重大事故由国务院或者国务院授权有关部门组织事故调查组进行调查。

重大事故、较大事故、一般事故分别由事故发生地省级人民政府、设区的市级人民政府、县级人民政府负责调查。省级人民政府、设区的市级人民政府、县级人民政府可以直接组织事故调查组进行调查，也可以授权或者委托有关部门组织事故调查组进行调查。

未造成人员伤亡的一般事故，县级人民政府也可以委托事故发生单位组织事故调查组进行调查。

第二，上级人民政府认为必要时，可以调查由下级人民政府负责调查的事故。

自事故发生之日起 30 日内（道路交通事故、火灾事故自发生之日起 7 日内），因事故伤亡人数变化导致事故等级发生变化，依照本条例规定应当由上级人民政府负责调查的，上级人民政府可以另行组织事故调查组进行调查。

第三，特别重大事故以下等级事故，事故发生地与事故发生单位不在同一个县级以上行政区域的，由事故发生地人民政府负责调查，事故发生单位所在地人民政府应当派人参加。

2. 事故调查组人员组成

事故调查组的组成应当遵循精简，效能的原则。

第一，根据事故的具体情况，事故调查组由有关人民政府、安全生产监督管理部门、负有安全生产监督管理职责的有关部门、监察机关、公安机关以及工会派人组成，并应当邀请人民检察院派人参加。

第二，事故调查组可以聘请有关专家参与调查。

第三，事故调查组成员应当具有事故调查所需要的知识和专长，并与所调查的事故没有直接利害关系。

第四，事故调查组组长由负责事故调查的人民政府指定。事故调查组组长主持事故调查组的工作。

3. 事故调查组的职责

事故调查组履行下列职责：

第一，查明事故发生的经过、原因、人员伤亡情况及直接经济损失；

第二，认定事故的性质和事故责任；

第三，提出对事故责任者的处理建议；

第四，总结事故教训，提出防范和整改措施；

第五，提交事故调查报告。

4. 事故调查

第一，事故调查组有权向有关单位和个人了解与事故有关的情况，并要求其提供相关文件、资料，有关单位和个人不得拒绝。

事故发生单位的负责人和有关人员在事故调查期间不得擅离职守，并应当随时接受事故调查组的询问，如实提供有关情况。

事故调查中发现涉嫌犯罪的，事故调查组应当及时将有关材料或者其复印件移交司法机关处理。

第二，事故调查中需要进行技术鉴定的，事故调查组应当委托具有国家规定资质的单位进行技术鉴定。必要时，事故调查组可以直接组织专家进行技术鉴定。技术鉴定所需时间不计入事故调查期限。

第三，事故调查组成员在事故调查工作中应当诚信公正、恪尽职守，遵守事故调查组的纪律，保守事故调查的秘密。

未经事故调查组组长允许，事故调查组成员不得擅自发布有关事故的信息。

5. 事故调查报告

第一，事故调查组应当自事故发生之日起 60 日内提交事故调查报告；特殊情况如下，经负责事故调查的人民政府批准，提交事故调查报告的期限可以适当延长，但延长的期限最长不超过 60 日。

第二，事故调查报告应当及时、准确、完整，任何单位和个人对事故不得迟报、漏报、谎报或者瞒报。事故调查报告应当包括下列内容：

①事故发生单位概况；

②事故发生经过和事故救援情况；

③事故造成的人员伤亡和直接经济损失；

④事故发生的原因和事故性质；

⑤事故责任的认定以及对事故责任者的处理建议；

⑥事故防范和整改措施。

事故调查报告应当附具有关证据材料。事故调查组成员应当在事故调查报告上签名。事故调查报告报送负责事故调查的人民政府后，事故调查工作即告结束。事故调查的有关资料应当归档保存。

七、事故处理

事故调查处理应当坚持实事求是、尊重科学的原则，及时、准确地查清事故经过、事故原因和事故损失，查明事故性质，认定事故责任，总结事故教训，提出整改措施，并对事故责任者依法追究责任。

事故处理应坚持“四不放过”原则，即事故原因不查清楚不放过、事故责任者未受处理不放过、主要事故责任者和职工未受到教育不放过、补救和防范措施不落实不放过。认真调查事故原因，研究处理补救措施，查明事故责任者，做好事故处理工作。

对于重大事故、较大事故或一般事故，负责事故调查的人民政府应当自收到事故调查报告之日起 15 日内做出批复；对于特别重大事故，如日内做出批复，特殊情况下，批复时间可以适当延长，但延长的时间最长不超过 30 日。

有关机关应当按照人民政府的批复，依照法律、行政法规规定的权限和程序，对事故发生单位和有关人员进行行政处罚，对负有事故责任的国家工作人员进行处分。

事故发生单位应当按照负责事故调查的人民政府的批复，对本单位负有事故责任的人员进行处理。

负有事故责任的人员涉嫌犯罪的，依法追究刑事责任。

事故发生单位应当认真吸取事故教训，落实防范和整改措施，防止事故再次发生。防范和整改措施的落实情况应当接受工会和职工的监督。

安全生产监督管理部门和负有安全生产监督管理职责的有关部门应当对事故发生单位落实防范和整改措施的情况进行监督检查。

事故处理的情况由负责事故调查的人民政府或者其授权的有关部门、机构向社会公布，依法应当保密的除外。

第八章　水利工程建设合同管理

合同管理，是指工程建设参与单位（如建设单位、施工单位、监理单位等）依据相关法律法规和规章制度，采取法律的、行政的手段，对合同关系进行组织、指导、协调及监督，保护合同当事人的合法权益，处理合同纠纷，防止和制裁违法行为，保证合同得到贯彻实施的一系列活动。

合同管理包括两个阶段内容：一是合同签订之前，合同的相关方围绕签订合同所进行的一系列管理活动，比如建设单位的招标活动，施工单位、监理单位、设计单位的投标活动；二是合同签订之后，以合同为基础来规范相关方建设行为、保证合同得到贯彻实施的一系列活动，比如工程实施过程中对建筑施工合同的管理活动

第一节　工程建设合同基本知识

一、合同的概念及内容

《合同法》第二条规定："合同是平等主体的自然人、法人、其他组织之间设立、变更、终止民事权利义务关系的协议。"合同作为一种协议，必须是当事人双方意思表示一致的民事法律行为。合同是当事人行为合法性的依据。合同中所确定的当事人的权利、义务和责任，必须是当事人依法可以享有的权利和能够承担的义务与责任，这是合同具有法律效力的前提。当事人依法享有自愿订立合同的权利，任何单位和个人不得非法干预。

任何合同都应具有三大要素，即合同的主体、客体和合同内容。

第一，合同主体，即签约双方的当事人。合同的当事人可以是自然人、法人或其他组织，且合同当事人的法律地位平等，一方不得将自己的意志强加于另一方依法签订的合同具有法律效力。当事人应按合同约定履行各自的义务，不得擅自变更或解除合同。

第二，合同客体，指合同主体的权利与义务共同指向的对象，如建设工程项目、货物、劳务、智力成果等。客体应规定明确，切忌含混不清。

第三，合同内容。合同双方的权利、义务和责任。

根据《合同法》第十二条的规定，合同的内容由当事人约定，一般包含以下几个方面：

第一，当事人的名称或者姓名和住所；

第二，标的；

第三，数量；

第四，质量；

第五，价款或者报酬；

第六，履行期限、地点和方式；

第七，违约责任；

第八，解决争议的方法。

二、工程建设合同的概念及特征

（一）工程建设合同的概念

工程建设合同是承包商进行工程建设，发包人支付工程价款的合同。工程建设合同是一种诺成合同，合同订立生效后双方均应严格履行。同时，建设工程合同也是一种有偿合同，合同双方当事人在执行合同时，都享有各自的权利，也必须履行自己应尽的义务，并承担相应的责任。

（二）工程建设合同的特征

1. 合同主体的严格性

工程建设合同主体一般只能是法人。发包人一般只能是经过批准进行工程项目建设的法人，必须有国家批准的建设项目、落实投资计划，并且应当具备相应的协调能力；承包人则必须具备法人资格，而且必须具备相应的从事勘察、设计、施工、监理等业务的资质。

2. 合同客体的特殊性

工程建设合同的客体是各类建筑产品，建筑产品的形态往往是多种多样的。建筑产品的单件性及固定性等其自身的特点，决定了工程建设合同客体的特殊性。

3. 合同履行期限的长期性

由于建设工程结构复杂、体积大、工作量大、建筑材料类型多、投资巨大，使得其生产周期一般较长，从而导致工程建设合同履行期限较长；同时，由于投资额巨大，工程建设合同的订立和履行一般都需要较长的准备期，而且，在合同的履行过程中，还可能因为不可抗力、工程变更、材料供应不及时等原因而导致合同期限的延长，这就决定了工程建设合同履行期限的长期性。

4. 投资和建设程序的严格性

由于工程建设对国家的经济发展和广大人民群众的工作与生活都有重大的影响，因此国家对工程项目在投资和建设程序上有严格的管理制度，订立工程建设合同也必须以国家批准的投资计划为前提；即使是以非国家投资方式筹集的其他资金，也要受到当年的贷款规模和批准限额的限制，该投资也要纳入当年投资规模，进行投资平衡，并要经过严格的审批程序工程建设合同的订立和履行还必须遵守国家关于基本建设程序的有关规定。

三、工程建设合同的作用

（一）合同确定了工程建设和管理的目标

工程建设地点和施工场地、工程开工和完工的日期、工程中主要活动的延续时间等，是由合同协议书、工程进度计划所决定的；工程规模、范围和质量，包括工程的类型和尺寸、工程要达到的功能和能力，设计、施工、材料等方面的质量标准和规范等，是由合同条款、规范、图纸、工程量清单、供应单等决定的；价格和报酬，包括工程总造价，各分项工程的单价和合价，设计、服务费用和报酬等，是由合同协议书、中标函、工程量清单等决定的。

（二）合同是工程建设过程中双方解决纠纷的依据

在建设过程中，由于合同实施环境的变化、合同条款本身的模糊性、不确定等因素，引起纠纷是难免的，重要的是如何正确解决这些纠纷。在这方面合同有两个决定性作用：一是判定纠纷责任要以合同条款为依据，即根据合同判定应由谁对纠纷负责，以及应负什么样的责任；二是纠纷的解决必须按照合同所规定的方式和程序进行。

（三）合同是工程建设过程中双方活动的准则

工程建设中双方的一切活动都是为了履行合同，必须按合同办事，全面履行合同所规定的权利和义务，并承担所分配风险的责任。双方的行为都要受合同约束，一旦违约，就要承担法律责任。

（四）合同是协调并统一参加建设者行为的重要手段

一个工程项目的建设，往往有相当多的参与单位，有业主、勘察设计、施工、咨询监理单位，也有设备和物资供应、运输、加工单位，还有银行、保险公司等金融单位，并有政府有关部门、群众组织等。每一个参与者均有自身的目标和利益追求，并为之努力。要使各参与者的活动协调统一，为工程总目标服务，就必须依靠为本工程顺利建设而签订的各个合同。项目管理者要通过与各单位签订的合同，将各合同和合同规定的活动在内容上、技术上、组织上、时间上协调统一，形成一个完整、周密、有序的体系，以保证工程有序地按计划进行，顺利地实现工程总目标。

第二节 工程建设各方的权利、义务和责任

一、发包人的权利、义务和责任

（一）发包人的权利

1. 对总设计、总承包单位的选定权

发包人是工程建设投资行为的主体，要对投资效益全面负责，因此有选定工程总设计和总承包单位，以及与其订立合同的权力。

2. 授予监理权限的权力

发包人委托监理人承担监理业务，监理人在发包人授权范围内，对其与第三方签订的各种承包合同的履行实施监理，因此在监理委托合同中需明确委托的监理任务及监理人的权限，监理人行使的权力不得超过合同规定范围。

3. 重大事项的决定权

第一，承包分配权。发包人一般是通过竞争方式选择监理人，并对其监理人员的素质和水平、监理规划、监理经验和监理业绩进行全面审查。因此，监理人不得转让、分包监理业务。

第二，对监理人员的控制监督权。监理人更换总监理工程师须事前经发包人同意，发包人有权要求监理人更换不称职的监理人员，直到终止合同。

第三，对合同履行的监督权。发包人有权对监理机构和监理人员的监理工作进行检查，有权要求监理人提交监理月报及监理工作范围内的专题报告。

第四，工程重大事项的决定权。发包人有对工程设计变更的审批权，有对工程建设中质量、进度、投资方面的重大问题的最终决定权，有对工程款支付、结算的最终决定权。

（二）发包人的一般义务和责任

第一，遵守有关的法律、法规和规章。

第二，委托监理人按合同规定的日期向承包人发布开工通知。

第三，在开工通知发出前安排监理人及时进点实施监理。

第四，按时向承包人提供施工用地、施工准备工程等。

第五，按有关规定，委托监理人向承包人提供现场测量基准点、基准线和水准点及其有关资料。

第六，按合同规定负责办理由发包人投保的保险。

第七，提供已有的与合同工程有关的水文和地质勘探资料。

第八，委托监理人在合同规定的期限内向承包人提供应由发包人负责提供的图纸。

第九，按规定支付合同价款。

第十，为承包人实现文明施工目标创造必要的条件。

第十一，按有关规定履行其治安保卫和施工安全职责。

第十二，按有关规定采取环境保护措施。

第十三，按有关规定主持和组织工程的完工验收。

第十四，应承担专用合同条款中规定的其他一般义务和责任。

二、监理机构的权利、义务和责任

（一）监理机构的权利

1. 建议权

监理机构有选择工程施工、设备和材料供应等单位的建议权；对工程实施中的重大技术问题，有向设计单位提出建议的权力；协助发包人签订工程建设合同；有权要求承包人撤换不称职的现场施工和管理人员，必要时有权要求承包人增加和更换施工设备。

2. 确认权与否认权

监理机构对承包人选择的分包项目和分包人有确认权与否认权；有对工程实际竣工日期提前或延误期限的签认权；在工程承包合同约定的工程价格范围内，有工程款支付的审核和签认权，以及结算工程款的复核确认权与否认权；有审核承包人索赔的权力。

3. 主持权

监理机构有组织协调工程建设有关各方关系的主持权；经事先征得发包人同意，发布开工令、停工令、返工令和复工令。

4. 审批权

监理机构有对工程建设实施设计文件的审核确认权，只有经监理机构审核确认并加盖公章的工程师图纸和设计文件，才能成为有效的施工依据；监理人有对工程施工组织设计、施工措施、施工计划和施工技术方案的审批权。

5. 检验、确认权

监理机构有对全部工程的施工质量和工程上使用的材料、设备的检验权和确认权；有对全部工程的所有部位及其任何一项工艺、材料、构件和工程设备的检查、检验权。

6. 检查、监督权

监理机构有对工程施工进度的检查、监督权，对安全生产和文明施工的监督权；有对承包人设计和施工的临时工程的审查和监督权。

（二）监理机构的义务和责任

第一，在专用合同条款约定的时间内，向发包人提交监理规划、监理机构组成以及委派的总监理工程师和主要监理人员名单、简历。

第二，按照专用合同条款约定的监理范围和内容，派出监理人员进驻施工现场，组建监理机构，编制监理细则，并正常有序地开展监理工作。

第三，更换总监理工程师须经发包人同意。

第四，按照国家的有关规定，建立监理岗位责任制和工程质量终身负责制。

第五，在履行合同的义务期间，运用合理的技能提供优质服务，帮助发包人实现合同预定的目标，公正地维护各方的合法权益。

第六，现场监理人员应按照施工工作程序及时到位，对工程建设进行动态跟踪监理，工程的关键部位、关键工序应进行旁站监理。

第七，监理人员必须采取有效的手段，做好工程实施阶段各种信息的收集、整理和归档，并保证现场记录、试验、检验以及质量检查等资料的完整性和准确性。

第八，监理机构应认真做好《监理日记》，保持其及时性、完整性和连续性；应向发包人提交监理工作月度报告及监理业务范围内的专题报告。

第九，监理机构使用发包人提供的设施和物品属于发包人的财产在监理工作完成或中止时，应按照专用合同条款的规定移交发包人。

第十，在合同期内或合同终止后，未经发包人同意，不得泄露与该工程、合同业务活动有关的保密资料。

第十一，如因监理机构和监理人员违约或自身的过失造成工程质量问题或发包人的直接经济损失，监理机构应按专用合同条款的规定承担相应的经济责任。

第十二，监理机构因不可抗力的原因导致不履行或不能全部履行合同时，不承担责任。

第十三，监理机构对承包人因违约而造成的质量事故和完工（交图、交货、交工）时限的延期不承担责任。

三、承包人的权利、义务和责任

（一）承包人的权利

第一，承包人对发包人未按照约定的时间和要求提供原材料、设备、场地、资金、技术资料的，可以请求顺延工程日期，还可以请求赔偿停工、窝工等损失。

第二，承包人在建设工程竣工后，发包人未按照约定支付价款的，以催告发包人在合理的期限内支付价款。

第三，承包人对发包人逾期不支付价款的，除按照建设工程的性质不宜折价、拍卖的外，可以与发包人协议将该工程折价，也可以申请人民法院将该工程依法拍卖，工程折价或拍卖所得价款，承包人有优先受偿权。

第四，对隐蔽工程承包人已通知发包人检查，而发包人没检查的，承包人可以顺延工程日期，并有权要求赔偿停工、窝工等损失。

（二）承包人的一般义务和责任

第一，遵守有关法律、法规和规章。

第二，按规定向发包人提交履约担保证件。

第三，在接到开工通知后，及时调遣人员和调配施工设备、材料进入工地，按施工总进度要求，完成施工准备工作。

第四，执行监理机构的指示，按时完成各项承包工作。

第五，按合同规定的内容和时间要求，编制施工组织设计、施工措施计划和由承包人负责的施工图纸，报送监理机构审批，并对现场作业和施工方法的完备和可靠负全部责任。

第六，按合同规定负责办理由承包人投保的保险。

第七，按国家有关规定文明施工。

第八，严格按施工图纸和技术条款中规定的质量要求完成各项工作。

第九，按有关规定认真采取施工安全措施，确保工程和由其管辖的人员、材料、设施和设备的安全，并应采取有效措施防止工地附近建筑物和居民的生命财产遭受损害。

第十，遵守环境保护的法律、法规和规章。

第十一，避免施工对公众利益的损害。

第十二，按监理人的指示为其他人在工地或附近实施与工程有关的其他各项工作提供必要的条件。

第十三，工程未移交发包人前，承包人应负责照管和维护，移交后承包人应承担保修期内的缺陷修复工作；若工程移交证书颁发时尚有部分未完工程需在保修期内继续完成，则承包人还应负责该未完工程的照管和维护工作，直至完工后移交给发包人。

第十四，在合同规定的期限内完成工地清理并按期撤退其人员、施工设备和剩余材料。

第十五，承担专用合同条款中规定的其他一般义务和责任。

第三节　工程变更

一、变更的概念

变更是指对合同所做的修改、改变等。从理论上来说，变更就是施工合同状态的改变，施工合同状态包括合同内容、合同结构、合同表现形式等，合同状态的任何改变均是变更对于具体的工程施工合同来说，为了便于约定合同双方的权利义务关系，便于处理合同状态的变化，对于变更的范围和内容一般均要做出具体的规定。水利水电土建工程受自然条件等外界的影响较大，工程情况比较复杂，且在招标阶段未完成施工图纸，因此在施工合同签订后的实施过程中不可避免地会发生变更。

变更涉及的工程参建方很多，但主要是发包人、监理机构和承包人三方，或者说均通过该方来处理，如涉及设计单位的设计变更时，由发包人提出变更；涉及分包人的分包工程变更时，由承包人提出。但其中，监理机构是变更管理的中枢和纽带，无论是何方要求的变更，均需通过监理机构发布变更令来实施。《水利水电土建工程施工合同条件》明确规定：没有监理机构的指示，承包人不得擅自变更；监理机构发布的合同范围内的变更，承包人必须实施；发包人要求的变更，也要通过监理机构来实施。

二、变更的范围和内容

在履行合同过程中，监理机构可根据工程的需要并按发包人的授权指示承包人进行各种类型的变更的范围和内容如下：

第一，增加或减少合同中任何一项工作内容。

第二，增加或减少合同中关键项目的工程量超过专用合同条款规定的百分比。当合同中任何项目的工程量增加或减少在规定的百分比以下时，不属于变更项目，不做变更处理；超过规定的百分比时，一般应视为变更，应按变更处理。

第三，取消合同中任何一项工作：此规定主要是为了防止发包人在签订合同后擅自取消合同价格偏高的项目，而使合同承包人蒙受损失。

第四，改变合同中任何一项工作的标准或性质。对于合同中任何一项工作的标准或性质，合同技术条款都有明确的规定，在施工合同实施过程中，如果根据工程的实际情况，需要提高标准或改变工作性质，同样需监理人按变更处理。

第五，改变工程建筑物的形式、基线、标高、位置或尺寸。如果施工图纸与招标图纸不一致，包括建筑物的结构形式、基线、高程、位置及规格尺寸等发生任何变化，均属于变更，应按变更处理。

第六，改变合同中任何一项工程的完工日期或改变已批准的施工顺序对合同中任何一项工程，都规定了其开工日期和完工日期，而且施工总进度计划、施工组织设计、施工顺序已经监理人批准，要改变就应由监理人批准，按变更处理。

第七，追加为完成工程所需的任何额外工作。额外工作是指合同中未包括而为了完成合同工程所需增加的新项目，如临时增加的防护工程或施工场地内发生边坡塌滑时的治理工程等额外工作项目。这些额外的工作均应按变更项目处理：若工程建筑物的局部尺寸稍有修改，虽将引起工程量的相应增减，但对施工组织设计进度计划无实质性影响时，不需按变更处理。

三、变更的处理原则

由于工程变更有可能影响工期和合同价格，一旦发生此类情况，应遵循以下原则进行处理。

（一）变更需要延长工期

变更需要延长工期时，应按合同有关规定办理；若变更使合同工作量减少，监理人认为应予提前的，由监理人和承包人协商确定。

（二）变更需要增加费用

当工程变更时，可按以下四种不同情况确定其单价或合价：

第一，若施工合同工程量清单中有适用于变更工作内容的子目，采用该子目的单价。

第二，若施工合同工程量清单中无适用于变更工作内容的子目，但有类似子目的，可采用合理范围内参照类似子目单价编制的单价。

第三，若施工合同工程量清单中无适用或类似子目的单价，可采用按照成本加利润原则编制的单价。

第四，当发包人与承包人就变更价格和工期协商一致时，监理机构应见证合同当事人签订变更项目确认单。当发包人与承包人就变更价格不能协商一致时，监理机构应认真研究后审慎确定合适的暂定价格，通知合同当事人执行；当发包人与承包人就工期不能协商一致时，按合同约定处理。

按合同规定的变更范围进行任何一项变更可能引起合同工程或部分工程原定的施工组织和进度计划发生实质性变动，不仅会影响变更项目的单价或合价，而且可能影响其他有关项目的单价或合价。例如，《工程量清单》中一般包括多个混凝土工程项目，而这些项目的混凝土常由一座或几座混凝土工厂统一供应，若一个混凝土工程项目的变更引起原定的混凝土工厂的变动，不仅会改变该项目单价中机械使用费，还可能影响其他由该工厂供应的所有混凝土工程项目的单价。若发生此类变更，发包人和承包人均有权要求调整变更项目和其他项目的单价或合价，监理机构应在进行评估后与发包人和承包人协商确定其单价或合价。

四、变更指示

不论是由何方提出的变更要求或建议，均需经监理机构与有关方面协商，并得到发包人批准或授权后，再由监理机构按合同规定及时向承包人发出变更指示。

变更指示的内容应包括变更项目的详细变更内容、变更工程量和有关文件图纸，以及监理机构按合同规定指明的变更处理原则。

变更指令一般由工程师以书面形式发出，如果是口头指示，承包商也应遵照执行，但在规定时限内，工程师应尽快以书面形式确认。

第四节 施工索赔

一、施工索赔概述

（一）索赔含义

由于工程建设项目规模大、工期长、结构复杂，实施过程中必然存在着许多不确定因素及风险。加之由于主、客观原因，双方在履行合同、行使权利和义务的过程中会发生与合同规定不一致之处，在这种情况下，索赔是不可避免的。

所谓索赔，是指根据合同的规定，合同的一方要求对方补偿在工程实施中所付出的额外费用及工期损失。

目前工程界一般都将承包商向业主提出的索赔称为“索赔”，而将业主向承包商提出的索赔称为“反索赔”。

综上所述，理解索赔应从以下几方面进行：

第一，索赔是一种合法的正当的权利要求，它是依据合同的规定，向承担责任方索回不应该由自己承担的损失，是合理合法的。

第二，索赔是双向的，合同的双方都可向对方提出索赔要求。

第三，被索赔方可以对索赔方提出异议，阻止对方的不合理的索赔要求。

第四，索赔的依据是签订的合同。索赔的成功主要是依据合同及有关的证据。没有合同依据，没有各种证据，索赔不能成立。

第五，在工程实施中，索赔的目的是补偿索赔方在工期和经济上的损失。

（二）索赔和变更的关系

对索赔和变更的处理都是由于承包商完成了工程量表中没有规定的工作，或在施工过程中发生了意外事件，监理工程师按照合同的有关规定给予承包商一定费用补偿或批准延长工期索赔和变更的区别在于：变更是监理工程师发布变更指令后，主动与业主和承包商协商确定一个补偿额付给承包商；而索赔是指承包商根据法律和合同对认为他有权得到的权益主动向业主索要的过程，其中可能包括他应得的利益未予支付情况，也可能是虽已支付但他认为仍不足以补偿他的损失情况，例如他认为所完成的变更工作与批准给他的补偿不相称。由此可以看出，索赔和变更是既有联系又有区别的两类处理权益的方式，因此处理的程序也完全不同。

（三）索赔的作用

1. 合理分担风险

项目实施过程中，可能会面临各种各样的风险，其中有些风险是可以防范避免的，有些风险虽不可避免但却可以降至最低限度。因此，在工程实施和合同执行过程中，就有风险合理分摊问题。一般来说，施工合同中双方对应承担的责任都做出了合理的分摊，但即使一个编制得十分完善的合同文件，也不可能对工程实施过程中可能遇到的风险都做出正确的预测和合理的规定，当这种风险在实际上给一方带来损失时，遭受损失的一方就可以向另一方提出索赔要求。

承包商的目的是获取利润，如果合同中不允许索赔，承包商将会在投标时普遍抬高标价，以应付可能发生的风险，允许索赔对双方都是有益的，严格来说，索赔是项目实施阶段承包商和业主之间承担工程风险比例的合理再分配。合同条件把索赔视为正常的、公正的、合理的，并写明了索赔的程序，制定了涉及索赔事项的具体条款与规定，使索赔成为承包商与业主双方维护自身权益、解决不可预见的分歧和风险的途径，体现了合理分担风险的原则。

2. 约束双方的经济行为

在工程建设项目实施过程中，任何一方遇到损失，提出索赔都是合情合理的。索赔对保证合同的实施，落实和调整合同双方经济责任和权利关系十分有利，在合同规定下，索赔能约束双方的经济行为。首先，业主的随意性受到约束，业主不能认为钱是自己的，想怎么给就怎么给；对自己的工程，想怎么改就怎么改；对应给承包商的条件，想怎么变就怎么变。工程变更一次，就给承包商一次索赔的借口，变更越多，索赔量越大；其次，承包商的随意性也同样受到约束，拖延工期、偷工减料及由此而造成的损失，业主都可以向承包商提出索赔。任何一方违约都要被索赔，他们的经济行为在索赔的“压力”下，都要受到约束。因此，要求双方在项目建设中，从条款谈判、合同签订、具体实施直至最后工程决算，各个环节都严格约束自己，因为任何索赔都会使工程投资增加，或承包商利润减少甚至亏本。

二、施工索赔的类型

（一）按涉及当事各方分类

1. 业主与承包商之间的索赔

这类索赔大都是有关工程变更、工期、质量、工程量和价格方面的索赔，也有关于国家政策、法规、外界不利因素、对方违约、暂停施工和终止合同等的索赔。

2. 承包商同分包商之间的索赔

其内容范围与前一种大致相似，形式为分包商向总包商索要付款和赔偿，而总包商则向分包商罚款或扣留支付款等。

3. 业主或总包商与供货商之间的索赔

实施项目的供货关系独立于土建合同或安装合同之外，由业主与招标选定的供货商签订供货合同，涉及当事各方为业主与供货商。若项目施工中所需材料或设备较少，一般由土建总包商物色选定供货商，议定供货价格，签订供货合同，则所涉及当事各方为总包商与供货商这类索赔的内容多为货品质量问题、数量短缺、交货拖延、运输损坏等。

（二）按索赔依据划分

1. 合同内索赔

索赔所涉及的内容可以在合同内找到依据。例如，工程量的计量、变更工程的计量和价格、不同原因引起的拖期等都属于此类。

2. 合同外索赔

索赔内容或权利虽然难以在合同条款中找到依据，但可能来自民法、经济法或政府有关部门颁布的法规等中，通常这种合同外索赔表现为违约造成的损害或违反担保造成的损失，有时可以在民事侵权行为中找到依据。例如，由于业主原因终止合同，虽然根据合同规定已支付给承包商，全部已完成工程款和人员设备撤离工地所需费用，但承包商却认为补偿过少，还要求偿付利润损失和失去其他工程承包机会所造成的损失等。

3. 额外支付（或称道义索赔）

有些情况下，并不是因业主违约或触犯民法事件，承包商受到的经济损失在合同中找不到明文规定，也难以从合同含义中找到依据，因此从法律角度讲没有要求索赔的基础；但是承包商确实赔了钱，他在满足业主要求方面也确实尽了最大努力，因而他认为自己有要求业主予以一定补偿的道义基础，而对其损失寻求某种优惠性质的付款。

三、索赔产生的原因

工程施工中常见的索赔，其原因可从以下几个方面分析。

（一）合同文件引起的索赔

1. 合同文件的组成问题引起索赔

有些合同文件是在投标后通过讨论修改拟定的，如果在修改时已将投标前后承包商与业主的往来函件澄清后写入合同补遗文件中并签字，则应说明正式合同签字以前的各种往来文件均已不再有效。有时业主因疏忽，未宣布其来往的信件是否有效，此时，如果信件内容与合同内容发生矛盾，就容易引起双方争执并导致索赔。例如，一业主发出的中标函写明："接受承包商的投标书和标价"，而该承包商的投标书中附有说明，"钢材投标价是采用当地生产供应的钢材的价格"。在工程施工中，由于当地钢材质量不好而为工程师拒绝，承包商不得不采用进口钢材，从而增加了工程成本。由于业主已明确表示了接受其投标书，承包商可就此提出索赔。

2. 合同缺陷引起的索赔

合同缺陷是指合同文件的规定不严谨甚至前后有矛盾、合同中有遗漏或错误。它不仅包括条款中的缺陷，也包括技术规程和图纸中的缺陷。监理工程师有权对此做出解释，但如果承包商执行监理工程师的解释后引起成本增加或工期延误，则有权提出索赔。

（二）不可抗力和不可预见因素引起的索赔

1. 不可抗力的自然灾害

这是指飓风、超标准的洪水等自然灾害。一般条款规定，由于这类自然灾害引起的损失应由业主承担。但是条款也指出，承包商在这种情况下应采取措施，尽力减小损失。对由于承包商未尽努力而使损失扩大的那部分，业主不承担赔偿的责任。

2. 不可抗力的社会因素

这是指发生战争、核装置的污染和冲击波、暴乱、承包商及其分包商的雇员以外人员的动乱和骚扰等而使承包商受到的损害。这些风险一般划归由业主承担，承包商不对由此造成的工程损失或人身伤亡负责，应得到损害前已完成的永久工程的付款和合理利润，以及一切修复费用和重建费用。这些费用还包括由于特殊风险而引起的费用增加。如果由于特殊风险而导致合同中止，承包商除可以获得应付的一切工程款和上述的损失费用外，还有权获得施工机具、设备的撤离费和人员的遣返费用等。

3. 不可预见的外界条件

这是指即使是有经验的承包商，在招标阶段根据招标文件中提供的资料和现场勘察，都无法合理预见到的外界条件，如地下水、地质断层、溶洞等，但其中不包括气候条件（异常恶劣天气条件除外）遇到此类条件，承包商受到损失或增加额外支出，经过监理工程师确认，可获得经济补偿和工期顺延。但如监理工程师认为在提交投标书前根据介绍的现场情况、地质勘探资料应能预见到的情况，承包商在做标时理应予以考虑，可不同意索赔。

4. 施工中遇到地下文物或构筑物

在挖方工程中，如发现图纸中未注明的文物（不管是否有考古价值）或人工障碍（如公共设施、隧道、旧建筑物等），承包商应立即报告监理工程师到现场检查，共同讨论处理方案。如果新施工方案导致工程费用增加，如原计划的机械开挖改为人工开挖等，承包商都有权提出经济索赔和工期索赔。

（三）业主方原因引起的索赔

1. 拖延提供施工场地及通道

因自然灾害影响或施工现场的搬迁工作进展不顺利等原因，业主没能如期向承包商移交合格的、可以直接进行施工的现场，会导致承包商提出误工经济索赔和工期索赔。

2. 拖延支付工程款

合同中均有支付工程款的时间限制，如果业主不能按时支付工程进度款，承包商可按合同规定向业主索付利息。严重拖欠工程款而使得承包商资金周转困难时，承包商除向业主提出索赔要求外，还有权放慢施工进度，甚至可以因业主违约而解除合同。

3. 指定分包商违约

指定分包商违约常常表现为未能按分包合同规定完成应承担的工作而影响了总承包商的施工，业主对指定分包商的不当行为也应承担一定责任。例如，某地下电厂的通风竖井由指定分包商负责施工，因其管理不善而拖延了工程进度，影响到总承包商的施工。总承包商除根据与指定分包商签订的合同索赔窝工损失外，还有权向业主提出延长工期的索赔要求。

4. 业主提前占有部分永久工程

工程实践中，往往会出现业主从经济效益方面考虑使部分单项工程提前投入使用，或从其他方面考虑提前占有部分工程。一方面，如果合同未规定可提前占用部分工程，则提前使用永久工程的单项工程或部分工程所造成的后果，责任应由业主承担；另一方面，提前占有工程影响了承包商的后续工程施工，影响了承包商的施工组织计划，增加了施工困难，则承包商有权提出索赔。

5. 业主要求加速施工

一项工程遇到不属于承包商责任的各种情况，或业主改变了部分工程的施工内容而必须延长工期，但是业主又坚持要按原工期完工，这就迫使承包商赶工，并投入更多的机械、人力来完成工程，从而导致成本增加。承包商可以要求赔偿赶工措施费用，例如加班工资、新增设备租赁费和使用费、增加的管理费用、分包的额外成本等

6. 业主提供的原始资料和数据有差错

业主提供的原始资料和数据有差错，由此而引起的损失或费用增加，承包商可要求索赔。如果数据无误，而是承包商解释不周和运用失当所引起的损失，则应由承包商自己承担责任。

（四）监理方原因引起的索赔

1. 延误提供图纸或拖延审批图纸

如果监理工程师延误向承包商提供施工图纸，或者拖延审批承包商负责设计的施工图纸，而使施工进度受到影响，承包商可以索赔延长工期，还可对延误导致的损失要求经济赔偿。

2. 其他承包商的干扰

大型水利水电工程往往有多个承包商同时在现场施工。各承包商之间没有合同关系，他们各自与业主签订合同，因此监理工程师有责任协调好各承包商之间的工作，以免彼此干扰、影响施工而引起承包商的索赔。如一承包商不能按期完成他的那份工作，其他承包商的相应工作也将会因此而推迟。在这种情况下，被迫延迟的承包商就有权提出索赔。在其他方面，如场地使用、现场交通等，各承包商之间都有可能发生相互间的干扰问题。

3. 重新检验和检查

监理工程师为了对工程的施工质量进行严格控制，除要进行合同中规定的检查试验外，还有权要求重新检验和检查。例如，对承包商的材料进行多次抽样试验，或对已施工的工程进行部分拆卸或挖开检查，以及监理工程师要求的在现场进行工艺试验等。如果这些检查或检验表明其质量未达到技术规程所要求的标准，则检验费用由承包商承担；如检查或检验证明符合合同要求，则承包商除可向业主提出偿付这些检查费用和修复费用外，还可以对由此引起的其他损失，如工期延误、工人窝工等要求赔偿。

4. 工程质量要求过高

合同中的技术规程对工程质量，包括材料质量、设备性能和工艺要求等，均做了明确规定。但在施工过程中，监理工程师有时可能不认可某种材料，而迫使承包商使用比合同文件规定的标准更高的材料，或者提出更高的工艺要求，则承包商可就此要求对其损失进行补偿或重新核定单价。

5. 对承包商的施工进行不合理干预

合同条款规定，承包商有权采取任何可以满足合同规定的进度和质量要求的施工顺序和方法。如果监理工程师不是采取建议的方式，而是对承包商的施工顺序及施工方法进行不合理的干预，甚至正式下达指令要承包商执行，则承包商可以就这种干预所引起的费用增加和工期延长提出索赔。

6. 暂停施工

项目实施过程中，监理工程师有权根据承包商违约或破坏合同的情况，或者因现场气候条件不利于施工，以及为了工程的合理进行（如某分项工程或工程任何部位的安全）而有必要停工时，下达暂停施工的指令。如果这种暂停施工的命令并非因承包商的责任或原因所引起，则承包商有权要求工期赔偿，同时可以就其停工损失获得合理的额外费用补偿。

7. **提供的测量基准有差错**

监理工程师提供的测量基准有差错，由此而引起的损失或费用增加，承包商可要求索赔；如果数据无误，而是承包商解释不周和运用失当所引起的损失，则应由承包商自己承担责任。

第五节 争议及争议的解决

水利工程施工合同实施过程中，监理机构根据业主的授权负责现场合同管理，监理机构在客观上处于第三方的地位，按业主和承包商签订的合同，处理双方的争议，但由于监理工程师受聘于业主，其行为常常受制于业主，虽然在合同条件中以专门的条款规定了监理工程师必须公正地履行职责。但在实际运作中，监理工程师的公正性常受到承包商的质疑，而削弱了监理工程师在处理合同争议中的权威性，为此，水利工程施工合同示范文本吸取国际工程经验，引入了合同争议的调解机制，通过一个完全独立于合同双方的专家组对合同争议的评审和调解，求得争议的公正解决。争议调解组由3（或5）名有合同管理和工程实践经验的专家组成，专家的聘请方法可由业主和承包商共同协商确定，亦可由政府主管部门推荐或通过行业合同争议调解机构聘请，并经双方认同，争议调解组成员应与合同双方均无利害关系。

争议的解决可通过和解、调解、仲裁或诉讼进行。

1. **和解**

和解是指双方当事人通过直接谈判，在双方均可接受的基础上，消除争议，达到和解。这是一种最好的解决争议的方式，既节省费用和时间，又有利于双方合作关系的发展。

2. **调解**

所谓调解，是指当事人双方在第三者即调解人的主持下，查明事实、分清是非、明确责任的基础上，对纠纷双方进行斡旋、劝说，促使他们相互谅解，进行协商，以自愿达成协议，消除纷争的活动。

它有三个特征：

第一，有第三方（国家机关、社会组织、个人等）主持协商，与无人从中主持，完全是当事人双方自行协商的和解不同；

第二，第三方即调解人只是斡旋、劝说，而不作裁决，与仲裁不同；

第三，纠纷当事人共同以国家法律、法规为依据，自愿达成协议，消除纷争，不是行使仲裁、司法权力进行强制解决。

实践证明，用调解方式解决纠纷，程序简便，当事人易于接受，解决纠纷迅速及时，不至于久拖不决，从而避免经济损失的扩大也有利于消除当事人双方之间的隔阂和对立，调整和改善党事人之间的关系，促进了解，加强协作还由于调解协议是在分清是非、明确责任、当事人双方共同提高认识的基础上自愿达成的，所以可以使纠纷得到比较彻底地解决，协议的内容也比较容易全面履行。

合同纠纷的调解，可以分为社会调解、行政调解、仲裁调解和司法调解。本书讲的调解主要是社会调解、行政调解。

第一，社会调解。社会调解是指根据当事人的请求，由社会组织或个人主持进行的调解。

第二，行政调解。行政调解是指根据一方或双方当事人申请，当事人双方在其上级机关或业务主管部门主持下，通过说服教育、相互协商、自愿达成协议，从而解决合同纠纷的一种方式。

无论采用何种调解方法，都应遵守自愿和合法两项原则。

自愿原则具体包括两个方面的内容：

一是纠纷的调解必须出于当事人双方自愿。合同纠纷发生后能否进行调解，完全取决于当事人双方的意愿。如果纠纷当事人双方或一方根本不愿用调解方式解决纠纷，就不能进行调解。

二是调解协议的达成也必须出于当事人双方的自愿。达成协议，平息纠纷，是进行调解的目的。因此，调解人在调解过程中要竭尽全力，促使当事人双方互谅互让，达成协议。其中包括对当事人双方进行说服教育，耐心疏导，晓之以理、动之以情，还包括向当事人双方提出建议方案等。但是，进行这些工作不能带有强制性。调解人既不能代替当事人达成协议，也不能把自己的意志强加于人。纠纷当事人不论是对协议的全部内容有意见，还是对协议部分内容有意见而坚持不下的协议均不能成立。

合法原则是合同纠纷调解活动的主要原则。国家现行的法律、法规是调解纠纷的唯一依据，当事人双方达成的协议内容，不得同法律和法规相违背。

调解成功，制作调解书，由双方当事人和参加调解的人员签字盖章。重要纠纷的调解书，要加盖参加调解单位的公章。调解书具有法律效力，但是，社会调解和行政调解达成的调解协议或制作的调解书没有强制执行的法律效力，如果当事人一方或双方反悔，不能申请法院予以强制执行，而只能再通过其他方式解决纠纷。

仲裁调解是将合同双方的争议提交争议调解组，争议调解组在不受任何干扰的情况下，进行独立和公正的评审，提出由全体专家签名的评审意见，若业主和承包商接受争议调解组的评审意见，则应由监理工程师按争议调解组的评审意见拟订争议解决议定书，经争议双方签字后作为合同的补充文件，并遵照执行。若业主和承包商或其中任一方不接受争议调解组的评审意见，并要求提交仲裁，任一方均可在收到上述评审意见后的28天内将仲裁意向通知另一方，并抄送监理工程师。若在上述28天期限内双方均未提出仲裁意向，则争取调解组的评审意见为最终决定，双方均应遵照执行。

为了更好地解决合同纠纷，建设工程施工合同的双方当事人可以共同协商成立争议调解组，当发包人和承包人或其中任一方对监理机构做出的决定持有异议，又未能在监理人的协调下取得一致意见而形成争议时，任一方均可以书面形式提请争议调解组解决。在争议尚未按合同规定获得解决之前，承包人仍应继续按监理机构的指示认真施工。

一般情况下，发包人和承包人应在签订协议书后的 84 天内，按合同规定共同协商成立争议调解组，并由双方与争议调解组签订协议，争议调解组由 3（或 5）名有合同管理和工程实践经验的专家组成，专家的聘请方法可由发包人和承包人共同协商确定，亦可请政府主管部门推荐或通过行业合同争议调解机构聘请，并经双方认同，争议调解组成员应与合同双方均无利害关系。争议调解组的各项费用由发包人和承包人平均分担。

争议调解组一般按下列程序进行评审：

第一，合同双方的争议，应首先由主诉方向争议调解组提交一份详细的申诉报告，并附有必要的文件图纸和证明材料，主诉方还应将上述报告的一份副本同时提交给被诉方。

第二，争议的被诉方收到主诉方申诉报告副本后的 28 天内，亦应向争议调解组提交一份申辩报告，并附有必要的文件图纸和证明材料，被诉方亦应将其报告的一份副本同时提交给主诉方。

第三，争议调解组收到双方报告后的 28 天内，邀请双方代表和有关人员举行听证会，向双方调查和质询争议细节；若需要时，争议调解组可要求双方提供进一步的补充材料，并邀请监理机构代表参加听证会。

第四，在听证会结束后的 28 天内，争议调解组应在不受任何干扰的情况下，进行独立和公正的评审，提出由全体专家签名的评审意见提交发包人和承包人，并抄送监理机构。

第五，若发包人和承包人接受争议调解组的评审意见，则应由监理机构按争议调解组的评审意见拟定争议解决议书，经争议双方签字后作为合同的补充文件，并遵照执行。

第六，若发包人和承包人或其中任一方不接受争议调解组的评审意见，则任一方均可在收到上述评审意见后的 28 天内将仲裁意向通知另一方，并抄送监理机构。若在上述 28 天期限内双方均未提出仲裁意向，则争议调解组的意见为最终决定，双方均应遵照执行。

3. 仲裁

仲裁是指纠纷当事人在自愿基础上达成协议，将纠纷提交非司法机构的第三者审理，由第三者做出对争议各方均有约束力的裁决的一种解决纠纷的制度和方式：仲裁在性质上是兼具契约性、自治性、民间性和准司法性的一种争议解决方式，仲裁裁决是终局性的，对双方都有约束力，双方必须执行。

仲裁协议是指当事人把合同纠纷提交仲裁解决的书面形式，意思表示，包括共同商定仲裁机构及仲裁地点，当事人申请仲裁，应向仲裁委员会递交仲裁协议。仲裁协议有两种形式：一种是在争议发生之前订立的，它通常作为合同中的一项仲裁条款出现；另一种是在争议之后订立的，它是把已经发生的争议提交给仲裁的协议。这两种形式的仲裁协议，其法律效力是相同的。《仲裁法》的第 2 条规定：平等主体的公民、法人和其他组织之间发生的合同纠纷和其他财产权益纠纷，可以仲裁。这里明确了三条原则：一是发生纠纷的双方当事人必须是民事主体，包括国内外法人、自然人和其他合法的具有独立主体资格的组织；二是仲裁的争议事项应当是当事人有权处分的；三是仲裁范围必须是合同纠纷和其他财产权益纠纷。

根据《仲裁法》的规定，有两类纠纷不能仲裁：

第一，婚姻、收养、监护、扶养、继承纠纷不能仲裁。这类纠纷虽然属于民事纠纷，也不同程度涉及财产权益争议，但这类纠纷往往涉及当事人本人不能自由处分的身份关系，需要由法院做出判决或由政府机关做出决定，不属仲裁机构的管辖范围。

第二，行政争议不能仲裁行政争议，亦称行政纠纷，是指国家行政机关之间，或者国家行政机关与企事业单位、社会团体及公民之间，由于行政管理而引起的争议。外国法律规定这类纠纷应当依法通过行政复议或行政诉讼解决。

《仲裁法》还规定，劳动争议和农业集体经济组织内部的农业承包合同纠纷的仲裁，由国家另行规定，也就是说，解决这类纠纷不适用《仲裁法》。

业主和承包商在签订协议书的同时，应共同协商确定合同的仲裁范围和仲裁机构，并签订仲裁协议。若在仲裁意向通知发出后 42 天内仍未能解决争议，则任何一方均有权将争议提交仲裁协议中规定的仲裁机构仲裁。

业主和承包商因合同发生争议，未达成书面仲裁协议的，任一方均有权向人民法院起诉：即若合同双方已有书面仲裁协议，一方向人民法院起诉时，人民法院不予受理；而没有书面仲裁协议的，仲裁机构不予受理，只能向人民法院起诉。

仲裁还有另一个显著的特点，即仲裁实行一裁终局制。仲裁委员会做出裁决后，当事人就同一纠纷再申请仲裁或向人民法院提起诉讼的，仲裁委员会或人民法院依法不予受理。

当事人对仲裁协议的效力有异议，应当向该仲裁协议所选定的仲裁委员会提出，或者向该仲裁协议所选定的仲裁委员会所在地的中级人民法院提出人民法院既对仲裁裁决予以执行，又对仲裁进行必要的监督。法院监督表现在对不合法的仲裁裁决进行撤销或强制当事人执行合法的仲裁裁决。

4. 诉讼

诉讼是指当事人对双方之间发生的争议交由法院做出判决，诉讼所遵循的是司法程序，较之仲裁有很大的不同。诉讼有如下特点：

第一，人民法院受理案件，任何一方当事人都有权起诉，而无须征得对方当事人同意。

第二，向人民法院提起诉讼，应当遵循地域管辖、级别管辖和专属管辖的原则。

第三，当事人在不违反级别管辖和专属管辖原则的前提下，可以选择管辖法院；当事人协议选择由法院管辖的，仲裁机构不予受理。

第四，人民法院审理案件，实行两审终审制度。当事人对人民法院做出的一审判决、裁定不服的，有权上诉。对生效判决、裁定不服的，可向人民法院申请再审诉讼时效有如下一般规定：

第一，一般民事诉讼时效：期限为 2 年。

第二，特别诉讼时效：短时时效为 1 年，如身体受到伤害要求赔偿，出售质量不合格商品未声明，延付或拒付租金，寄存财物被丢失或者损毁；长时时效：环境污染损害赔偿为 3 年，国际货物买卖、技术进口为 4 年；最长诉讼时效为 20 年，超过 20 年的人民法院不予保护。

第九章　水利工程信息文档管理

第一节　水利工程信息管理概述

随着科学技术的发展，信息化已成为一种世界性的大趋势。信息技术已在工程建设活动中展露其无限的生机，工程的建设管理模式也随之发生了重大变化，很多传统的方式已被信息技术所代替，信息技术的高速发展和相互融合，正在改变着我们周围的一切。结合监理工作，我们认为：信息是对数据的解释，并反映了事物的客观状态和规律。从广义上讲，数据包括文字、数值、语言、图表、图像等表达形式。数据有原始数据和加工整理以后的数据之分，无论是原始数据还是加工整理以后的数据，经人们解释并赋予一定的意义后，才能成为信息。这就说明，数据与信息既有联系又有区别，信息虽然用数据表现，信息的载体是数据，但并非任何数据都是信息。

信息管理就是信息的收集、整理、处理、存储、传递和使用等一系列工作的总称。信息管理的目的就是通过有组织的信息流通，使决策者能及时、准确地获得有用的信息。水利工程信息管理系统，就是充分利用“3S”（GIS、GPS、RS）技术，开发和利用水利信息资源，包括对水利信息进行采集、传输、存储、处理和利用，提高水利信息资源的应用水平和共享，程度，从而全面提高水利工程管理的效能、效益和规范化程度的信息系统。

建设工程监理的主要方法是控制，控制的基础是信息，信息管理是工程监理任务的一项重要内容。及时掌握准确、完整、有用的信息，可以使监理工程师耳聪目明、卓有成效地完成监理任务，因此，监理工程师应重视信息管理工作，掌握信息管理方法。

一、信息在工程建设监理中的重要作用

监理工程师在工作中会生产、使用和处理大量的信息，信息是监理工作的成果，也是监理工程师进行决策的依据。

（一）信息是监理机构实施控制的基础

在工程建设监理过程中，为了进行比较分析和采取措施来控制工程项目投资目标、质

量目标及进度目标，监理机构首先应掌握有关项目三大目标的计划值，作为控制的标准；其次，还应了解三大目标的执行情况，作为纠偏的依据。把计划执行情况与目标进行比较，找出差异，分析原因，采取措施，使总体目标得以实现。从控制的角度来讲，离开了信息，控制就无法进行，因此，信息是实施控制的基础。

（二）信息是监理机构进行决策的依据

建设监理决策的正确与否，直接影响到项目建设总目标的实现及监理单位、监理工程师的声誉，监理决策正确与否，取决于多种因素，其中最重要的因素之一就是信息。因此，监理机构必须及时地收集、加工、整理信息，并充分利用信息做出科学、合理的监理决策。

（三）信息是监理机构妥善协调项目建设各方关系的重要媒介

工程项目的建设涉及众多的单位，如政府部门、项目法人、设计单位、施工单位，材料设备供应单位，毗邻、运输、保险、税收单位等，这些单位都会给项目目标的实现带来一定的影响，为了加强各单位之间的有机联系，需要加强信息管理，妥善处理各单位之间的关系。

由此可见，工程建设监理信息管理在监理工作中起着十分重要的作用，它是监理人员控制建设项目三大目标的基础。

二、建设监理信息分类

建设监理过程中，涉及大量的信息，为便于管理和使用，可依据不同标准划分如下：

（一）按建设工程监理的目标划分

1. 投资控制信息

投资控制信息是指与投资控制直接有关的信息。如各种投资估算指标、类似工程造价、物价指数、概算定额、预算定额、建设项目投资估算、设计概预算、合同价、施工阶段的支付账单、竣工结算与决算、原材料价格、机械设备台班费、人工费、运杂费、投资控制的风险分析等。

2. 质量控制信息

质量控制信息是指与质量控制直接有关的信息。如国家有关的质量政策及质量标准、工程项目建设标准、质量目标体系和质量目标的分解、质量控制工作制度、工作流程、风险分析、质量抽样检者的数据等。

3. 进度控制信息

进度控制信息是指与进度控制直接有关的信息。如施工定额、工程项目总进度计划、进度目标分解、进度控制的工作制度、进度控制工作流程、风险分析等。

4. 安全生产控制信息

安全生产控制信息是指与安全生产控制有关的信息。法律法规方面，如国家法律、法规、条例；制度措施方面，如安全生产管理体系、安全生产保证措施等；项目进展中产生的信息，如安全生产检查、巡视记录，安全隐患记录等；另外，还有文明施工及环境保护有关信息。

5. 合同管理信息

合同管理信息，如国家法律、法规，勘测设计合同、工程建设承包合同、分包合同、监理合同、物资供应合同、运输合同等，工程变更、工程索赔、违约事项等。

（二）按建设监理信息的来源划分

1. 工程项目内部信息

内部信息来自建设项目本身。如工程概况、可行性研究报告、设计文件、施工方案、施工组织设计、合同管理制度、信息资料的编码系统、会议制度、工程项目的投资目标、进度目标、质量目标等。

2. 工程项目外部信息

外部信息来自建设项目外部环境。如国家有关的政策及法规、国内及国际市场上原材料和设备价格、物价指数、类似工程造价及进度、投标单位的实力与信誉、毗邻单位有关情况等。

（三）按建设监理信息的稳定程度划分

1. 静态信息

静态信息是指在一定时间内相对稳定不变的信息，包括标准信息、计划信息和查询信息。标准信息主要指各种定额和标准，如施工定额、原材料消耗定额、设备及工具的耗损程度等，计划信息是反映在计划期内已经确定的各项任务指标情况。查询信息是指在一个较长时期内不发生变更的信息，如政府及有关部门颁发的技术标准、不变价格、监理工作制度等。

2. 动态信息

动态信息是指在不断地变化着的信息，如项目实施阶段的质量、投资及进度的统计信息，就是反映在某一时刻项目建设的实际进程及计划完成情况。

（四）按建设项目监理信息的层次划分

1. 决策层信息

决策层信息是指有关工程项目建设过程中进行战略决策所需的信息，如工程项目规模、投资额、建设总工期、承包单位的选定、合同价的确定等信息。

2. 管理层信息

管理层信息是指提供给业主单位中层及部门负责人做短期决策用的信息，如工程项目年度施工计划、财务计划、物资供应计划等。

3. 实务层信息

实务层信息是指各业务部门的日常信息，如日进度、月支付额等。这类信息较具体、可信度较高。

3 建设监理信息系统的基本内容

建设监理信息系统应由四个子系统组成，即进度控制子系统、质量控制子系统、投资控制子系统和合同管理子系统各子系统之间既相互独立，各有其自身目标控制的内容和方法；又相互联系，互为其他子系统提供信息。

3. 工程建设进度控制子系统

工程建设进度控制子系统不仅要辅助监理工程师编制和优化工程建设进度计划，更要对建设项目的实际进展情况进行跟踪检查，并采取有效措施调整进度计划以纠正偏差，从而实现工程建设进度的动态控制、为此，本系统应具有以下功能：

第一，进行进度计划的优化，包括工期优化、费用优化和资源优化。

第二，工程实际进度的统计分析。即随着工程的实际进展，对输入系统的实际进度数据进行必要的统计分析，形成与计划进度数据有可比性的数据。

第三，实际进度与计划进度的动态比较。即定期将实际进度数据同计划进度数据进行比较，形成进度比较报告，从中发现偏差，以便于及时采取有效措施加以纠正。

第四，进度计划的调整。当实际进度出现偏差时，为了实现预定的工期目标，就必须在分析偏差产生原因的基础上，采取有效措施对进度计划加以调整。

第五，各种图形及报表的输出。图形包括网络图、横道图、实际进度与计划进度比较图等，报表包括各类计划进度报表、进度预测报表及各种进度比较报表等。

第二节　水利工程信息管理的手段

信息流程反映了监理工作中各参加部门、单位之间的关系。为了保证监理工作的顺利完成，必须使监理信息在上下级之间、内部组织与外部环境之间流动，称为“信息流”。

1. 建设监理信息流结构

建设监理信息流结构图，它反映了工程项目建设各参与单位之间的关系。

2. 监理工作信息流程

建设监理组织内部存在着三种信息流。监理工作中的信息流常有以下几种：

（1）自上而下的信息流

自上而下的信息流是指自主管单位、主管部门、业主及总监开始，流向项目监理工程师、检查员，乃至工人班组的信息，或在分级管理中，每一个中间层次的机构向其下级逐级流动的信息，即信息源在上，接受信息者是其下属。这些信息主要指监理目标、工作条例、命令、办法及规定、业务指导意见等。

（2）自下而上的信息流

自下而上的信息流是指由下级向上级（一般是逐级向上）流动的信息：信息源在下，接受信息者在上。主要指项目实施和监理工作中有关目标的完成量、进度、成本、质检、安全、消耗、效率、监理人员的工作情况等。此外，还包括上级部门所关注的意见和建议等。

（3）横向间的信息流

横向流动的信息指项目监理工作中，同一层次的工作部门或工作人员之间相互提供和接收的信息。这种信息一般是由于分工不同而各自产生的，但为了共同的目标又需要相互协作、互通有无或相互补充，以及在特殊、紧急情况下，为了节省信息流动时间而需要横向提供的信息。

（4）以咨询机构为集散中心的信息流

咨询机构为项目决策做准备，因此既需要大量信息，又可以作为有关信息的提供者。它是汇总信息、分析信息、分散信息的部门，帮助工作部门进行规划、任务检查，对有关的专业、技术等问题提供咨询。因此，各工作部门不仅要向上级汇报，而且应当将信息传递给咨询机构，以利于咨询机构为决策做好充分准备。

（5）工程项目内部与外部环境之间的信息流

项目监理机构与项目法人、施工单位、设计单位、银行、质量监督主管部门、有关国家管理部门和业务部门，都不同程度地需要信息交流，既要满足自身监理的需要，又要满足与环境的协作要求，或按国家规定的要求相互提供信息。

上述几种信息流都应有明晰的流线，且都要畅通。实际工作中，自下而上的信息比较畅通，自上而下的信息一般情况下渠道不畅或流量不够。因此，工程项目主管应当采取措施解决信息流通的障碍，发挥信息流应有的作用，特别是对横向间的信息流动及自上而下的信息流动，应给予足够的重视，增加流量，以利于合理决策，提高工作效率和经济效益。

3. 监理信息收集

监理工程师主要通过各种方式的记录来收集监理信息，这些记录统称为监理记录，它是与工程项目建设监理相关的各种记录中资料的集合，通常可分为以下几类：

（1）现场记录

现场监理人员必须每天利用特定的表式或以日志的形式记录工地上所发生的事情，所有记录应始终保存在工地办公室内，供监理工程师及其他监理人员查阅。这类记录每月由专业监理工程师整理成书面资料上报监理工程师办公室，监理人员在现场遇到工程施工中不得不采取紧急措施而对承包商所发出的书面指令，应尽快上报上一级监理组织，以征得其确认或修改指令现场记录。通常记录以下内容：

第一，现场监理人员对所监理工程范围内的机械、劳力的配备和使用情况作详细记录。如承包人现场人员和设备的配备是否同计划所列的一致；工程质量和进度是否因某些职员或某种设备不足而受到影响，受到影响的程度如何；是否缺乏专业施工人员或专业施工设备，承包商有无替代方案；承包商施工机械完好率和使用率是否令人满意；维修车间及设施情况如何，是否存储有足够的备件等。

第二，记录气候及水文情况。如记录每天的最高、最低气温，降雨和降雪量，风力，河流水位；记录有预报的雨、雪、台风及洪水到来之前对永久性或临时性工程所采取的保护措施；记录气候、水文的变化影响施工及造成损失的细节，如停工时间、救灾的措施和财产的损失等。

第三，记录承包商每天的工作范围、完成工程数量，以及开始和完成工作的时间，记录出现的技术问题，采取怎样的措施进行处理，效果如何，能否达到技术规范的要求等。

第四，对工程施工中每步工序完成后的情况作简单描述，如此工序是否已被认可，对缺陷的补救措施或变更情况等作详细记录。监理人员在现场对隐蔽工程应特别注意记录。

第五，记录现场材料供应和储备情况。如每一批材料的到达时间、来源、数量、质量、存储方式和材料的抽样检查情况等。

第六，对于一些必须在现场进行的试验，现场监理人员进行记录并分类保存。

（2）会议记录

由监理人员所主持的会议应由专人记录，并且要形成纪要，由与会者签字确认，这些纪要将成为今后解决问题的重要依据，会议纪要应包括以下内容：会议地点及时间，出席者姓名、职务及他们所代表的单位，会议中发言者的姓名及主要内容，形成的决议，决议由何人及何时执行等，未解决的问题及其原因。

（3）计量与支付记录

包括所有计量及付款资料。应清楚地记录哪些工程进行过计量，哪些工程没有进行计量，哪些工程已经进行了支付，已同意或确定的费率和价格变更等。

（4）试验记录

除正常的试验报告外，试验室应由专人每天以日志形式记录试验室工作情况，包括对承包商的试验监督、数据分析等。记录内容包括：

第一，上述内容的简单叙述。如做了哪些试验，监督承包商做了哪些试验，结果如何等。

第二，承包人试验人员配备情况。试验人员配备与承包商计划所列是否一致，数量和素质是否满足上述需要，增减或更换试验人员的建议。

第三，对承包商试验仪器、设备配备、使用和调动情况的记录，需增加新设备的建议。

第四，监理试验室与承包商试验室所做同一试验，其结果有无重大差异，原因如何。

（5）工程照片和录像

以下情况，可辅以工程照片和录像进行记录：

第一，科学试验：重大试验，如桩的承载试验，板、梁的试验及科学研究试验等；新工艺、新材料的原形及为新工艺、新材料的采用所做的试验等。

第二，工程质量：能体现高水平的建筑物的总体或分部，能体现出建筑物的宏伟、精致、美观等特色的部位；工程质量较差的项目，指令承包商返工或须补强的工程的前后对比；体现不同施工阶段的建筑物照片；不合格原材料的现场和清除出现场的照片。

第三，能证明或反映未来会引起索赔或工程延期的特征照片或录像，用来向上级反映即将引起影响工程进展的照片。

第四，工程试验、试验室操作及设备情况。

第五，隐蔽工程：被覆盖前的基础工程，重要项目钢筋绑扎、管道渗开的典型照片，混凝土桩的桩头开花及桩顶混凝土的表面特征情况。

第六，工程事故：工程事故处理现场及处理事故的状况；工程事故及其处理和补强工艺，能证实保证了工程质量的照片。

第七，监理工作：重要工序的旁站监督和验收；现场监理工作实况；参与的工地会议及参与承包商的业务讨论会；班前、工后会议；被承包商采纳的建议，证明确有经济效益及提高了施工质量的实物。

拍照时要采用专门登记本标明序号、拍摄时间、拍摄内容、拍摄人员等。

第十章 水利工程建设经济效益评价

水利是整个国民经济的基础产业，在经济建设中占有重要的地位，半个多世纪以来，我国的水利工程建设事业有了飞跃发展，特别是近20年以来，建设规模之大，速度之快，技术创新之多，令世界水利工程同行注目。我国的水力发电整体技术水平，已跻身于世界先进行列，并且可以预见，不远的将来，我国将成为世界水电第一大国。随着国民经济的发展、人口的增长、城市规模的扩大，水利作为基础产业和基础设施的作用及地位已愈来愈显得重要，国土整治开发、国民经济整体布局、生产力合理配置，水利是其中的重要因素。无论沿海外向型经济区的开发，还是能源、重化工基地的建设，城市规划的实施以及解决粮食需要改造中低产田，建设商品粮基地，开发沿海滩涂、荒地和西部大开发等都必须水利先行。这说明，水利不仅是农业的命脉，而且是国民经济的命脉；不仅是基础产业，还是必须重点与超前发展的战略产业。它是以工程提供原水、电力等产品，以工程和非工程措施消除或减轻水的有害影响的独立的生产部门。

第一节 经济效益分析的目的和意义

一、经济效益分析的目的

无论在水利工程建设的规划、设计、施工以及经营管理阶段，都要讲究投入与产出，切实提高经济效益。无论是规划设计部门、工程单位还是高等水利院校都应积极开展有关水利工程建设经济问题的讨论与研究，进行经济效益评价，使我国水利工程建设事业取得更大、更快的发展，以适应世界经济发展的潮流。

水利工程建设经济效益评价的目的是：根据国民经济发展的要求，在工程技术可行的基础上，分析与计算建设项目投入的费用和产出的效益，然后进行经济效益评价，从而选定最佳方案。这是对建设项目进行投资决策的主要依据，也是水利工程项目可行性研究报告和初步设计的重要内容，具体应做好以下几点：

第一，提高现有水利工程设施的经营管理水平，达到保障工程安全，发挥工程效益，开展综合经营，把目前主要靠国家事业费开支的供水工程管理机构变为有财政收入的自负盈亏的企业，逐步做到略有盈余。

第二，对所有续建和新建的水利工程项目，必须在做好勘测、规划、设计的基础上，经过充分的经济论证，进行经济效益分析，选择经济上最优或较优、财务上可行的工程方案，经过国家有关部门批准后再组织实施，以避免盲目性，从而减少不必要的浪费和损失。

第三，在总结国内水利工程建设经验教训的基础上，学习国外水利建设的先进经验，诸如方针、政策、管理体制、规划、设计、施工和工程项目的经济评价方法等，以丰富、提高和完善我国的水利工程建设工作和经济评价方法，并逐步形成具有我国特色的具有世界先进水平的水利工程经济效益评价方案，用以指导今后的水利建设和管理工作。

二、经济效益分析的意义

回顾新中国成立以来，我国经过大规模的水利建设，兴修了一大批水利工程设施，对主要江河、湖泊进行了初步治理和开发，使我国抵御水旱灾害的整体能力大大提高。至2018年年底，全国已兴建大中小型水库8.72万座，总库容达7064亿立方米，形成总供水能力达到7000多亿立方米。加固并兴建堤防29万km；全国水电总装机容量达到2亿kW；治理水土流失面积105万平方千米等。这些水利工程设施，为减免洪涝灾害，保护社会生产和人民生命财产安全，促进国民经济的发展和人民物质文化生活水平的提高，发挥了重要的作用。但由于经济体制不健全，片面强调社会效益，而对水利工程自身的经济效益重视不够，不少工程在兴建前并没有进行经济评价，或者只粗略地进行了经济效益估算，而未顾及建成后的良性运行和实际财务收入问题。同时，在水利工程经营管理上“重建轻管”，长期不讲投入产出，不讲经济核算，致使水利工程因缺乏必要的资金而大量失修。设施老化，职工待遇低，人心不稳定。水利行业也拿不出诸如产值、利润一类能恰当体现水利工作成果的统计数据来。从而影响了整个社会对水利作为基础产业作用的认识和重视，影响国家对水利产业政策的确定。在社会主义市场经济体制下，在清产核资的基础上，及时地开展水利工程经济效益评价工作，是非常必要的。

提高水利经济效益的关键，除了制定适合我国国情的水利法规、制度外，还在于如何研究水利经济学，进行水利工程经济效益分析，并把水利工程经济效益评价用于水利工程的规划、设计、施工和管理运行上。

20世纪90年代以来，可持续发展已逐渐成为全世界共同关注的主题。可持续发展是人类对生存与发展的一种新认识，其实质是在一定时空范围内，人口、资源、环境和经济的协调与永续发展。发展是永恒的主题，而发展的基础在于资源。水资源作为生命之源和经济社会发展不可替代的重要资源，在人类社会中的作用越来越大。随着人口的增长、工业化进程的加快和生活水平的提高，人类对水量水质的需求越来越高，水问题特别是水资源紧缺问题已成为全人类普遍关注的重大问题，而实现包括水资源在内的资源可持续利用已成为世界各国的共识。我国人均水资源比较贫乏，地区分布很不均匀，西北、华北和东北等地的许多城镇和广大农村，都已感到水资源不足的严重威胁，洪涝灾害、干旱缺水、水环境恶化是我国三大水问题，尤其是水资源紧缺问题，已成为经济社会发展的重要制约因素。如果能精打细算，讲究经济效益，采取有效措施节约用水，保护和合理利用水资源，那么无疑就能增加城镇工业供水和农业灌溉的巨大效益。

第二节　水利工程建设经济效益评价的主要技术经济指标

技术经济指标是表明国民经济各部门、各企业、各工程项目对设备、原材料、资金、劳动力、土地等资源的利用及其效果的指标，它反映生产的技术水平、管理水平和经济效益水平。

一、水利工程投资

新建水利工程设施或对已有水利工程设施进行改造、扩建、恢复，对损坏的设施进行更新，都需要一定的资金。投资是防治水害，开发利用水资源，获得效益必须预先支付的费用。

（一）固定资产投资及造价

1. 固定资产的投资

固定资产的投资也称基本建设投资，是指自前期工作开始至工程建成投产达到设计效益时所需投入的全部基本建设资金。对水利工程建设进行经济效益分析时，投资内容一般包括下列各项：

第一，建筑工程费：包括水工建筑物和土建工程，如水库工程的大坝、溢洪道，水电站的厂房，灌溉工程的渠首、渠系和建筑物，治涝工程的排水沟渠、管道，防洪工程的堤防、涵闸，航运工程的船闸、码头等的建设费。

第二，机电设备及安装工程费：包括水轮发电机、水轮机、水泵等机电设备的购置费、运杂费和安装费。

第三，金属结构设备及安装工程费：包括金属闸门、压力钢管、启闭设备等金属结构和设备的购置费（或制造费）、运杂费及安装费等。

第四，临时工程费：包括为施工服务的临时工程，如导流工程、临时道路、施工房屋、附属工厂等的建筑工程费和安装费。

第五，其他费用：主要有：

①淹没补偿费：包括居民迁移安置费，淹没、挖压土地补偿费，工矿企业、公路、铁

路等的迁建赔偿费等；

②水环境保护费：包括水库库底清理费，库区防护费等；

③施工管理费：包括工作人员工资（含附加工资）、办公费、差旅费、固定资产使用费、工具使用费、劳动保护费、检验试验费、警卫消防费等；

④生产准备费：包括职工培训费，工器具、备品备件购置费，试验运转费等；

⑤前期工作费：包括科研、试验费和勘测、规划、设计费等；

⑥施工占地征用费；

⑦竣工整理费；

⑧子弟学校经费；

⑨施工单位转移费。

第六，预备费：也称不可预见费，包括基本预备费和差价预备费以及设备更新投资等。

进行财务分析时，投资还应包括：

①施工期的投资利息；

②建设单位的法定利润。

我国水利工程建设投资，是根据不同设计阶段进行计算的。在可行性研究阶段，一般参考类似工程和其他资料进行估算，供论证工程的经济合理性与财务可行性之用。在初步设计阶段，根据初步设计图纸和概算定额编制总概算，作为国家批准设计文件的依据。在技术设计阶段，根据实际情况的变化编制修正总概算。在施工详图设计阶段，根据工程量和现行的定额、价格等资料编制施工预算，因其比较精确，可以作为向银行贷款的依据。工程竣工后，则须编制工程决算，反映工程的实际投资。

2. 固定资产的造价

固定资产的造价是在水利工程建设投资中扣除净回收余额、应该核销的投资和转移的投资后的投资，称为造价，也可以称为净投资。

第一，净回收余额：指施工期末可回收的残值扣除清理处置费后的余值。水利工程可回收的残值分为两部分：一是临时工程残值，包括临时性房屋、铁路、通信线路、金属结构物以及其他可以回收设施的残值等；二是施工机械和设备的残值。

第二，应该核销的投资：例如职工培训费、施工单位转移费、子弟学校经费、劳保支出、停缓建工程的维修费等。

第三，转移投资：水利工程完工后移交给其他部门或地方使用的工程设施的投资，例如铁路专用线、永久性桥梁、码头及专用的电缆、电线等投资。工程净投资（造价）与固定资产投资的比值，称为固定资产形成率，一般水利水电工程的固定资产形成率为 0.80 ~ 0.90 左右。

（二）更新改造投资

更新改造投资是指工程用于固定资产更新和技术改造的专用投资，是保证工程固定资产在新技术基础上进行简单再生产的资金。其主要来源是工程按规定比例提取和留用的基本折旧金、原固定资产的变卖收入和由上级从集中的折旧基金中返还给企业的部分。

二、年运行费与年费用

（一）年运行费

年运行费有时也称年经营成本，指工程项目建成正式投产后，在正常运行期（生产期）间每年需要支出的各种经常性费用，其中包括材料和燃料动力费、维修养护费、大修理费、行政管理费和其他费用，现分述于下。

第一，材料和燃料动力费：指工程设施在运行中所耗用的各种材料以及油、煤、电、水等各项费用，其消耗指标与各年实际运行情况有关，可参照类似水利工程项目的实际运行资料分析后采用，也可以根据规划设计资料按其平均值采用。

第二，维修养护费：指工程各类建筑物和设备的日常性养护、维修、岁修等项费用，其费用大小与建筑物和设备的规模、类型、质量等因素有关，一般参照类似已建成项目的实际资料分析确定，可按工程投资的某一百分数计算。

第三，大修理费：指工程设施及设备进行大修理所需的费用。

大修理是对固定资产的主要组成部分或损耗部分进行彻底的检修并更换某些部件，其目的是恢复固定资产的原有性能。每次大修理花费的时间长、费用大，甚至要停产一段时间，因此大修理每隔几年才进行一次。为了简化计算，通常将经济寿命期内所需的大修理费总额平均分摊到各年，作为年运行费的一部分，每年可按一定的大修理费率提取，每年提取的大修理费积累几年后集中使用。

第四，行政管理费：指管理机构的行政费用、职工工资、工资性津贴、奖金、福利基金及其他费用。工程在运行管理时期，必须进行观测、试验和研究工作，为此列出专门费用，保证上述工作的正常进行。关于行政管理费，可根据水利部颁发的《水利工程管理单位编制定员标准》结合有关部门和有关地区的规定或参考类似工程的实际开支费用分析后确定。

第五，其他费用：包括为消除或减轻项目所带来的不利影响每年所需的补救措施费用，例如清淤、冲淤、排水、治碱等；为扶持移民的生产和生活每年所需的补助费或提成费用；当遭遇超过移民、征地标准的水情时所需支付的救灾或赔偿费用；其他需要经常性开支的费用等。

年运行费是水利工程建设经济评价中的一个重要指标。对防洪、治涝、灌溉、供水、航运等工程，可参照有关部门历年统计资料选用；对水电站各项年运行费用率，可参考原水利电力部财务司编写的《电力企业财务统计资料》选用。年运行费一般为工程投资的 1% ~ 2% 左右。

（二）年费用

水利工程建设年费用即为水利工程投资和运行费折算年值的总和。

三、工程效益

水利工程建设的效益按其表现形式，可分为国民经济宏观社会效益与工程的微观财务效益；直接效益与间接效益；有形效益与无形效益：正效益与负效益等。按其表现方面可分为经济效益、社会效益和生态环境效益等，现分述如下。

（一）国民经济宏观社会效益与工程的微观财务效益

所谓国民经济宏观社会效益，是指工程建成后对整个国民经济产生的社会影响，为全社会所提供的宏观效益，可以简称为国民经济效益。所谓工程的微观财务效益，是指工程本身通过经营管理销售水利产品所获得的收入，可以简称为工程财务效益。

防洪工程在遇到设计洪水时，可以保护广大农村和城市居民生命、财产的安全，保障重要工厂企业的安全生产和铁路等部门的安全运输，从而保证国民经济各部门的顺利发展，其社会效益是十分明显的。众所周知，设计洪水属于稀遇洪水，因此防洪效益并不是每年都能体现出来的，但必须年年防汛，维修堤防，疏浚河道，才能做到有备无患。由于防洪工程的主要任务是除害，减免洪水灾害，工程本身一般得不到财务收入，即工程的微观财务效益几乎等于零。

供水工程和发电工程可以向城市和工矿企业提供水量和电力，水和电对保证广大居民生活和发展生产极为重要。据估计，近几年来，我国由于缺水、缺电每年减少工农业产值高达千亿元，可见供水、供电对全社会具有巨大的国民经济效益；另一方面，只要供水工程和发电工程经营管理得法，所制定的水价和电价比较合理，工程本身亦可获得可观的财务收入，扣除成本、税金后尚应获得一定的利润，为扩大再生产创造条件。总之，供水与发电工程不但对国民经济效益影响巨大，工程本身的财务效益也是显著的。

灌溉工程的国民经济效益，其宏观社会效益是尽人皆知的。我国以仅占全球 6% 的可更新水资源，9% 的耕地却养活了占世界 22% 的人口；我国灌溉面积约占耕地总面积的 41%，却能生产粮食总产量的 67%。由于工农业产品价格之间尚存在着剪刀差，因而所制定的灌溉水价较低，灌溉工程本身的财务效益并不大。综上所述，有些水利工程（例如防洪）国民经济宏观社会效益很大，但工程本身的财务效益几乎没有；有些水利工程（例如水力发电）国民经济效益很大，工程本身的财务效益也较大；有些水利工程（例如灌溉）国民经济效益巨大，但工程本身的财务效益可能不大，甚至亏损（负效益）。

（二）直接效益与间接效益

水利工程经济效益也有分为直接效益和间接效益的。所谓直接效益，一般指工程本身的财务效益，例如水费收入、电费收入以及其他经营收入；所谓间接效益，一般指对国民经济其他部门产生的社会效益或国民经济效益，例如由于水利水电工程向城市及工矿企业供水、供电，大大促进国民经济各部门的发展以及人民物质、文化生活的提高等。在处理直接效益和间接效益时，应两者并重。

（三）有形效益与无形效益

所谓有形效益，是指可以用实物指标或货币指标表示的效益；而无形效益则比较难于用具体指标表示。例如，一方面修建水库利用水力发电，每年发电量可达数亿或数十亿千瓦时，每年可收入电费上亿元人民币等，这都算是有形效益；另一方面，由于修建水库，美化了周围环境，改善了周边地区的生态环境，有益于当地居民的身心健康，这是无形效益。在对水利工程建设进行效益分析时，无论有形效益与无形效益，都应全面加以论证分析。对于不能用具体指标表达的无形效益，可以用文字加以详细明确的描述，以便对水利工程的效益进行全面、正确的评估。

（四）正效益与负效益

修建水利工程，改造大自然，一般具有防洪、除涝、灌溉、供水、发电、航运等正效益，这是主要方面；但改造大自然，可能影响周围环境，破坏生态平衡，如处理不当，可能产生不利影响，即所谓负效益。例如修建水库，要淹没一些矿藏、森林文物古迹、旅游景点等，需挖压、占用一些耕地，有的要迁建铁路、公路、电力、电信等经济设施和工业企业单位，在经济上都要造成一定的损失。水库淹没区居民需要迁移安置，若生活和生产条件不落实或措施不当，也会带来一些社会问题和环境问题。修建闸坝，拦断江河湖海，如果不采取措施会影响鱼类正常洄游和繁育；修建水库有时会诱发地震，加剧库岸的滑坡塌方；过量抽取地下水，将造成地下水漏斗，引起地面沉降和海水入侵；发展灌溉工程，可能需要大量引水，如无相应的配套排水措施，往往会引起灌区地下水位上升，导致土壤盐碱化和沼泽化等负效益。在水利工程效益分析中，不仅要计算正效益，也要考虑负效益，以便对水利工程进行全面正确的评估。

（五）经济效益、社会效益与生态环境效益

第一，经济效益，指水利工程在经济方面的效能和收益。例如防洪、治涝工程控制调节洪水，排除渍涝，可减免洪涝灾害造成的经济损失；供水工程提供工农业生产和城乡居民生活用水，避免干旱缺水停产、减产造成的经济损失；综合利用水利工程可获得发电、灌溉、航运、水产等多方面的经济效益等。以上是直接经济效益。水利工程往往还有促进地区经济发展，繁荣城乡经济等方面的间接经济效益。

第二，社会效益，指兴办水利工程促进社会发展和社会安定的作用，例如提供更多的就业机会，有利于提高人民生活水平，促进地区文化、教育、科学事业的发展等。

第三，生态环境效益，指兴办水利工程在维护和改善生态环境方面的作用和获得的收益。例如改变洪、涝、旱等频繁自然灾害造成的不良环境，调节气候，改善土壤的水盐状

态，美化环境，提供休养、娱乐、旅游场所，保护水质，改善卫生条件等。水利工程的生态环境效益往往是无形的，难以计量。

水利工程的经济效益，通常根据工程的具体情况，从以下 3 条途径进行分析估算：

①增加的收益，指兴建水利工程和原来比较，可增加的灌溉农田的产量、城镇和工矿企业供水、航运、水产等方面的经济收益；

②减免的损失，指兴建水利工程和原来比较，可减免洪、涝、旱等灾害对工业、农业等国民经济各部门造成的经济损失；

③节省的费用，指兴建水利工程后，节省的兴办等效替代工程设施支出的费用，例如兴建水电站后可减少修建等效火电站的费用，开辟水运可减少其他交通建设的费用等。

第三节　经济效益分析

对国民经济建设来说，为了满足同一个目的，可以拟定出各种不同的技术方案。例如，为了满足对电力的需要，可以在不同坝址修建水电站，也可以修建火电站或核电站，或者采用水、火电站的综合方案。又如，为了解决华北平原的缺水问题，可以采用东线南水北调工程方案，从长江下游江苏江都水利枢纽开始，大体上沿古老的大运河路线，沿途修建十多个低水头的梯级扬水站，在东平湖附近穿黄河把长江水送到华北；也可以从中游丹江口水库自流引水穿黄河送水到华北；还可以采用西线引水，即从长江上游的大渡河、雅砻江等支流引水；甚至可以设想采用以色列、科威特海水淡化的办法，在华北沿海把海水淡化后送水到华北的方案。总之，解决华北缺水的方案很多，这就需要从技术可能性、经济合理性等各方面进行综合分析和综合评价。

当然，对任何工程方案来说，首先要研究工程投资是否能够得到偿还？资金的收益是否合算？这就需要进行工程方案的经济效益评价。目前，国内外水利工程采用的经济效益评价方法有不考虑资金时间价值的静态经济分析方法和考虑资金时间价值的动态经济分析方法。为了加速资金周转，加快基本建设速度，提高经济效益，动态经济分析是目前公认的一个好方法。

静态经济分析有效益系数、还本年限、抵偿年限和计算支出最小等四种方法，前两种方法的计算成果可以作为某一个方案的经济指标，后两种方法的计算成果可以作为两个方案或多个比较方案的经济指标。

动态经济分析有效益费用比、净（效益）现值、内部收益率、贷款偿还期、投资回收期等方法，各种方法的计算成果也就是工程方案的经济指标。

静态经济分析方法不考虑资金的时间价值，资金使用者可以不承担资金积压的经济责任，这存在很大的弊端。因此我国现行的经济评价方法以采用动态分析为主，静态分析为辅。因为静态分析方法简单直观，有的地方也符合现行财务制度规定。在采用动态经济分析法时，对参与比较的各个方案或同一方案的不同工程，不论开工时间是否相同，都应按选定的同一基准年（点）进行时间价值的折算，因为不同时间的资金，其价值是不同的。为使参与比较的各个方案或同一方案的不同工程，对不同时间的资金可以进行比较，可以把不同时间的资金，用社会折现率或资金来源利率或财务基准收益率（国家发展计划委员会规定的社会折现率为8%，水利部规定的财务基准收益率为10%）折算成同一基准年的现值，然后进行比较。

一、经济效益分析计算方法

（一）效益费用比法

效益费用比法（Benefit—Cost Ratio，简称BCR），是指工程在计算期内所获得的效益与所支出的费用两者之比，可以是总效益与总费用之比，也可以是平均年效益与平均年费用之比。

（二）内部收益率法

所谓内部收益率（Internal Rate of Return，简写IRR），是指工程在经济寿命期n年内，总效益现值B与总费用现值C两者恰好相等时的收益率，亦即效益费用比B/C=1时的i值。如果此时所求出的收益率JRR大于或等于规定值时，则认为该工程项目是有利的，即投资该工程项目可以获得大于或等于规定的收益率。

（三）净现值法与净年值法

净现值法（The Net Present Worth Method，简写NPW）与净年值法（The Net Annual Worth Method，简写NAW）的理论基础是一致的，都是把各方案资金流程中各年的收支净值折算至计算基准年，净效益现值最大的方案就认为是经济上最有利的方案。区别仅在于：净现值法要求确定计算分析期内总净效益的现值，而净年值法则要求将其平均分摊在计算分析期内的年净效益值。当工程项目中土建工程与机电设备的经济寿命不一致时，用净现值法比较麻烦，如某工程的经济寿命长于计算分析期时，需考虑该工程在计算分析期末的残值；当某设备的经济寿命短于计算分析期时，则需考虑该设备在经济寿命快结束时，尚需重置资金更新设备。至于净年值法，则无此问题，所以净年值法优于净现值法。

二、经济效益评价

水利工程建设项目的经济评价，一般包括国民经济评价和财务评价两部分。国民经济评价是从全社会国民经济的发展出发，采用影子价格分析计算建设项目的净效益，据以判别水利工程建设项目的经济合理性。财务评价是从项目财务核算单位出发，在现行财税制度和现行价格的条件下，计算项目所需的财务支出和可以获得的财务收入，据以评价水利建设项目的财务可行性。

水利工程建设项目经济评价应以国民经济评价为主。当国民经济评价合理，财务评价可行时，该项目才能成立。当国民经济评价与财务评价的结果有矛盾时，应以国民经济评价的结果作为项目取舍的主要依据。某些以发展农业为主的水利建设项目（例如灌排工程等），国民经济评价认为合理，而财务评价认为不可行时（虽有一定水费等收入，但不能维持简单再生产），则可向主管部门提出要求，给予某些优惠措施，使该项目在财务上具有生存能力。某些公益性水利建设项目（例如防洪、治涝工程），当国民经济评价认为合理，但没有或者很少有财务收入（例如征收一些防洪费、排涝费）时，可向地方政府申请补贴（包括投资与年运行费），使项目在财务上得以自我维持。在规划阶段，某些非盈利性工程项目，由于资料不充分，研究深度较浅，也可以不进行财务评价。

对于具有综合利用任务的水利工程建设项目，一般可先就项目所需的投资和年运行费在各部门之间进行合理分摊，以便选择经济合理的开发方式和建设规模，但项目的国民经济评价和财务评价均应以整体评价为主，必要时亦可进行分项评价。国民经济评价原则上应考虑项目的全部效益与全部费用，财务评价只计算本项目的实际收入和支出，对间接的即外部的效益与费用不予计入。

水利建设项目经济评价的计算分析期（简称计算期）包括建设期和生产期。计算期的基准年点一般建议定在建设期的第一年年初。费用投入和效益产出，按实际情况确定在年初、年中或者年末。

水利建设项目经济评价所采用的计算方法，主要采用动态经济分析，即在核算中要考虑资金的时间价值。对于某些小型水利工程，由于投资流程较短，在进行初步估算时也可以采用静态经济评价指标。

我国经济体制改革正在深入开展，与国民经济评价有关的参数（例如社会折现率、影子价格等）和与财务评价有关的参数（例如各行业的基准收益率、现行价格、贷款利率、税率等）都是随着经济发展形势、商品和资金的供求关系等许多因素而不断进行调整，有关财务规定更是经常进行修改和补充。因此在实际经济评价工作中，应随时注意情况变化，按有关部门的新规定执行。

参考文献

[1] 上海市水利学会 . 上海水安全水管理学术文选上海市水利优秀科技论文集 [M]. 上海：上海科学技术出版社 .2018.

[2] 淳化年鉴编委会 . 淳化年鉴 [M]. 西安：三秦出版社 .2018.

[3] 郭全中，赵明，冀龙 . 水资源开发与水利工程 [M]. 天津：天津科学技术出版社 .2018.

[4] 鲁杨明，赵铁斌，赵峰 . 水利水电工程建设与施工安全 [M]. 海口：南方出版社 .2018.

[5] 王文斌 . 水利水文工程与生态环境 [M]. 长春：吉林科学技术出版社 .2018.

[6] 孔庆辉，付鹏 . 松辽流域水资源管理实践与探索 [M]. 长春：北方妇女儿童出版社 .2018.

[7]《灌南县水利志》编纂委员会 . 灌南县水利志 [M]. 南京：河海大学出版社 .2018.

[8] 榆林市水务局 . 榆林市水利志 [M]. 西安：三秦出版社 .2018.

[9] 松辽流域水资源保护局松辽流域水环境监测中心 . 嫩江尼尔基水利枢纽建设与管理实践 [M]. 郑州：黄河水利出版社 .2018.

[10] 韩民，栗光，王保庆 . 农田水利与节水灌溉 [M]. 延吉：延边大学出版社 .2018.

[11] 中华人民共和国水利部 . 中国水利统计年鉴 2018[M]. 北京：中国水利水电出版社 .2018.

[12] 刘晓涛主编 . 上海市水利建设与管理论文集 2018[M]. 南京：河海大学出版社 .2018.

[13] 北京市南水北调工程建设管理中心 . 南水北调来水调入密云水库调蓄工程 [M]. 北京：中国水利水电出版社 .2018.

[14] 中华人民共和国水利部 . 中国水利统计年鉴 2017 版 [M]. 北京：中国水利水电出版社 .2018.

[15] 乔德信 . 丰宁满族自治县水利志 [M]. 北京：团结出版社 .2018.

[16] 中华人民共和国水利部 .2017 年全国水利发展统计公报 [M]. 北京：中国水利水电出版社 .2018.

[17]（中国）郭纯青，张志强，梁爽 . 变环境条件下的水资源保护与可持续利用研究 [M]. 北京：地质出版社 .2018.

[18] 海城市水务局 . 辽宁省海城市水利基础信息集 [M]. 沈阳：辽宁科学技术出版社 .2018.

[19] 邱国玉，曹烨，李瑞利 . 面向全球变化的水系统创新研究 [M]. 北京：中国水利水电出版社 .2018.

[20] 贾绍凤，吕爱锋 . 柴达木节水型盐湖资源开发与生态保护技术 [M]. 郑州：黄河水利出版社 .2018.

[21] 翟春雷，慕成，郑凯 . 现代水文水资源研究 [M]. 哈尔滨：哈尔滨地图出版社 .2019.

[22] 史海滨，杨树青主编 . 牧区水利工程学 [M]. 北京：中国水利水电出版社 .2019.

[23] 张亮 . 新时期水利工程与生态环境保护研究 [M]. 北京：中国水利水电出版社 .2019.

[24] 王世策 . 水力分析与计算 [M]. 郑州：黄河水利出版社 .2019.

[25] 锡林浩特市林业水利局 . 锡林浩特市志 [M]. 北京：方志出版社 .2019.